AI时代的数据价值创造

从数据底座到大模型应用落地

刘汪根 王志军 陈果 编著

人 民 邮 电 出 版 社
北 京

图书在版编目（CIP）数据

AI时代的数据价值创造 ： 从数据底座到大模型应用落地 / 刘汪根, 王志军, 陈果编著. -- 北京 ： 人民邮电出版社, 2025. -- ISBN 978-7-115-67016-8

Ⅰ. TP274

中国国家版本馆CIP数据核字第2025L7W958号

内 容 提 要

本书旨在帮助数据行业的从业者在 AI 时代提升数据管理和数据技术认知水平，内容覆盖数据价值创造的理论、技术和实践。

本书共 8 章。第 1 章回顾企业数据的发展历史，并讲解现代企业数据组织。第 2 章从多维度解析数据价值的创造路径，包括从构建数字化决策、加速业务创新和推动 AI 变革等视角介绍数据价值创造的方法和成果。第 3 章系统讲解数据管理的方法与技术，包括数据资产管理、数据资产运营、数据平台架构的规划及实践案例。第 4 章讲解数据要素价值化的路径探索，包括数据要素在多行业的应用、基础体系、可信数据流通技术及数据资产入表。第 5 章讲解数据底座的技术与实践，包括数据底座的架构要求、分布式存储技术、分布式计算技术等，以及多种架构介绍。第 6 章讲解数据与 AI 的融合，包括推荐系统、基于 LLM 的数据治理分析、数据标注等。第 7 章介绍企业 AI 应用的方法论与知识融合。第 8 章是数据领域技术趋势与思考，包括数据技术的自主可控、开源技术的发展与挑战、数据中台的发展历程与思考、数据编织技术的原理与展望。

本书适合对大数据技术、数据管理、数据价值、数据与 AI 融合及相关技术感兴趣的读者阅读，尤其适合从事大数据相关工作或旨在推动企业数字化转型的读者阅读。

◆ 编　　著　刘汪根　王志军　陈　果
　责任编辑　贾　静
　责任印制　王　郁　胡　南

◆ 人民邮电出版社出版发行　　北京市丰台区成寿寺路 11 号
　邮编　100164　　电子邮件　315@ptpress.com.cn
　网址　https://www.ptpress.com.cn
　三河市君旺印务有限公司印刷

◆ 开本：800×1000　1/16
　印张：16.75　　　　2025 年 5 月第 1 版
　字数：327 千字　　　2025 年 5 月河北第 1 次印刷

定价：79.80 元

读者服务热线：(010)81055410　印装质量热线：(010)81055316
反盗版热线：(010)81055315

作者介绍

刘汪根，现任星环科技副总裁、联合创始人，中国计算机学会（CCF）大数据专家委员会和数据治理发展委员会执行委员。2006—2013年先后在Intel和NVIDIA负责CPU和GPU微架构的设计工作，2013年以联合创始人身份加入星环科技，帮助公司打造了一系列自主可控、技术领先的大数据基础软件产品，成为全球首个通过国际基准测试TPC-DS认证的公司，累计支撑了超过1500家企业的数据底座。

王志军，中国联通软件研究院副院长，首席安全官。国家科技进步奖和国务院政府特殊津贴获得者，教授级高级工程师，北京邮电大学兼职教授。致力于大数据、云计算、AI及企业信息化领域研究，是通信行业大数据平台建设的开拓者，曾帮助运营商率先实现全网数据集约化、百PB级数据集中高效处理。

陈果，企业知识开源计划创始人兼首席布道师，波士顿咨询公司前董事总经理，IBM咨询前全球执行合伙人，在管理咨询和IT咨询行业拥有24年从业经验，为消费品和零售、高科技、冶金和化工、汽车和机械、物流、银行、保险等行业的100多家企业提供过咨询服务。先后在中国科技大学担任EMBA客座教授，在复旦大学管理学院担任MBA课程教授等。

推荐序

近年来，我国数字经济取得了举世瞩目的成就。数字化时代是“赢家通吃”的时代，产品的推广速度远超以往。据统计，在工业时代，收音机花 38 年获得了 5000 万用户；在信息化时代，互联网用 4 年时间获得了 5000 万用户；而在数字化时代，抖音在 2018 年的春节期间的日活跃用户数（DAU）增长了近 3000 万，达到了近 7000 万。创新速度是数字化时代的主要竞争力，因此企业做数字化转型势在必行。2020 年，《中共中央 国务院关于构建更加完善的要素市场化配置体制机制的意见》首次将数据与土地、劳动力、资本、技术等传统要素并列为生产要素，这成为数据资产化进入深度应用阶段的标志。

刘汪根、王志军和陈果这 3 位产业界的专家联合撰写了本书，本书着眼数据价值、数据管理、数据要素、数据底座，以及数据与 AI 技术的融合，兼顾数字化战略和数据管理的技术和实操的多个层面，内容丰富、体系完整。

刘汪根先生深入参与多个行业客户的项目，支撑过众多大型客户的数字化建设，帮助解决了大量数字化建设中的问题，积累了大量的“他山之石”。王志军先生目前是中国联通软件研究院副院长，负责集团内部数字化平台和系统的规划建设，他从 2011 年就开始主持中国联通各类大数据系统的研发、建设和运营工作，积累了大量的实践经验，这些经验对央国企有很好的借鉴意义。陈果先生是国内知名的企业管理专家和 IT 咨询顾问，曾经帮助多家企业规划数字化转型工作，并取得了丰硕的成果。

本书的 3 位作者都是在数字化领域工作多年的老兵，他们的身份刚好分别代表厂商、甲方和咨询方，是企业数字化转型中的 3 个主要角色。他们对各行业的数字化转型的痛点有比较深刻的理解，知道哪些是需要被推广的知识、哪些是行业内急缺的资料、哪些是常见的“坑点”以及应如何“避坑”。本书包括互联网企业、央国企、金融和政府领域的数字化转型的成功实践，读者可以从中提取出可操作的技术，并与数字化转型的理论知识深度融合。因此，我觉得企业管理人员、架构师和数据管理人员都可以从本书中获得有价值的知识来解决自己遇到的真实问题。

大数据技术在过去10多年中发生过多次技术迭代，Hadoop从盛到衰，湖仓一体技术兴起，数据中台从“红”到“紫”再到逐渐理性，数据联邦、数据编织等新技术被Gartner持续推荐，AI与数据技术的融合兴起等，这些技术的原理比较复杂、理解起来比较难，而且涉及技术管理和项目管理的维度，因此对数据行业的从业者来说，对大数据知识库建立全局的认知需要付出极高的时间和精力成本。此外，常见的关于大数据技术的图书一般仅深入介绍某部分知识（如Spark或Flink），不会引导读者去思考这些技术为什么会这样发展。本书从技术使用者的视角将数据管理和大数据技术抽丝剥茧，剖析大数据技术的发展历程，总结部分技术的发展方向，期望可以帮助读者掌握体系化的大数据知识，培养全面的逻辑思考能力。

作为AI的“燃料”，数据是训练和发展大模型的基础，数据的规模、质量和多样性直接影响大模型的性能和准确性。反过来，AI技术也可以帮助企业迅速提升数据能力。2024年，我国大模型的建设如火如荼，很多企业开始了AI赋能业务的建设工作。本书内容覆盖数据与AI的融合、知识图谱、向量数据库和AI数据安全等知识，可以让数据从业者理解后续如何利用AI做好数据工作。

本书收录了我国一些数字化转型的成功案例，希望可以为大数据从业人员、企业数字化转型推动者、数据要素市场建设的各方参与者带来启发和收获。我也希望更多的数据行业从业者携起手来，通过更多的技术创新来更好地发挥数据价值，共同为数字经济实现更高水平开放、更高层次互联互通提供新的技术路径与落地实践。

黄宜华

南京大学计算机科学与技术系　教授

CCF大数据专家委员会　副主任

前言

近年来，随着移动互联网、物联网等技术及产业的不断发展，全球数据量呈现爆发式增长态势。数据作为生产要素，在数字经济的发展中发挥着日益重要的作用。政府机构和企业持续加大在数字化产品和服务上的投入，以满足日益增长的业务数字化转型的需求。

当前我国正着力激活数据要素价值，加速推进数字经济、数字社会和数字政府建设，以数字化驱动生产方式、生活方式和治理模式的系统性变革。构建数字化能力、提升运营效率、优化业务流程，已成为企业发展的核心竞争力之一，在金融、交通、能源和制造等关键领域尤显重要。随着政府和企业数字化进程的深化，数据要素市场化配置成为必然趋势。通过构建行业间高效的数据交换与流通机制，实现跨领域的数据互联互通、信息共享与业务协同，将释放巨大的经济价值。

在 2013 年前，我主要从事芯片设计工作，在 Intel 和 NVIDIA 参与处理器架构的设计工作，参与了多款 CPU 和 GPU 芯片的微架构设计和技术管理工作。2013 年，我有幸加入星环科技，帮助公司打造和研发产品体系，自主研发了大数据平台 TDH、数据云平台 TDC、大数据开发工具 TDS 等产品，已累计有 1000 多家终端用户，分布在金融、政府、能源、交通、制造等众多领域。作为一名研发管理者，我带领团队于 2015 年在业内首次实现了在 Hadoop 大数据平台上提供了完整的 SQL 兼容、Oracle PL/SQL 支持和分布式事务等技术，并在 2017 年发布基于 Kubernetes 的大数据平台，创造了多个大数据技术领域的创新。2018 年，我带领星环科技的研发团队通过了 TPC-DS 基准测试的认证，这是该基准测试自创建后 12 年来的全球首个认证，成为我国数据库产业领域的一个里程碑。

在伴随着大数据行业快速发展的这 10 多年里，我除了负责星环科技内部的技术研发工作，还负责支持大型金融机构、政府和央国企的数字化转型项目，并承担与投资人沟通的部分工作，这让我能够更加全面地观察数据这个行业。企业数字化转型的本质是借助数据技术来升级或者重构业务体系，其成功实施依赖 3 大要素：（1）组织层面的数字化思维转型；（2）技术团队的数字化能力建设；（3）业务部门的数字化应用落地。具体而言，在组织层面需建立数字化管理委员会统筹协调，构建包含数据开发、数据治理、数据分析的专业团队体系，并整合上下游生态资源；在技术层面应建设包含数据平台、数据治理体系、AI演进路径的完整技术栈；在业务层面需聚焦核心业务流程数字化改造，持续提升运营效率。

根据我们的观察，数字化转型相对成功的企业大都制定了务实的数字化战略蓝图，有计划、分阶段地实施数字化技术提升企业经营效率，拓展数字化新业务，并适时启动AI战略转型。这些企业的共性包括管理层对利用数据技术来重构和拓展业务有统一的共识，业务部门认可数字化改造方案，技术团队具备建设数据体系的能力。本书总结了这些企业的典型案例并进行分析，结合理论框架，为读者系统梳理数字化转型的成功要素与实践路径。

根据我们的观察，目前我国较多的企业数字化工作仍然处于摸索或持续提升的阶段，只有比较少的企业能够实现数据价值的持续放大。我们也观察到，大量的企业在数字化建设中有一些误区，总结起来主要有以下3点。

- 管理层没有数字化的顶层设计，认为数字化项目就是一个IT建设项目，缺少持续性投入与改进的规划。
- 技术团队只注重显性的数字化技术本身，而不会关注隐性部分，例如数据管理的持续性工作，以及如何做好对业务团队的支撑。
- 业务团队忽视自身参与数字化建设的不足，单纯地认为IT团队能够独立承担业务数字化的重任，或者认为一个数据中台或大数据平台建设好后，业务数字化和数字业务化就自然而然地完成了，业务部门无须做出重大改变。

虽然有些企业管理者认识到了这3个误区，但是整体建设过程需要投入大量的资源（包括资金和团队），而同行业可借鉴的案例不多，又缺乏可信任的团队或厂商，因此只能放慢节奏，在摸索中过河，在建设中提高整体认知。

近几年我跟国内上百个企业的数据管理者做过深入沟通，也深刻理解到不同企业管理者的痛点，而这些痛点问题大部分在其他的企业都已经解决了。因此我期望通过本书提炼的一些有价值的知识，以及部分企业的成功经验背后的体系，帮助读者更快地提升数字素养和构建数据技术知识体系，让大家更少“掉坑”，更快“爬坑”。本书内容的组织如下。

第1章介绍数字化与信息化，回顾数据在企业内的发展情况，并介绍现代企业数据组织。

第2章介绍数据价值的创造路径，通过案例来说明企业该如何实现数据价值化，以及在组织上如何做好体系建设。

第3章讲述数据管理的方法与技术，从实践的视角来讲解数据从资源转换到资产需要做哪些工作，如何做好数据资产管理和运营，如何规划数据仓库、数据湖、数据集市、数据中台等，并特别介绍中国联通的数据运营体系。

第 4 章是数据要素价值化的路径探索，包括数据要素在不同行业中的应用、数据要素的基础体系、可信数据流通技术和数据资产入表。

第 5 章是数据底座的技术与实践，侧重于大数据技术本身，总结各个大数据技术路线的发展，帮助读者理解不同技术发展的重点和能力域，以及如何结合企业自身情况落地不同架构（如湖仓一体、存算分离）。

第 6 章是数据与 AI 的融合，讲解数据如何为 AI 服务，包括知识图谱、向量数据库等基础设施技术，也覆盖 AI 数据安全的挑战和防护技术等内容，这可以帮助企业数据技术部门厘清在 AI 时代团队的技能升级方向。

第 7 章是企业 AI 应用的方法论与知识融合，解析企业 AI 落地的技术路径与挑战，涵盖通用模型、推理模型与智能体，企业 AI 应用落地方法论，大模型与企业知识融合，以及知识工程中的大模型应用。

第 8 章是数据领域技术趋势与思考，主要包括我们对数据行业一些趋势或问题的理解，这些分析可供管理者在选择技术路线时参考。

在编写本书的过程中，我得到了很多朋友的大力支持。我要感谢叶浩、张剑伟、潘颖捷、白杨、叶剑提供的帮助和相关案例素材。我还要感谢解友泉、赵梦笛为本书内容提供了大量改进建议，感谢星环科技的技术团队提供了大量的数据资产管理、大数据技术和客户案例材料。

数据行业是长坡厚雪，需要久久为功，在此也感谢我的家人让我可以做难而正确的事情。

刘汪根

2024 年 12 月

目录

第1章　数字化与信息化

第2章　数据价值的创造路径

第3章 数据管理的方法与技术

第4章 数据要素价值化的路径探索

第5章 数据底座的技术与实践

第6章 数据与AI的融合

第7章 企业AI应用的方法论与知识融合

第8章 数据领域技术趋势与思考

第1章

数字化与信息化

在信息新时代，信息改变了一切，具体而言，即计算融入一切、网络连接一切、数据表征一切、智能灵化一切、软件定义一切、可信泛在一切。

——吕建，中国科学院院士

1.1 数据与信息

国家数据局对“数据”的定义是“任何以电子或其他方式对信息的记录”。数据在不同视角下被称为原始数据、衍生数据、数据资源、数据产品和服务、数据资产、数据要素等。

在企业运营和管理的语境（包括作业事件、业务操作、管理活动和决策支持等）中，数据是指在人类社会组织或客观世界的物理环境中，对发生事件的事实记录；而信息则指的是通过“信息系统”，将记录事实的原始数据（Raw Data）转化、加工而成的，对人类有意义和有用的数据。

信息系统是个人或组织对数据进行管理、处理、转化，由原始记录到智慧洞察的技术载体。在信息系统中，数据的转化过程被描述为DIKW模型，如图1-1所示。

- 数据（Data）：数据是原始的、未经处理的事实，如数字、文字、图像、符号等。它直接来自事实，可以通过观察或度量来获得。
- 信息（Information）：信息是经过组织和处理的数据，它为数据赋予了意义。例如，将数据放入特定的上下文中，使其能够回答“谁、什么、何时、何地”等问题。
- 知识（Knowledge）：知识是对信息的进一步加工，是经过人们理解和解释的信息。它涉及“如何”这样的问题，并能够指导人们行动。
- 智慧（Wisdom）：智慧是人们在知识的基础上，通过经验、洞察力和判断力形成的。它涉及对未来的决策和对行动的指导，包含对行动后果的深远考虑。

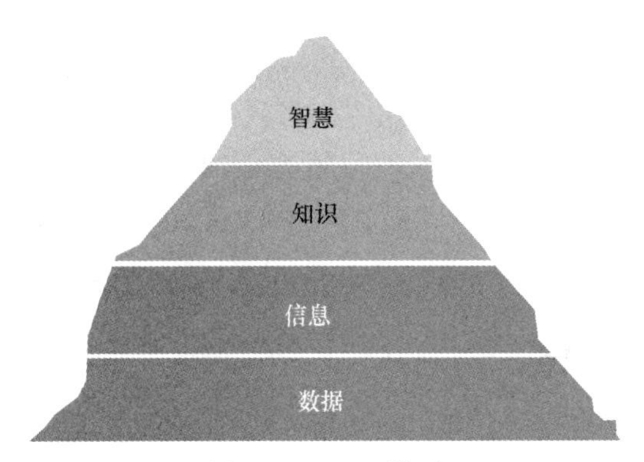

图 1-1　DIKW 模型

在 DIKW 模型中，数据是基础，随着处理层次的提升，数据被赋予更多的上下文和意义，最终转化为智慧。在信息系统中，DIKW 模型的作用通常体现在以下几个方面。

- 数据的收集和存储：信息系统需要能够收集和存储大量的原始数据。
- 信息的处理和分析：信息系统需要能够对数据进行处理和分析，以提供有意义的信息。
- 知识的组织和管理：信息系统应该支持知识的组织和管理，使得用户能够容易地访问和应用知识。
- 智慧的生成和应用：信息系统应该能够帮助用户从知识中提炼出智慧，以支持更好的决策和行动。

所以，如今我们在日常交流中说的“数据”这个词，以至于我们常说的“数据资产”，既可能指原始数据，也可能指经过处理的数据。实际上，原始数据对个人或者组织往往没有直接用处，只有经过处理后的信息，才能发挥业务价值。例如，超市前台的收银系统中产生的一条条交易数据是扫描产品上的条形码得到的，其包含与商品相关的数据（如编码、名称和价格等），例如“303301，X 牌花香洗碗液，10.50 元”。信息系统对若干条原始数据进行汇总和分析，才能产生有意义的信息，例如在特定商店销售的洗碗液总瓶数，哪个品牌的洗碗液在该商店或销售区域的销售额增长最快，或者某销售区域中该品牌的洗碗液的总共销售额。

1.2　数据处理的起源

本书主要讨论在企业环境中的数据价值，而数据处理（Data Processing）是创造数据价值的基础。

利用人工方式来记录和处理数据，最早可以追溯到结绳记事。结绳记事是指通过在绳子上打结来记录数字或事件。算盘则是较早出现的计算工具，它起源于我国，通过珠子在柱上的移动来表示数字，能够进行加、减、乘、除等基本运算。在古罗马帝国和中世纪欧洲，也曾出现过类似算盘的计算工具。17 世纪，在欧洲出现了一些计算机械，如帕斯卡加法器和莱布尼茨轮，它们可以执行基本的算术运算。

算盘和计算机械不能用于大规模数据的复杂计算、持久存储和结构化表达（如归类、排序），因此，19 世纪法国商人和工程师约瑟夫·玛丽·雅卡尔（Joseph Marie Jacquard）发明了用于控制织布机的打孔卡片系统，他被认为是当代企业数据处理的先驱，也是现代信息系统的鼻祖。在 1801 年巴黎的国际工业展览会上，雅卡尔展示了他的革命性发明——雅卡尔织布机。这台机器以其可编程的能力，创新了带图案的布料的编织方式。

雅卡尔织布机的核心部件是一个能够控制经线提升的机构。在织布过程中，经线是固定在织布机上垂直的线，而纬线则是横向穿过经线的线。通过提升或降低经线，可以创造出不同的织物结构和图案。

雅卡尔织布机的打孔卡片系统不仅简化了复杂图案的编织过程，而且提高了生产效率和织物质量。这种技术在当时是非常先进的，它使得没有经验的操作者也能生产出精美的织物，复杂的图案由此可以低成本地大规模生产，原本只有富人才能享用的精美织物变得平民化。

在 19 世纪 80 年代，美国人口调查局聘用的工程师、发明家赫尔曼·何乐礼（Herman Hollerith）根据雅各布织布机的工作原理，发明了电力驱动的自动化穿孔卡片及制表机器，并用于 1890 年的美国人口普查。在投标竞争中，何乐礼发明的制表机用 5.5 小时完成了 1 万人的人口普查制表，而它的两个竞争对手分别用了 44 小时和 55 小时。何乐礼采用这台计算机仅用了两年就完成了美国 6262 万余人口的统计，而此前 1880 年美国人口普查的数据全靠人工处理，历时 7 年才得出最终结果。

1896 年，何乐礼在纽约成立了制表机器公司（Tabulating Machine Company），专门生产和销售他的制表机。1911 年，制表机器公司与另外 3 家公司合并，成立了计算制表记录（Computing Tabulating Recording，CTR）公司。1924 年，CTR 公司更名为国际商业机器（International Business Machines，IBM）公司。何乐礼的打孔卡片和制表机技术成为 IBM 公司早期产品线的重要组成部分，并为后续的计算机发展奠定了基础，他的数据自动化处理的技术开启了现代数据管理之路。

1.3 数字化的数据处理

利用技术工具来处理数据有以下 3 种方式。

（1）机械式数据处理：依赖物理设备和介质（如打孔卡片、齿轮、杠杆等）来存储和处理数据。例如，制表机和打孔卡片系统，通过在卡片上打孔来记录数据，然后用机械装置读取和处理这些数据。这种方法虽然比人工处理效率高，但仍然存在存储量小、速度慢、出错率高等问题。

（2）模拟数据处理：使用连续变化的物理量（如电流、电压、磁带的磁化强度）来表示和处理数据。例如，磁带录音机通过模拟信号来存储和处理数据。

（3）数字化数据处理：使用电子信号来存储和处理数据，数据被转换成二进制形式，即由0和1组成的序列。计算机使用逻辑门和电路来处理这些二进制数据，通过编程来执行各种计算和数据处理任务。数字化数据处理方式提供了更高的精度、更快的速度和更强的灵活性，对数据可以方便地进行复制、传输和复杂的处理，是现代信息技术的基础，例如现代电子计算机以及数字存储设备（如硬盘、固态盘）和数据库软件等。

1.3.1 从机械化到数字化

数据处理从机械方式到数字化方式的转变是随着电子计算机的出现而发生的。20世纪40年代，英国、美国、德国等国家出于军事目的进行数据处理，包括编译密码电报、模拟防空系统等，开始研发并且生产电子计算机，实现数字化数据处理方式。从那个时代的电子计算机到今天的云计算、AI，都基于1936年由图灵提出的图灵机模型：它是一种抽象的计算概念，由一条无限长的带子（存储介质）、一个读写头（用于读取和写入数据）、一个状态寄存器（表示当前状态）以及一组控制规则（决定动作）组成。图灵机能够模拟任何算法过程，通过有限的规则集处理符号，解决可计算问题。

到了20世纪50年代，这种用于科学计算的数字化电子计算机开始从政府军用走向企业民用，替代打孔卡片和制表机的数据处理设备。计算机的用途可分为科学计算和商业计算两种，相应产生了不同的技术平台和编程语言，而本书讨论的数据处理主要是指商业计算。

发明第一台电子数字式计算机的约翰·埃克特（John Eckert）等人共同成立了公司，接受了美国国家标准局的订单，耗时两年多，于1951年向美国统计局交付了商用电子计算机UNIVAC。美国统计局本来希望使用这台机器来代替已经使用了60年的打孔卡制表机，处理1950年的人口普查数据。直到1954年，第八台UNIAC由安达信会计事务所的商业咨询部门（即后来的埃森哲）的工程师们安装在通用电气总部工厂，用于核算工人薪资，这是人类社会第一台数字化电子计算机，用于处理数据的企业信息系统。1954年，埃克特的公司在美国交付了13台计算机，其中大部分安装在企业（包括杜邦、美国钢铁、西屋电气、大都会人寿等公司）里，用于进行数据处理。

电子计算机作为数据处理系统，除了计算机本身的计算能力，还有两个关键技术推动，一是数据存储硬件技术，二是数据处理软件（包括数据处理编程语言以及数据库管理软件）技术。

数据的记录和存储经历了打孔卡片、磁鼓、磁带和磁盘等发展阶段，它们在技术、容量、访问速度和使用方式上有所不同。磁鼓和磁带都是早期计算机使用的磁性存储设备，由涂有磁性材料的旋转鼓面或者塑料带来记录数据，通过将磁头移到数据所在的物理位置来读取和写入数据。它们的共同特点是数据是按顺序存储的，访问速度较慢。磁鼓的容量相对较小，适合作为短期高速缓存，存储操作系统、程序和临时数据；磁带的容量较大，适合存储大量数据，用于数据备份和档案存储，以及批量数据处理。

直到20世纪80年代，无论是打孔卡片（或者打孔纸带），还是磁鼓、磁带，这些早期的数据记录和存储技术仍在广泛使用，虽然如今这些技术已经难寻踪影，但是它们对于数据管理的影响持续至今，例如：

- 批量数据处理仍然是数据处理和分析中的常见做法，尤其是在大数据处理和数据仓库中；
- 现代数据交换格式（如XML和JSON）的设计，允许数据以结构化的层次形式序列化和反序列化，这源于使用打孔纸带存储数据的方式；
- 为了在打孔卡上一致地存储数据，需要根据业务含义对数据格式进行标准化。这种思想延续到现代数据管理中，推动了数据模型、数据字典、数据治理流程和数据标准化组织的发展；
- 磁带存储促进了数据备份的发展，如今，数据备份和恢复仍然是数据管理的关键组成部分，确保数据的持久性和在灾难恢复情况下的可用性；
- 磁鼓和磁带的顺序数据访问模式影响了数据库索引和查询优化器的设计；
- 早期技术中，由于存储介质的物理特性，数据损坏的风险较高，这推动了数据校验和错误检测算法（如奇偶校验和CRC）的发展，这些算法至今仍用于确保数据的完整性。

电子计算机在20世纪60年代初快速发展，需要效率更高、容量更大、更便于使用的数据存储装置来适配它。1962年，也就是IBM公司销售了其第一台电子计算机的11年后，该公司从电子计算机业务获得的收入首次超过了传统业务——机械式打孔卡计算机。

1952年，总部在美国东海岸的IBM公司在西海岸的硅谷设立了研发实验室，几年后，这个实验室向市场首次推出了磁盘存储单元RAMAC，即后来俗称的“硬盘”，成为数据处理技术的一个重要里程碑。它的数据随机访问方式提供比磁鼓、磁带更高的存储密度和更快的访问速度。在RAMAC出现之前，通过计算机检索数据需要花费数小时甚至数天，RAMAC则指数级地提升了访问和操作数据的速度——只需几秒。它为关系数据库的诞生奠定了基础，使企业能够以新的方式来思考、管理和利用数据。磁鼓采用固定的读写磁头，每个磁头对应磁鼓上的一个磁道，读取效率低且价格昂贵；而磁盘驱动器在磁盘的每一面使用一个可移动的磁头，为了记录和读取数据每个磁头必须非常靠近磁盘表面且不接触它，避免使磁盘或磁头产生物理磨损。

在这个时期，数字化电子计算机技术快速发展，开始替代企业在数据处理中使用的打孔卡片和制表机。不过，计算机在当时是非常昂贵的工业设备，占地庞大，需要专门安装在配有专业空调和玻璃隔间的机房里，企业需要考虑使用计算机处理数据带来的业务效率收益、减少企业文职人员带来的成本节降与计算机的年度折旧、编程人员的成本投入之间的平衡，于是出现了企业信息技术咨询顾问来帮助企业规划如何利用信息科技改进业务，评估信息科技的投入产出效率。

哈佛大学商学院毕业的美国海军前工程师约翰•迪博尔德（John Diebold）致力于利用计算机来改进企业的运营和管理，1952年，他在*Automation : The Advent of the Automatic Factory*一书中提出了“自动化”这个名词，即用可编程的计算机来控制业务流程和组织。1954年，迪博尔德在纽约创立了以自己名字命名的管理咨询公司，帮助企业实现“管理自动化”。就在安达信帮助通用电气工厂论证安装电子计算机的可行性并最终实施的同时，迪博尔德每年开展几十个咨询项目，从企业业务数据处理，到工厂自动化改造，再到复杂信息系统规划，其咨询内容不仅涉及技术选型，还包括企业在应用信息技术转型的过程中应如何解决数据部门的能力建设、组织变革和管理职能调整的问题。

数据处理技术从一开始进入企业，带来的就不仅是技术问题，还有组织问题和管理问题——如何基于透明化的、一致的数据来协调企业组织的业务操作、管理控制和高层决策等各个层级之间的关系，让数据在企业经营管理中发挥价值。例如，在一份1957年给婴儿奶粉企业美赞臣的咨询报告中，迪博尔德评估了美赞臣公司使用IBM制表机进行业务数据处理的情况，通过对业务数据的制表分析来优化生产计划、降低成本、提升客户发票处理效率以及支持新产品研发等。

20世纪60年代，那些安装了新型计算机的公司将原来使用打孔卡制表机来制作报表的部门扩展和升级为“数据处理部”；到了20世纪80年代，“数据处理部”则纷纷改名为“信息技术部”；到了今天，又在改名为“数字化转型部”一类的时髦名字。

“数据处理”这个名词的普及要归功于IBM公司，它希望借助这个市场营销概念的名词传播，将企业计算与它在打孔卡制表机的既有市场优势联系起来——过去IBM制表机在市场上的定位标签是“数据处理设备”（Data Processing Device），当IBM销售计算机时，市场认知就潜移默化成了“电子数据处理系统”（Data Processing System），在早期IBM的电子计算机产品外壳上的显著位置就贴着这个标签。

时任IBM总裁的托马斯•沃森（Thomas Watson）告诉那些操作打孔卡制表机的员工，他们的工作名称（或者说专业）就是“数据处理”，他们在公司内的价值是致力于通过处理数据，及时发现企业经营管理的相关事实，从而在与对手的商业竞争中处于更有利的地位。1962 年，数据处理工作者的行业协会更名为数据处理管理协会（Data Processing Management Association）。

对数据进行排序（Sorting）是生成报表的基础。在早期计算机的数据处理中，例如生成工资报表的过程通常开始于员工考勤表数据的收集，输入员将员工考勤表数据打孔到卡片上，这些卡片随后被送入机械分选的“排序机”（Sorter），按序分装到若干个输出托盘上，排序后的卡片与包含工资费率和员工信息的主卡片进行组合，然后，这些卡片经过制表机和专用设备多次处理，最终输出工资支票和记录每位员工工资的账表。排序机是确保数据按正确顺序处理的关键工具，它通过物理分离和重新组合卡片来实现排序，为后续的数据处理和报告生成奠定了基础。

随着技术发展，许多新型计算机（如 IBM 650、705 等）出现，采用磁鼓或者磁带替代打孔卡片存储数据，可以同时处理多个输入和输出文件，但要求文件必须预先正确排序，以确保数据的准确性和处理效率：当从一个文件读取员工记录时，随即从另一个文件读取的记录是同一员工的考勤数据，从而计算出正确的付薪数据。这就是数据库和数据处理软件的工作原理。

电子计算机出现后，除了被用来处理复杂的科学和军事计算（例如导弹飞行的轨道、模拟核爆炸效果等），还用来处理大量的、结构化的企业数据，后者就成为计算机商用的发展动力。1951 年，工程师弗朗西斯·霍尔伯顿（Frances Holberton）在 UNIVAC 计算机上开发了一个数据排序程序。20 世纪 50 年代末期，有人开始在 IBM 计算机上编写标准化的数据排序和报表生成程序，在传统的机械制表机上，由操作员通过设置开关和电线搭线来指定要计数的内容以及格式化输出，现在这些指令都可以用编程的方式来自动实现或者调整。

1959 年，IBM 在当时因体型较小而销量最高的 IBM 1401 计算机上开发了报表程序生成器（Report Program Generator，RPG）——一种高级编程语言，使得使用排序机和制表机进行操作和编程的人员轻松过渡到使用电子计算机进行操作和编程。RPG 特别适用于处理文件操作和格式化输出，例如生成价格清单和工资表等复杂报表。经过多年的发展和改进，如今，作为 IBM 计算机的专用编程语言，RPG 在财务、物流和制造业等领域仍然有着广泛的应用，许多关键业务应用程序都是用 RPG 编写的，从而高效地处理大量的商业交易数据。

1965 年初，IBM 对市场推出了 System/360 系列计算机，它具有先进的硬件架构、优秀的软件兼容性和全面通用的外围设备。到 1970 年，这种计算机卖出了约 35000 台，这促使数据处理软件升级为数据库管理软件。

1.3.2 从数据处理到信息系统

在 20 世纪 50 年代末、20 世纪 60 年代初，英、美少数大企业尝试用电子计算机替代打孔卡制表机时，管理学界存在两种观点，一种观点认为电子计算机就是一种速度更快、效率更高的制表机，而另一种观点认为用电子计算机处理数据，将为企业带来管理革命。一些管理咨询师和商业思想家开始构思企业的“数字化乌托邦”，1958年*Harvard Business Review* 11—12月刊中，一篇名为“Management in the 1980’s”的文章描绘了30年后的企业管理，大意如下。

计算机技术和运筹学方法、统计规划、仿真技术等全面结合，作者称之为信息技术。一方面，信息技术的决策取代了中层管理人员，公司控制权重新划分，高层管理人员与信息技术工程师一起工作，他们将更加专注于创新和变革的问题，随着日常工作的程序化，高层工作越来越抽象，倾向于搜索和研究，解决各种难题，未来的社会也需要更多的、这样能干的高层管理者。另一方面，信息技术将使得企业管理工作程序化，高层可以直接做出决策，降低了中层管理者的创造性和自主性，因而他们的薪酬水平也会下降；而对于基层工作的个体，工作本身可能不再提供足够的个人表达和创造机会，强调他们对程序化工作的服从和遵从，员工需要在工作之外寻找满足感和成就感。

在这样的认知背景下，企业的管理信息系统（Management Information System，MIS）应运而生，如图1-2所示，它被认为是信息技术应用于企业管理的形式。MIS是为企业管理者提供信息的系统，帮助他们进行规划、控制、组织和决策；MIS的功能包括数据的生成、收集、处理、存储和报告，以及提供用于决策支持的分析工具，通常包括数据库、报表生成器、查询和数据分析工具。

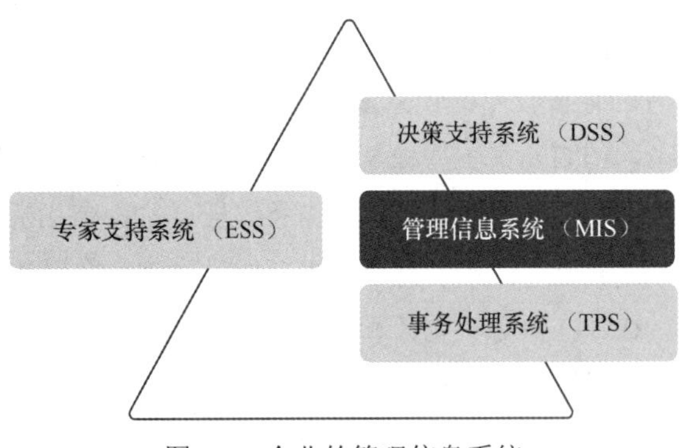

图1-2　企业的管理信息系统

MIS是企业数据处理的核心，跟它相关的还有以下其他类型的信息系统。

- 决策支持系统（Decision Support System，DSS）：提供易于理解的模型和分析工具来帮助管理者分析问题和选择解决方案，包括复杂的数据分析、模型构建、预测和模拟，以及用户友好的界面。

- 专家支持系统（Expert Support System，ESS）：模拟人类专家决策能力的计算机系统，它使用 AI 技术来解决复杂问题，包括知识库管理、推理引擎、训练解释和用户接口。
- 事务处理系统（Transaction Processing System，TPS）：用于处理日常业务（如订单处理、库存管理、工资单和账单支付）的系统。它用于处理比 MIS 的信息颗粒度更细、组织层级更低的具体业务数据，包括数据的输入、简单处理、存储和更新，强调数据的一致性和完整性，以确保业务流程的顺畅和准确。

MIS 领域著名学者、哈佛大学教授理查德 • L. 诺兰（Richard L. Nolan）在 1974 年的 *Managing the Data Resource Function* 一书中指出，企业管理者将专注点放在了数据的收集、处理、存储和分发上，诺兰强调了数据是组织的重要资源，提出了数据资源管理的策略和方法，包括数据管理、数据库设计、信息系统规划、数据通信、数据安全等。

1.3.3 面向记录事务的数据管理

数据库管理系统（Database Management System，DBMS）软件在 20 世纪 70 至 20 世纪 80 年代的发展，使得 MIS 成为一种真正可行的企业管理手段，直到 20 世纪 90 年代，借助于计算机网络技术，出现了以 ERP 为代表的企业级数据处理系统的爆炸式增长。

1957 年，陶氏化学公司任命了熟悉打孔卡会计应用的工程师查尔斯 • 巴赫曼（Charles Bachman）来领导数据处理部门。巴赫曼提出了集成数据存储（Integrated Data Store，IDS）的概念，旨在解决以下问题。

- 数据共享：在多个应用程序和用户之间共享数据。
- 数据一致性：随着数据量的增加，保持数据的一致性和完整性。
- 数据冗余：避免数据存储的冗余，节省存储空间，降低数据维护的复杂度。
- 数据独立性：解开应用程序与数据物理存储之间的耦合，数据变化不会影响应用程序的运行。

巴赫曼提出的 IDS 概念使得数据库（而不是计算机设备）占据了数据处理的中心，应用程序编写和对数据的操作都围绕数据库进行。IDS 后来用于维护“数据字典”，数据字典定义了信息系统所有不同记录类型及其彼此之间的关系，例如客户记录与该客户的相关订单记录。1971 年，巴赫曼推出了基于他提出的网状模型的第一个企业数据库管理系统——综合数据库管理系统（Integrated Data Management System，IDMS），于 1973 年获得了图灵奖。

1970 年，IBM 的工程师埃德加 • 科德（Edgar Codd）提出了关系模型，以其更简单的数据结构、更好的分析性能和更易于理解和使用的开发工具、更加适用于通用软件和多变的企业环境，逐渐取代了网络模型和层次模型，成为数据库技术的事实标准。如今，大多数企业级的数据库应用都是基于关系模型构建的，使用如 MySQL、PostgreSQL、Oracle 和 Microsoft SQL Server 等关系数据库管理系统（Relational Database Management System，RDBMS）。

IBM 为了保护在 IMS 上的投资，开始并不太热衷于支持科德的理论创新，直到 1973 年，IBM 才启动了一个名为“R 系统”（System R，R 代表关系型）的项目，致力于研究关系模型理论的产业化实施。在这个持续数年的研发项目中，科德和其他同事获得了一系列重要成果：唐 • 钱伯林（Don Chamberlin）和雷 • 博伊斯（Ray Boyce）研制出 SQL，无须了解数据库细节而通过接近于自然语言的语句查询数据，成为今天使用最广的数据库查询语言；科学家帕特里夏 • 泽林格（Patricia Selinger）发明了基于成本的数据查询优化算法，通过评估不同查询方案的成本来选择更有效的策略，显著提高了数据库查询的性能；研究员雷蒙德 • 洛里（Raymond Lorie）发明了数据查询的程序编译器，将高级查询语言（如 SQL）转换成可以在数据库管理系统中执行的低级指令，优化查询的执行方案来高效访问和处理数据。

尽管科德和他的同事们取得了非常多的成就，然而出于 IBM 内部的商业考虑，直到 1983 年，IBM 才正式推出关系数据库的商业化产品 DB2，科德本人几乎没有享受到他发明的产品进入市场的荣光。在这 10 年间，科德等人发表在国际计算机学会的学术杂志上的论文启发了硅谷的工程师和企业家。

一位是加州大学伯克利分校的计算机科学系教授迈克尔 • 斯通布雷克（Michael Stonebraker），1974 年，斯通布雷克带领他的本科和研究生学生发起了名为 INGRES 的关系数据库管理软件研发项目，这个大学团队遵照伯克利开源协议（Berkeley Software Distribution，BSD），将 INGRES 源代码以开源软件的方式免费分发，基于开源代码孵化出众多商业化数据库软件，在数据管理领域得到广泛使用，包括 Sybase（2010 年被 SAP 收购）、微软 SQL Server、Informix（2001 年被 IBM 收购）、PostgreSQL 等。斯通布雷克本人的公司经历了多次收购，他还是数据仓库以及用于科学计算和分析的多维数组数据库等领域的开创者，其中，数据仓库是为企业分析和决策支持系统提供数据存储和查询服务的数据库系统。这些发明推动了大数据技术的进步和技术生态的形成，包括分布式存储、并行处理和高效的数据压缩技术。

另外一位则是全球数据库市场的领导者甲骨文公司（Oracle Corporation）的创始人拉里 • 埃里森（Larry Ellison）。1979 年，埃里森和同事创立了关系软件公司（Relational Software Inc.，RSI），专注于开发基于科德理论的关系数据库管理系统。起名为甲骨文（Oracle）的产品以其高性能、可扩展性和可靠性迅速获得了市场的认可，到了 1983 年，RSI 正式更名为甲骨文公司。甲骨文公司能取得巨大的商业成功，离不开其销售人员的努力，可以佐证的是，支持企业销售管理的软件——客户关系管理（Customer Relationship Management，CRM）的开创者汤姆 • 希贝尔（Tom Siebel），他在 1993 年创立了以自己名字命名的 CRM 软件公司，曾经是甲骨文公司负责销售和客户服务的高级副总裁，而如今全球 CRM 的领导者 Salesforce 的创始人马克・贝尼奥夫（Marc Benioff）在 20 世纪 90 年代也曾经在甲骨文公司负责销售。

随着数据库技术的发展，到 20 世纪 80 年代，企业管理信息系统逐渐成熟。无论是管理学者还是企业信息管理实践者都认识到，有必要从企业业务职能的视角来将之分解为若干子职能系统，各个职能子系统既相对独立，又可以在模块内和模块外做到系统能力的逐步增长。从企业活动的组织层级视角，每个活动子系统如果要做到跨职能的有效运行，必须实现各个业务职能子系统之间的数据共享，而这些数据共享都依赖底层的数据库和数据管理能力的提升，因而数据库和数据库管理系统在这个阶段得到快速发展。企业信息化与数据库的关系如图 1-3 所示。

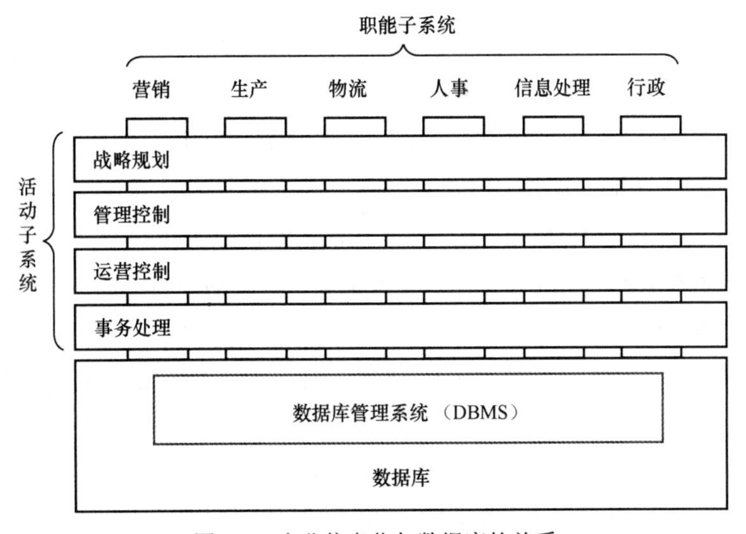

图 1-3 企业信息化与数据库的关系

商业软件公司将企业的业务模型进行标准化，即将组织、产品、流程 / 活动、表单等业务对象的信息模型抽象出来，利用数据库管理系统进行管理，这就产生了企业应用软件，SAP 公司的 ERP 软件产品是这个领域的代表，企业数据处理自动化水平得以进一步提升。

1971 年，IBM 德国曼海姆分公司的两位系统顾问——迪特马尔・霍普（Dietmar Hopp）和哈索・普拉特纳（Hasso Plattner）在英国的帝国化学工业公司（ICI）的欧洲纤维公司工作时，开发了德国第一个带有用户界面的实时应用软件，使得位于工厂的工作人员能够在显示器上处理订单。1972 年 4 月 1 日，霍普和普拉特纳和另外 3 位 IBM 同事离职创立了一家名为 SAP 的公司，他们的想法是构建标准的企业应用软件，集成所有业务流程，并允许在显示器上实时处理数据，而不是到夜间在计算机上进行信息的分批处理。

到1973年，创业者们在普拉特纳的领导下开发出了第一个标准化的产品——实时财务会计（Realtime Financial Accounting，RFA）系统，作为SAP模块化软件系统的起点，该系统后来被称为“SAP R/1”，并在随后两年半的时间内获得了40多家德国企业的采用。

到1975年，SAP推出了实时物料（Realtime Materials，RM）管理系统，整合了采购、库存管理以及发票校验等流程，并且进入欧洲其他国家。直到1978年，SAP才拥有了自己购买的第一台计算机——西门子7738大型机。进入20世纪80年代，在R/1的基础上，SAP推出了新一代产品R/2。R/2产品使用了数据库管理技术，实现财务、物料管理、销售、生产制造、人力资源等多个模块的集成，具有更好的用户交互界面，并且能够支持全球性企业复杂组织的业务管理。

到20世纪80年代末期，随着小型计算机、个人计算机的出现，企业级软件可以运行在更便宜的小型计算机上，并且，个人计算机和小型计算机可以组成企业计算机网络，更加高效地实时处理数据。在当时的软件行业，标准化产品的商业模式开始流行，IBM系统应用架构（Systems Application Architecture，SAA）成为企业软件行业的事实标准，这些现象促成了1991年SAP新一代支持多个软硬件平台的企业管理软件SAP R/3问世，拉开了ERP行业飞速发展的序幕。

直到今天，SAP R/3仍广泛适用于从中小企业到跨国公司等不同规模、不同行业的公司，它使用了全新的客户端-服务器架构，成本更低、部署更灵活、运行性能更好。

尽管2000年的互联网泡沫对企业软件行业造成了一定的冲击，但是此后SAP快速发展，到2003年，SAP员工数已经超过3万人。2008年，SAP以68亿美元收购了由一位原Oracle的销售经理在法国建立的商业智能软件公司Business Objects（在此之前，这家公司经过多次并购，整合了多家开发报表、数据仪表盘的商业智能软件公司）。而在差不多同一时间，IBM、Oracle也分别都以几十亿美元的价格收购了同类型的公司Cognos和Hyperion，这标志着生成数据的在线事务处理（On-line Transaction Processing，OLTP）系统软件市场已经成熟，市场发展转向使用数据的在线分析处理（On-line Analytical Processing，OLAP）系统。

1.4 数据管理与分析

到了20世纪90年代，企业利用数字化方式来处理事务并生成数据的技术越来越成熟，企业积累的数据量逐渐增加，传统的数据库系统主要用于事务处理，无法满足企业对于消费已有数据（即数据分析和决策支持）的需求。为了解决这一问题，数据仓库应运而生，它旨在提供一种有效的数据管理工具来支持基于数据的决策分析的应用场景，包括决策支持、专家系统等。

存储和管理数据的关系数据库管理系统面对复杂查询和数据分析时力不从心，因为它的设计初衷是快速处理日常业务（如订单处理、会计记账等），而非用于分析和报告。数据仓库与数据库管理系统的主要区别在于设计目的、数据结构、数据更新频率和访问方式。数据库主要面向事务处理，支持日常业务操作的快速响应和数据更新，注重数据的规范化和一致性。而数据仓库则面向决策分析，提供全面的、历史性的数据视图，支持复杂的查询和分析操作，如多维分析、数据挖掘等。数据库系统主要采用关系模型，而数据仓库技术的发展推动了多维数据模型和星形模型等更适用于面向分析的数据模型的出现。

数据仓库的建设是一个复杂的过程，涉及数据的集成、存储、管理和分析等多个方面。在构建数据仓库的方法上，两位数据仓库的宗师比尔•恩门（Bill Inmon）和拉尔夫•金博尔（Ralph Kimball）分别提出了有着不同理念和实践方式的方法论，形成的两个流派从 20 世纪 90 年代初开始对行业产生了巨大影响，因为各有千秋，也在实践中造成很多困惑。很多大型企业在数据仓库建设中既有成功，也有失败。因而，数据仓库建设不仅是技术问题，还对企业信息的管理体系提出了很高要求。

恩门派主张“自顶向下”的开发方法，即首先构建一个完整的数据仓库，然后从数据仓库中提取数据形成数据集市。这种方法强调数据的整合和规范化，要求在构建数据仓库之前定义清晰的数据模型。这种数据仓库通常采用实体 - 关系模型，注重数据的一致性和完整性，适合处理复杂的数据分析和决策支持应用。其优点包括数据冗余度低、对业务变化具有鲁棒性、提供更大的灵活度以及能够满足各种企业范围的报告要求。然而，这种方法的缺点是初期设置和交付耗时、复杂度高、需要更多的数据抽取转化加载的加工操作，并且需要数据管理专家有效地管理数据仓库。

金博尔派则主张“自底向上”的开发方法，即首先根据业务需求构建数据集市，然后逐步扩展到整个数据仓库。这种模型通常是非规范化的，将数据划分为事实表和维度表，形成所谓的星形模型。这种方法的优点包括交付快速、易于理解、数据仓库系统占用空间小、查询速度快以及一致的数据质量框架，其缺点是数据在报表生成前并未完全整合，数据更新时可能会出现性能问题以及报表质量问题。

随着数据科学技术的不断发展，如今大多数据仓库产品以及企业实际应用都在结合使用这些方法，例如利用恩门派方法创建企业级数据仓库的维度数据模型，用金博尔派方法开发面向灵活即席分析的数据集市。

20 世纪 90 年代初期开始出现数据仓库的商品化软件产品，Teradata 是具有开创性意义的公司。它于 1979 年在加州理工学院研究处理海量数据计算的技术基础上创建，在 20 世纪 80 年代提出了基于大规模并行处理（Massive Parallel Processing，MPP）架构，通过在多个节点上并行处理任务来提高数据处理速度，尤其适合处理大规模数据集。1992 年，Teradata 在沃尔玛上线了第一个 TB 级数据库，到 20 世纪 90 年代末期，Teradata 的数据处理能力达到了 100 TB 的数量级。在很长一段时间里，Teradata 是银行、保险公司等对海量数据进行报表分析的首选。

早期的数据仓库主要依赖于物理硬件设备进行数据存储和处理，其处理能力受到硬件资源的限制。进入 21 世纪，随着云计算、大数据和 AI 等技术的飞速发展，数据仓库迎来了新的发展机遇。云计算为数据仓库提供了弹性的计算资源和低成本的存储方案，大数据技术使得数据仓库不再局限于结构化数据，开始关注半结构化和非结构化数据的处理，数据湖、湖仓一体等新技术逐渐成熟，企业数据建设有了多样化的技术选择。

谷歌在 2003 年发表了包括 *The Google File System* 在内的 3 篇论文，打开了分布式技术快速发展的大门。2006 年，Apache 基金会创建了 Hadoop 开源项目，该项目可用来解决大规模的数据存储和离线计算的难题。首先诞生的是分布式文件系统（Hadoop Distributed File System，HDFS）和分布式计算框架 MapReduce，其中 HDFS 至今仍被广泛使用，而 MapReduce 已被更优秀的计算框架所替代。随后，在 2007 年，Apache Hadoop 项目仿照 Bigtable 开发了大型分布式 NoSQL 数据库 HBase。除此之外还有 Apache Hive，开发者可以使用类 SQL 查询存放在 HDFS 上的数据。从 2015 年开始，Spark 逐渐成为主流的计算引擎，为多样化的大数据分析提供更加强大的性能保障。此后，AI 的兴起带动了数据科学平台的发展。

1.5　商业智能与数据科学

数据科学是指企业基于数据管理来利用数据、消费数据，实现对业务的洞察，从而发挥数据的业务价值。

商业智能（Business Intelligence，BI）包括基于数据存储和数据管理的数据仓库，整理、筛选、对比、统计和展现数据，关注对历史数据和当前数据的处理，监控关键绩效指标（Key Performance Indicator，KPI），帮助企业了解过去发生了什么、现在正在发生什么，从而发现其中的规律、趋势和关系，探索问题、验证假设，通过数据描述已经发生的事实，为决策者提供对未来趋势判断、方案选择的洞察依据，这些事实和洞察通常以各种报表、图表的形式展示，实现数据和信息的可视化。例如，通过 BI 工具生成销售报表，展示不同地区、不同产品、不同客户细分、不同渠道等维度的销售情况，帮助管理者了解销售趋势。

BI 主要用于处理结构化数据，这类数据主要来自企业内部的信息系统，如 ERP、CRM 以及核心业务系统等。它对数据的处理主要包括数据的提取、清洗、转换和加载以及简单的数据分析（如求和、计数、平均值计算等），数据的聚合和展示是 BI 的重点。

在 20 世纪 80 年代前，跟 BI 接近的概念是前文提到的决策支持系统（DSS）或者经理信息系统（Executive Information System，EIS），1989 年，当时在 IT 行业研究机构 Gartner 的分析师霍华德·德雷斯纳（Howard Dresner）提出了 BI 这个概念，用来更好地表达企业内各个层面通过数据分析得到业务洞察的 IT 应用。BI 的发展得益于埃德加·科德（Edgar Codd）在 1993 年提出的 OLAP 概念，当时，企业的数据量不断增加，传统的 OLTP 系统主要用于日常业务操作和简单数据查询，无法满足复杂的数据分析需求，与之对应，OLAP 的目的是提供一种对多维数据进行高效分析的方法，允许用户从多个角度（维度）对数据进行快速查询和分析，例如从时间、地理区域、产品类别等不同维度来分段、切片分析销售数据。

从 20 世纪 90 年代后期到 21 世纪初，随着数据库软件技术的发展和计算机硬件性能的不断提高（尤其是 CPU 处理能力、内存容量和存储设备的发展），OLAP 对大量数据的快速处理和查询成为可能，无须专业技术人员编写分析程序，易于数据分析人员使用的 BI 软件开始大量进入企业应用，具有代表性的产品包括 Business Objects（后被 SAP 收购）、Cognos（后被 IBM 收购）、MicroStrategy 等。

2010 年后，敏捷 BI（也称自助式 BI）兴起，具有代表性的产品有 Qlik、Tableau（后被 Salesforce 收购）和 PowerBI 等，进一步降低了 BI 软件的使用门槛，让更多业务人员无须专业技术人员支持便能便捷地进行数据分析和探索，凭借优异的产品力及更低的成本逐渐替代了上一代 BI 产品，成为今天的 BI 软件主流。在这个阶段，随着移动设备和互联网技术的发展，BI 软件开始支持移动端和实时数据分析，用户可以更加及时地根据最新的数据做出决策。

数据科学（Data Science）也是一个数据分析应用领域，它和 BI 的对象、方法和用途略有不同。它是一个跨学科领域，结合了数学、统计学、计算机科学等多个学科的知识和方法。数据科学的目标不仅是分析数据，还包括从大量复杂的数据中发现新知识、构建预测模型，解决面向未来的、涉及多个方案优化决策的复杂业务问题。例如，通过构建机器学习模型预测客户流失率、预测市场需求、预测设备故障等，利用自然语言处理技术分析社交媒体上的用户情感倾向，可用于个性化推荐（如电商平台的商品推荐、内容平台的内容推荐），还可用于风险评估和防范（如金融交易欺诈风险评估、信用风险评估等）。

数据科学可以处理各种类型的数据，包括结构化数据、非结构化数据（如文本、图像、音频）。它需要对数据进行更深入的探索性分析，包括数据的特征工程，挖掘数据中的隐藏模式和关系。数据科学涉及复杂的算法（如深度学习算法）和模型，用于对数据进行分类、预测、聚类等操作。

与 BI 鼓励企业内业务部门的非专业人员使用不同，数据科学的用户需要有深厚的数学和统计学基础，精通机器学习和深度学习算法，因而这些用户也被称为“数据科学家”，他们需要具备开发高级算法的编程能力，能够实现复杂的数据处理和模型开发，还需要有创新思维和解决复杂问题的能力，兼具从数据中产生洞察以及业务领域的知识。

数据科学可以追溯到19世纪。当时，统计学主要应用于天文学、物理学等自然科学领域，用于处理实验数据和观测数据。在20世纪中叶，随着基于计算机的科学计算软件出现，统计学开始在社会科学和商业领域得到应用，用于市场调查、质量控制、计量经济学等。这一时期的数据处理主要基于小型数据集，通过手动计算或简单的计算机程序进行统计分析。

20世纪80年代后，机器学习作为AI的一个分支开始兴起，产生了如决策树、神经网络等机器学习算法，运用这些算法的分析称为"数据挖掘"，即从大量数据中发现潜在模式和洞察的过程，在零售、金融等行业得到了应用。例如，超市通过关联规则挖掘发现顾客购买的商品之间的关联，从而进行商品陈列和促销策略的优化。

到2010年左右，大数据存储和处理框架（如Hadoop和Spark）应运而生，使得大规模数据的存储和计算成为可能。同时，深度学习技术在图像识别、语音识别等领域取得了巨大成功，"数据科学"这个术语开始被广泛使用。值得注意的是，存在一些与"数据科学"相近的概念，尽管它们涵盖的范畴与关注点略有不同，但均属于有别于BI的数据分析技术。例如，决策智能（Decision Intelligence）侧重于使用线性规划、非线性规划和多目标决策的优化算法（而不是统计学算法），去解决资源受限情况下多方案的权衡问题；又如供应链的订单分配优化或者物流运输路线优化的求解；又如，高级分析（Advanced Analytics）则聚焦于各类算法，通常不涉及数据管理方面。

BI和数据科学的对比如表1-1所示。

表1-1　BI和数据科学的对比

	BI	数据科学
关注时间	过去和现在	现在和未来
分析方法	描述性、诊断性	预测性、方案优化性
交付方式	报表、即席展现	统计学模型
自动程度	高，自动展现	低，需要人工介入
数据类型	结构化数据	结构化和非结构化数据
业务场景	趋势发现，决策支持	假设验证，洞察未知

1.6　数据可视化

无论是BI还是数据科学，都需要将数据以图形、图表、地图等直观的视觉形式呈现出来，帮助用户更好地理解数据中的模式、趋势、关系以及重点信息。这种展示称为数据可视化。BI、数据科学与数据管理、数据可视化的关系如图 1-4 所示。

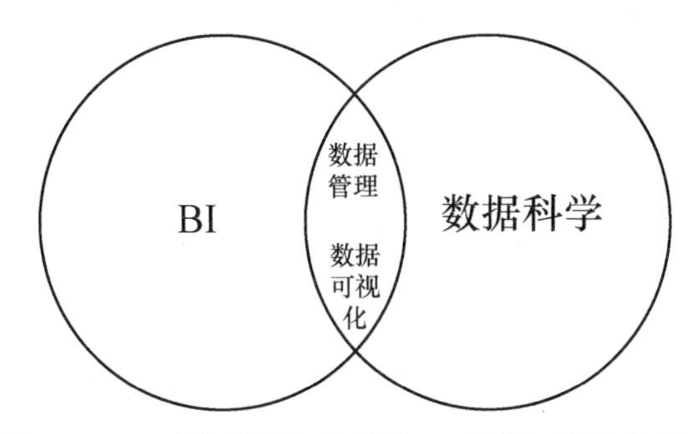

图 1-4　BI、数据科学与数据管理、数据可视化的关系

数据可视化在图表中通过以下内容体现。

- 图形元素：包括各种几何形状的图形，如“柱状图”使用长方形的高度来表示数据的大小，“折线图”通过线条展示数据随时间或其他变量的变化趋势，“饼图”则以扇形的角度来体现各部分在整体中所占的比例等。
- 颜色和色调：不同的颜色可以用来区分不同类别的数据，或者表示数据的不同属性，如使用红色表示危险或下降的趋势，绿色表示安全或上升的趋势。通过调整颜色的深浅或饱和度，还可以传达数据的重要性或优先级。
- 文本和标签：清晰、简洁的文本和标签可用于解释图形元素所代表的数据内容，包括坐标轴标签、数据点标签、图例等，帮助用户准确地理解可视化所表达的信息。
- 交互元素：为了让用户能够更深入地探索数据，基于计算机的数据可视化技术通常会包含交互功能。例如，用户可以通过鼠标悬停查看数据点的详细信息，通过点击图表元素进行筛选或排序，通过缩放来查看不同范围的地理数据等。

数据可视化可以追溯到 17 世纪，因计算哈雷彗星的轨道而知名的英国天文学家、物理学家、数学家埃德蒙·哈雷（Edmund Halley）提出了在地图上使用等值线的方法——他通过测量不同地点的磁偏角，将磁偏角相同的点连接起来，绘制出等值线，用于指导地理定位和航海。这种方法后来被广泛应用于等高线地形图、等气压线天气图等，是数据变量可视化的雏形。

法国土木工程师夏尔·约瑟夫·米纳尔（Charles Joseph Minard）擅长用地图来展示社会、经济和历史的数据。如图 1-5 形象、生动、准确地展示了 1812 年拿破仑远征俄罗斯的历史事件，横轴代表战场地理位置从西到东，颜色较浅的条形代表前进军队的规模（随着军队向莫斯科进发，浅色条形的宽度持续下降），下方的黑色条形则显示了军队从莫斯科撤退时的人数逐步减少，底部的折线显示了气温（可以解释了低温是破坏军队规模的重要原因）。可以看到，当一个在前进过程中脱离的侧翼部队（浅色）重新加入主力时，黑色条形图短暂地变宽；然而，当黑色条形图移动到图表上一条河流时，它显著变窄，这说明了冬天冰冷的河水对军队规模的影响。而图表底部的折线显示了气温，这解释了低温是破坏军队规模的重要原因。

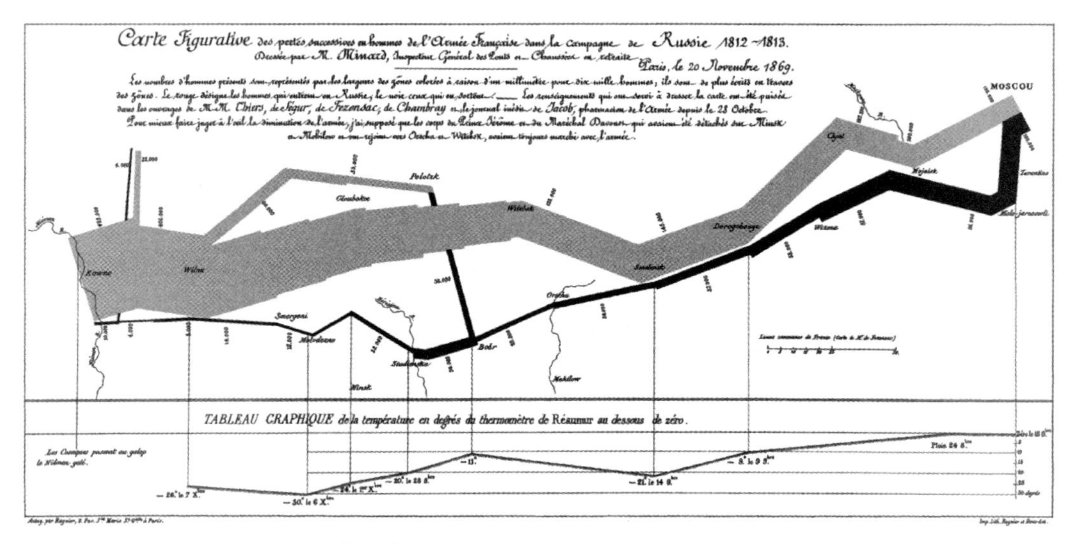

图 1-5　拿破仑远征俄罗斯的地理、人数和气温关系示意

美国数学家和统计学家约翰 • 怀尔德 • 图基（John Wilder Tukey）以开发快速傅里叶变换算法和箱形图而知名。箱形图能显示出一组数据的最大值、最小值、中位数以及上、下四分位数，目前是机器学习领域常用的可视化图表，如图 1-6 所示。

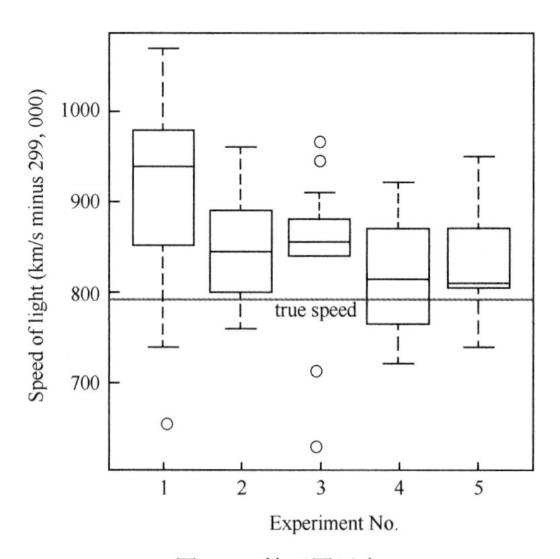

图 1-6　箱形图示意

爱德华·塔夫特（Edward Tufte）是一位统计学家，他出版了一系列关于信息设计的著作，树立了当代信息可视化和数据可视化的理论。塔夫特提出了“信息设计”和“可视化素养”等，用可视化来传达信息。迷你图（Sparkline）是塔夫特创造的一个术语，指的是描述数据内容的小图，如图 1-7 所示。数据分析人员可以将迷你图（如线图、箱形图或直方图）添加到任何包含数值型数据的工作表的列标签行中，目前主流 BI 软件几乎都提供了这样的功能。

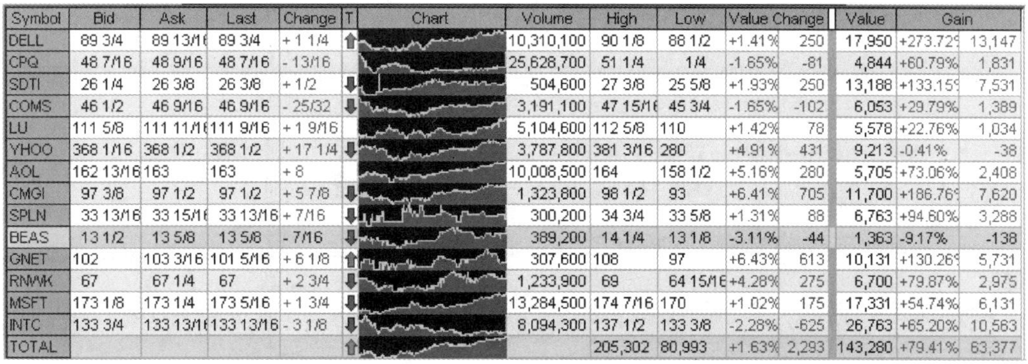

Symbol	Bid	Ask	Last	Change	T	Chart	Volume	High	Low	Value Change		Value	Gain	
DELL	89 3/4	89 13/1	89 3/4	+ 1 1/4			10,310,100	90 1/8	88 1/2	+1.41%	250	17,950	+273.72	13,147
CPQ	48 7/16	48 9/16	48 7/16	- 13/16			25,628,700	51 1/4	1/4	-1.65%	-81	4,844	+60.79%	1,831
SDTI	26 1/4	26 3/8	26 3/8	+ 1/2			504,600	27 3/8	25 5/8	+1.93%	250	13,188	+133.15	7,531
COMS	46 1/2	46 9/16	46 9/16	- 25/32			3,191,100	47 15/1	45 3/4	-1.65%	-102	6,053	+29.79%	1,389
LU	111 5/8	111 11/1	111 9/16	+ 1 9/16			5,104,600	112 5/8	110	+1.42%	78	5,578	+22.76%	1,034
YHOO	368 1/16	368 1/2	368 1/2	+ 17 1/4			3,787,800	381 3/16	280	+4.91%	431	9,213	-0.41%	-38
AOL	162 13/16	163	163	+ 8			10,008,500	164	158 1/2	+5.16%	280	5,705	+73.06%	2,408
CMGI	97 3/8	97 1/2	97 1/2	+ 5 7/8			1,323,800	98 1/2	93	+6.41%	705	11,700	+186.76	7,620
SPLN	33 13/16	33 15/1	33 13/16	+ 7/16			300,200	34 3/4	33 5/8	+1.31%	88	6,763	+94.60%	3,288
BEAS	13 1/2	13 5/8	13 5/8	- 7/16			389,200	14 1/4	13 1/8	-3.11%	-44	1,363	-9.17%	-138
GNET	102	103 3/16	101 5/16	+ 6 1/8			307,600	108	97	+6.43%	613	10,131	+130.26	5,731
RNWK	67	67 1/4	67	+ 2 3/4			1,233,900	69	64 15/16	+4.28%	275	6,700	+79.87%	2,975
MSFT	173 1/8	173 1/4	173 5/16	+ 1 3/4			13,284,500	174 7/16	170	+1.02%	175	17,331	+54.74%	6,131
INTC	133 3/4	133 13/1	133 13/16	- 3 1/8			8,094,300	137 1/2	133 3/8	-2.28%	-625	26,763	+65.20%	10,563
TOTAL								205,302	80,993	+1.63%	2,293	143,280	+79.41%	63,377

图 1-7　迷你图示意

1.7　现代企业数据组织

早期的计算机应用就需要建立专门部门来处理数据，一些银行、大型制造企业等会设立计算机室或数据处理中心等类似机构，配备专业的计算机操作人员和技术人员。在 20 世纪 80 年代前后，企业信息系统开始兴起，越来越多的企业开始设立专门的信息管理部门，负责计算机系统的开发、维护以及数据管理，保障系统的稳定运行和数据的准确性，为业务部门提供支持。

20 世纪 90 年代后期，随着互联网技术的普及和 ERP 系统的出现，企业信息部门的管理职能开始凸显，这类部门会主动参与或引领企业的信息化规划，推动运营效率提升、业务流程优化和组织变革，从单纯的技术支持部门向战略支持部门转变。

在 2010 年前后，随着云计算、大数据、移动互联网等技术不断涌现，企业信息部门除了负责信息系统的运维和开发，还负责大数据分析、移动应用开发、信息安全管理等工作。企业拥有和可以利用的数据越来越多，通过对海量数据的分析为企业提供决策支持，成为企业创新和竞争优势的重要来源。互联网、金融等具有丰富数据资源的企业通常会成立专门的商业分析和大数据团队，深入挖掘数据价值。

企业信息技术部门与数据相关的职能或者角色可以分为以下两类：

- 帮助生成数据，与事务处理信息系统相关；

- 管理数据并帮助用户消费数据，与数据分析信息系统相关。

近年来，随着 AI、物联网等新兴技术的应用范围扩大，信息部门开始在企业内部扮演新技术的整合者，推动企业的数字化转型，实现智能化生产、智能化管理和智能化服务，成为数字化创新的引领者。例如，制造业企业通过物联网技术实现设备的联网和远程监控，利用 AI 技术进行质量检测和预测性维护。在组织层面，企业的 IT 部门与业务部门的分工协作主要有 3 种模式，如图 1-8 所示。

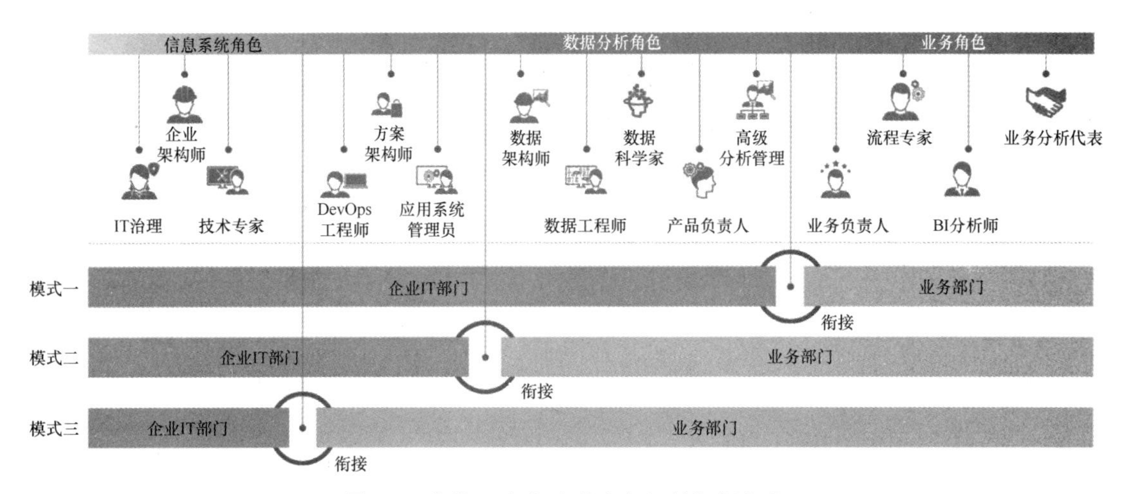

图 1-8　企业 IT 部门和业务部门的组织方式

- 模式一：企业 IT 部门执行信息化和数据分析，业务部门只负责业务服务；
- 模式二：企业 IT 部门承担信息化，由业务部门承担数据分析和业务服务；
- 模式三：企业 IT 部门仅承担信息化的部分工作（如架构治理和 IT 治理），业务部门负责应用开发、数据分析和业务服务。

企业需要建立一支多学科团队来管理好数据，提升数据的业务价值，满足各种数据分析的业务需求，这涉及不同的数据工作角色来支持前述的数据仓库、BI、数据科学应用等各种 IT 系统，并且与企业内其他 IT 工作者（如企业架构管理者、系统架构师、软件工程师、应用系统顾问、业务流程分析师等）协作。企业内的数据工作角色通常包括数据工程师（Data Engineer）、数据分析师（Data Analyst）、数据科学家（Data Scientist）和数据管理人员（Data Manager），下面分别介绍这 4 种角色的职责和技能要求。

1.7.1　数据工程师

数据工程师的职责主要包括如下 4 个部分。

- 数据收集与存储：负责从各种数据源（如数据库、文件系统、应用程序接口、传感器等）获取数据，并将其存储到合适的数据仓库或数据湖中。
- 数据清洗与转换：清理数据中的噪声、错误和不一致的数据，对数据进行格式转换和标准化操作。例如，处理缺失值、统一日期格式，或者将不同编码方式的数据转换为统一的标准。
- 构建和维护数据管道：创建和管理数据处理流程，确保数据能够高效、准确地从源端流动到目标端，也称为数据的抽取、转换和加载（Extract/Transform/Load，ETL）过程。
- 数据架构设计：参与数据存储系统和数据处理架构的设计和优化，确保系统能够满足企业数据量增长和复杂业务的需求。例如，设计分层的数据仓库架构，或者根据业务需求选择合适的数据库类型（如关系数据库、非关系数据库）。

相应地，数据工程师的技能要求主要涉及如下 6 个方面。

- 编程能力：熟练掌握编程语言，用于数据处理和 ETL 操作。
- 数据库知识：深入理解关系数据库（如 MySQL）、非关系数据库（如 HBase）和大数据平台（如 Hadoop）的原理和操作。
- 数据处理框架：熟悉数据处理框架（如 Hadoop）的技术原理，能够利用这些框架进行大规模数据处理。
- 数据建模：具备基本的数据建模能力，能够设计合理的数据存储模型。
- 问题解决能力：善于发现和解决数据处理过程中的各种问题，如数据质量问题、性能瓶颈等。
- 工具使用能力：使用数据集成工具构建数据管道和数据集成，使用数据库管理工具管理和操作数据库，使用数据计算引擎（如 Flink 等）进行大规模数据处理和计算，使用编程语言（如 Python）及其数据处理库（如 pandas）进行数据清洗和转换。

1.7.2 数据分析师

数据分析师的职责主要包括如下 4 个部分。

- 数据分析与洞察：通过对数据的探索性分析，发现数据中的模式、趋势和关系，为业务决策提供有价值的见解。例如，分析销售数据，找出销售高峰和低谷的时间段以及不同产品的销售趋势。
- 数据可视化：将分析结果以直观的图表、报表等形式呈现出来，使其他业务人员能够理解数据所传达的信息。
- 解决业务问题：运用数据分析方法，帮助业务人员解决具体的业务问题，例如客户流失分析，通过对客户行为数据进行分析，找出可能导致客户流失的因素，为制定客户挽留策略提供依据。

- 数据监控与报告：建立数据监控体系，定期生成数据报告，跟踪 KPI 的变化情况。

相应地，数据分析师的技能要求主要涉及如下 5 个方面。

- 数据分析技能：熟练掌握数据分析方法，如描述性统计、相关性分析、回归分析等。
- 数据可视化技能：使用报表工具（如 Tableau）制作高质量的数据可视化图表。
- 业务理解能力：深入了解企业的业务流程和业务需求，能够将数据分析与业务问题相结合。
- 沟通能力：有效地与不同部门沟通，将数据分析结果清晰地传达给非技术背景的业务人员。
- 工具使用能力：使用数据分析工具（如 Excel）进行简单的数据处理和分析，使用 Python 或 R 语言进行更复杂的数据处理和分析，使用数据可视化工具（如帆软）创建各种报表、可视化图表及交互式的数据分析仪表板，使用数据整合、数据筛选和抽样、数据分析预处理工具等。

1.7.3 数据科学家

数据科学家的职责主要包括如下 3 个部分。

- 高级数据分析与建模：运用复杂的统计模型和机器学习算法对数据进行深入挖掘和分析，构建预测模型和分类模型等。例如，使用深度学习算法进行图像识别，或者使用时间序列模型预测产品销量。
- 算法开发与优化：开发新的数据算法或优化现有算法，以解决复杂的业务问题。例如，针对个性化推荐系统，开发基于用户行为和内容特征的推荐算法。
- 数据驱动的创新：与业务部门（如研发部门）合作推进数据科学应用，探索数据中的新机会和新应用，推动企业的数据驱动创新。例如，通过分析社交媒体数据和市场趋势，发现新的产品需求和市场机会；与研发部门合作，利用数据分析优化产品性能。

相应地，数据科学家的技能要求主要涉及如下 6 个方面。

- 深厚的数学和统计学基础：精通概率统计、线性代数、微积分等数学知识，能够理解和应用复杂的统计模型。
- 机器学习和深度学习技能：熟练掌握机器学习和深度学习算法（如决策树、支持向量机、神经网络等），能够进行模型训练、评估和优化。
- 编程能力：精通数据科学相关编程语言，如 Python、R 语言，能够实现复杂的数据处理和算法开发。
- 创新能力：具备创新思维，能够从数据中发现新的商业价值和应用场景。

- 领域知识：了解企业所处行业的业务知识，将数据科学技术与行业实际相结合。
- 工具使用能力：使用机器学习库（如 PyTorch 等）进行机器学习和深度学习模型开发，使用数据处理和分析工具（如 pandas 等）进行数据处理和探索性分析，使用开发环境（如 Jupyter Notebook 等）进行交互式代码开发和数据分析记录。

1.7.4 数据管理人员

数据管理人员的职责主要包括如下 5 个部分。

- 数据治理：制定企业的数据治理策略、政策和流程，确保数据的质量、安全性、合规性和可用性。例如，制定数据质量标准，规定数据的准确性、完整性、一致性要求。
- 数据标准管理：建立和维护数据标准，包括数据格式、编码规则、数据字典等。例如，统一企业内部产品代码的格式和编码规则。
- 数据安全与隐私管理：负责数据的安全防护，防止数据泄露、篡改等安全事件发生，并确保数据的使用符合隐私法规。例如，制定数据访问权限策略，对敏感数据进行加密处理。
- 数据质量管理：监控和评估数据质量，组织数据清洗和质量提升活动。例如，定期检查数据仓库中的数据质量，发现问题后协调相关部门进行数据清洗和修复。
- 元数据管理：管理数据的元数据（包括数据的来源、定义、关系等信息）以便于数据的理解和共享，建立元数据仓库，记录企业内各个数据资产的详细信息。

相应地，数据管理人员的技能要求主要涉及如下 5 个方面。

- 数据治理知识：熟悉数据治理的理论、框架和最佳实践方法，如 DAMA - DMBOK（数据管理知识体系）。
- 法律法规知识：了解与数据相关的法律法规，如《中华人民共和国网络安全法》《中华人民共和国数据安全法》《中华人民共和国个人信息保护法》，以及欧盟出台的《通用数据保护条例》等。
- 项目管理和协调沟通能力：能够组织和协调数据治理项目，推动数据治理策略的实施；与企业内各个部门协调沟通，确保数据治理政策得到有效执行。
- 数据分析基础：具备一定的数据分析能力，能够对数据质量进行评估和监控。
- 工具使用能力：使用数据治理工具进行数据治理策略制定、数据标准管理和元数据管理，使用数据质量工具进行数据质量监控和评估；使用安全管理工具进行数据安全和隐私保护。

第 2 章

数据价值的创造路径

数据分析是大数据的核心，服务于应用是大数据的源泉与归宿。

——鄂维南，中国科学院院士

2.1 数据分析创造价值

近年来，我国产业数字化进程提速升级，数字产业化规模持续壮大。传统企业有着积累多年的宝贵资产，包括客户关系、数据、品牌形象、供应链、渠道等，需要以数字化的形式激活核心资产，将核心资产转变为可以在私域、工业互联网或移动互联网上使用的服务，使其产生新的价值。

数字化转型是指通过利用现代技术，改变企业为客户创造价值的方式。如今，数字技术正被融入产品、服务和流程当中，用以转变客户的业务成果及商业与公共服务的交付方式。这需要客户的参与，也涉及核心业务流程、员工，以及与供应商、合作伙伴交流方式的变革。

随着企业数字化程度的逐步提高，数字化业务对数据管理的需求也持续深化。此外，随着近年来数据要素市场的快速发展，部分有大量高价值数据资源的企业还可以将其数据产品化，并与其他企业的数字化业务打通，从而通过数据流通创造价值。

2.1.1 企业数据价值创造的阶段化路径

根据企业的数字化程度，企业数据价值创造的阶段化路径包括如下 5 个阶段，如图 2-1 所示。

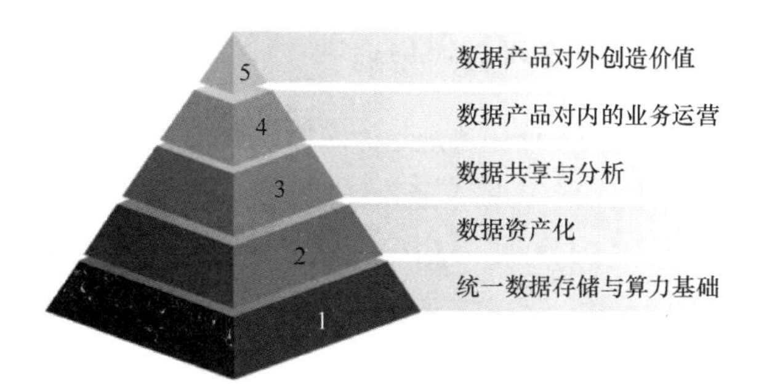

图 2-1　企业数据价值创造的阶段化路径

- 统一数据存储与算力基础。要在企业内完成数据的汇聚、存储和初步加工，建设好存储与计算相关的基础设施。在这个阶段，企业要完成基础大数据平台的建设和企业内数据资源的汇聚，应尽量做到“应汇尽汇、统一存储”。
- 数据资产化。企业的数据管理部门需要主导并推动各个业务部门参与数据治理工作，包括数据管理制度和数据标准体系的建设与推进、数据模型与数据质量的提升、数据安全合规管理等工作。在这个阶段，企业要完成原始数据资源面向各个业务部门的资产化提升与改造。
- 数据共享与分析。数据资产要在企业内部进行共享，并通过数据分析创造价值。数据管理部门需要建立高效的数据共享管理机制和配套的基础设施，让各个业务部门能够按需获得及时、高质量的数据资产，并获得配套的分析软件服务和算力服务，从而快速展开数据分析工作（包括基于 BI 的统计分析和基于机器学习、深度学习的预测性分析等），最终产出面向业务的、经过初步加工的数据产品，如数据指标、数据标签等。“数据民主化”是当前科研领域的热点话题，研究者们探索如何在企业内将数据共享与分析做到足够高效，并满足合规性要求，因此出现了数据编织、数据虚拟化等技术。
- 数据产品对内的业务运营。由企业内的业务部门推动，由数据管理部门协助，将第三阶段产出的面向业务的、初步加工的数据产品应用于各个业务部门，按照业务需求来持续迭代数据产品（如算法改进、标签完善等）或者开发新的数据产品。在这个阶段，数据产品需要与业务运营形成高质量的闭环，甚至推动业务行为的改善，或者创造新的业务场景。
- 数据产品对外创造价值。这对产业链中的核心企业或者持有大量高价值数据的企业很重要，可以让这些企业直接从数据产品中获得经济价值。例如，一些大型企业有庞大的供应商体系，可以通过数据打造供应链金融，从而开创新的金融业务。

需要说明的是，这 5 个阶段是对企业的数据能力建设的抽象总结，企业可以按照自身情况灵活地选择演进路径，例如可以将第一阶段和第二阶段的工作合并在一个项目周期内完成。

案例：某大型药企对数据价值创造的规划

下面是一家大型国有药企的数据价值创造规划的案例。该药企有大量的制药类企业作为供应商，并为各个医院提供医药配送服务。该企业积极推动业务的数字化转型，规划从内向外、从降本到增收、从管理向服务的转型方向，希望通过大数据、AI 等技术，融合原有的技术能力，驱动业务流程与管理模式的重构，对内提高资金周转率，对外为供应链上、下游客户构建精准的客户画像，在此基础上提供定制化的数据服务。这样一来，除了药品分销的收入，该药企还可以获得数据服务带来的收入。

该企业规划了数字化业务的总体框架，分为经营管理分析、数字化采购、采销协同、一体化智慧物流、数字化营销等业务域，每个业务域各自包含一些数字化业务，如表 2-1 所示。

表 2-1 某大型药企数字化业务的总体框架

业务域	数字化业务
经营管理分析	运营主题报表、销售主题报表、人事主题报表、战略分析、客户分析、售后分析、实时大屏等
数字化采购	品类画像、品类趋势洞察、供应商生态画像、供应商分类分级等
采销协同	销售预测、库存水位优化、物流计划、采销计划模拟仿真等
一体化智慧物流	物流网络孪生、物流园区调度、实时物流看板等
数字化营销	销售运营数据集市、终端价值评估、销售预测模型、客户反馈分析、市场机会识别、智慧化市场洞察、会员健康管理、处方分析与推荐等

为了匹配集团的数字化业务规划，该企业的各阶段建设目标如图 2-2 所示。

该药企从 2021 年进入平台搭建阶段，建设大数据平台来提供集团内统一的数据存储和算力，对应图 2-1 中的统一数据存储与算力基础阶段。在这个阶段，企业完成了结构化数据和非结构化数据的汇聚，完成了实时大屏和业务部门驾驶舱的建设，以及与该业务相关数据的数据质量建设工作。

该药企将 2022—2023 年定义为全面赋能阶段，对应图 2-1 中的数据资产化、数据共享与分析和数据产品对内的业务运营这 3 个阶段。在这两年的时间内，该药企继续完善数据基础层，增加了知识图谱、时空数据等新数据资源，并完善了数据标准体系和治理体系的建设，初步完成了企业内的数据模型管理系统，在数字化业务层面完成了客户画像、供应商画像、销售代表画像、员工画像等数据产品和部分经营分析主题报表的建设。

该药企将 2024—2025 年定义为智慧运营阶段。在这个阶段要完成两件事：进一步增强内部的数字化业务（如精准营销、销售预测、质量管控等）；推进面向生态的新型数字化业务（如超级物流、供应链金融等新场景），对应图 2-1 中的数据产品对外创造价值阶段。

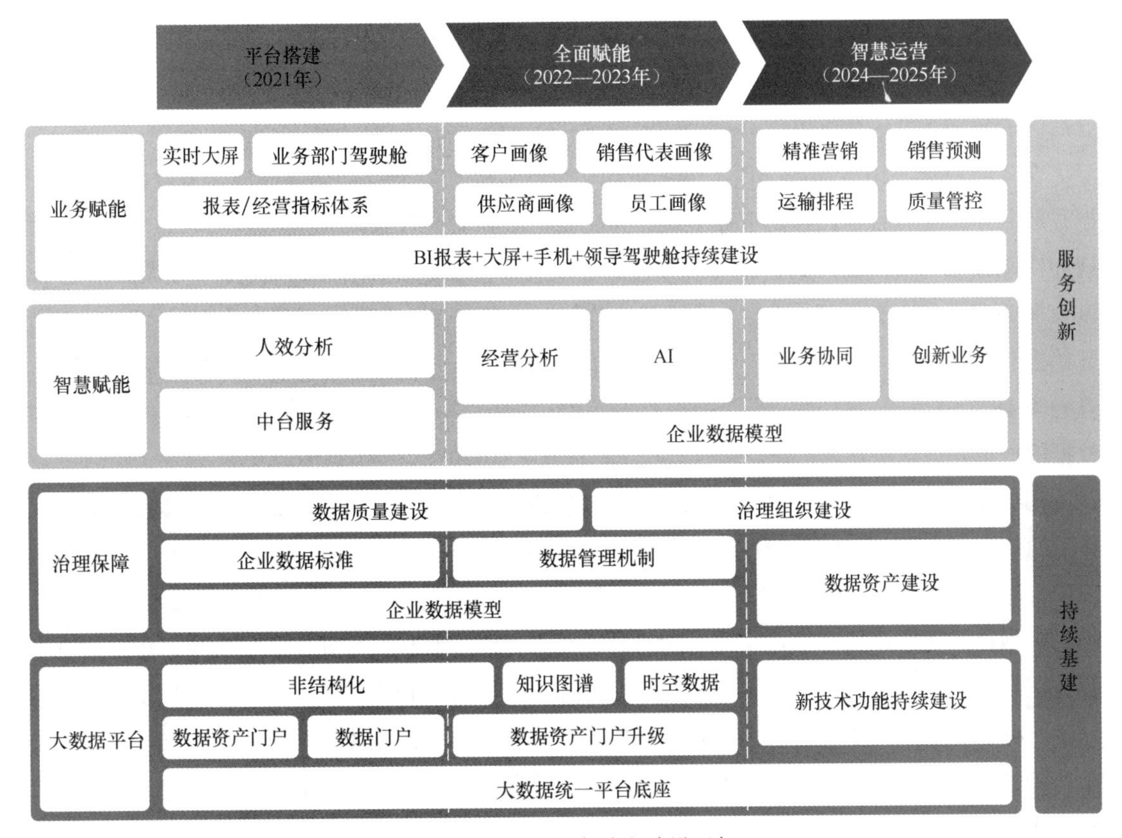

图 2-2 该企业的各阶段建设目标

2.1.2 国内数字化的行业观察

从 2010 年开始，经过 10 余年的蓬勃发展，我国互联网行业已经较好地实现了业务数据化，金融、电信等关键行业也初步完成了数据驱动业务升级的工作。相比之下，其他行业还处于持续摸索利用数据升级或再造业务的阶段。

进一步细看相关行业，电信是最早开始大数据技术落地的行业，可以追溯到 2011 年左右，21 世纪 10 年代后半期进入数据底座建设的高峰期，并在经营分析、精准营销、网络建设等关键系统完成大数据赋能与升级，此后逐步拓展到更加广泛的领域和业务系统。也是在这个时期，各电信运营商开始拓展大数据对外赋能应用。到 2020 年左右，伴随着 5G 技术的蓬勃发展，各电信运营商开始将数字化能力对外赋能，开始成立数科公司，帮助政务领域和传统企业做好数字化服务。大型金融机构从 2013 年开始大数据和机器学习技术的探索与落地，到 2017 年，中小金融机构基本开始落地大数据技术，反欺诈、在线营销、客服、经营管理等业务领域大量使用数据技术。

各个金融机构的数字化建设持续如火如荼，2023年后部分中大型银行（浦发银行、邮储银行、恒丰银行等）都成立了独立的一级部门——数据管理部门来负责推进数字化业务，可以预期这些企业后续的数字化推进会更快。

在政府领域，2015年的《国务院关于印发促进大数据发展行动纲要的通知》以促进政府数据开放共享为主要目标，开始了数字政务的建设；从2019年开始，各地政府开始政务大数据的规划，陆续成立政务服务数据管理局（简称“政数局”）或大数据中心来支撑政务大数据建设，以上海为代表的“一网通办”“一网统管”等新型政务服务逐步完成建设。2024年开始，各地开始推动公共数据的试点推进工作，按照国家数据局的规划，上海、北京、西安、成都、苏州、青岛等18个城市成为数据流通利用建设试点示范城市，各个城市根据各自特点开展相关的公共数据的价值创造试点建设工作。

在央国企领域，2020年9月，国务院国资委发布了《关于加快推进国有企业数字化转型工作的通知》，明确了国有企业数字化转型的重要意义、主要任务和保障措施，并提出了具体的目标和行动计划，由此开启了央国企的数字化建设工作，在过去几年也取得了很多的成果。

央国企的数字化转型往往与国家战略紧密结合，注重整体布局和中长期发展。根据昆仑数智数字化咨询中心的调研，央国企数字化转型的进展总体呈稳步推进态势，但仍处于转型初级阶段。央国企更倾向于优先从提升管理效率和优化营销服务的角度入手开展数字化转型，更注重基础设施建设、技术研发和数据安全，通常从管理数字化入手，再到产品和用户，逐步推动核心业务领域的数字化转型。

从行业视角来看，石油与化工企业重管控和重运营，利用数字化完善产供储销体系，实现降本增效和风险控制；电力电网企业重视运营，利用数字化技术推动能源互联网化，向清洁低碳转型；建筑企业重视数字孪生，利用数字化推动智能建造，将数字化技术落地在土木设计、施工装配等智慧工地场景；矿业企业重视安全，以数字化技术推动增产增效。

案例：某大型能源企业的零售业务的数字化转型

2017年开始，某大型能源企业开始了数字化业务的探索，陆续完成了基于大数据的营销、一键加油、无感支付、机器人上岗等创新业务的上线，在数年的努力下完成了相关线下加油站业务的整体升级。在油品调度方面，该企业通过数据模型来持续优化油品运输调度，每辆运油车的平均加权运距减少约6.75公里，油罐车周转率提高约5.8%，3年节约运费约11亿元。近几年，全国各地的加油站普遍增加了洗车业务，这就是通过数据探索从而发现的新业务。以广西为例，全区几百座加油站布局了洗车业务，2022年洗车业务增长约88%，更重要的是通过“加油送洗车券”“商品消费赠洗车抵扣券”等营销方式，引导客户从单一消费转向多重消费，带动全区加油站纯枪毛利增加了约27%。

在制造业领域，近几年来新能源汽车行业迅速发展，无论是产品还是技术都已经达到国际领先的水平。除了产品理念的进步，从互联网行业引入的数字化能力在新能源汽车行业的发展中发挥了重要作用，推动了企业运营的优化与升级，为企业创造更多附加值。

汽车行业的数字化转型不仅是技术创新，还是业务模式的变革。在用户体验方面，新能源汽车的消费者已经日益多元化和个性化，用户体验成为决定汽车品牌竞争力的关键因素。"90后"成为主力购车群体，2023年已占据整体购车人群的40%以上。年轻一代习惯于短视频、小程序、线上直播、网络媒体等线上化的生活方式，带动数字渠道购车流程的占比提升，驱动汽车营销、销售、售后等关键价值环节向数字化转型。新势力品牌更关注用户体验和服务质量，市场逐渐"被教育"，用户继而在传统车产品质量要求的基础上，提出更多且更细致的诉求，包括智能化、互联化的用车体验，车辆"第三生活空间"的打造等。

数字化转型不仅助力企业更精准地洞悉用户需求，还能显著增强用户黏性，从而促进客户价值的深度挖掘和业务增长。在企业运营方面，伴随着各类数字化工具的应用，车企不断积累的业务数据成为宝贵的资产，推动企业决策透明化和效率提升。这些数据不仅助力企业更好地理解市场和客户，还为企业提供了更为精确的运营策略和商业决策依据。随着我国汽车市场迈入新能源时代，卖方市场不复存在，数字化赋能用户运营是企业的必修之课。

案例：某汽车主机厂的数字化运营

下面介绍某汽车主机厂的数字化运营案例，它的数字化运营体系规划如图2-3所示。

	精准投放	线索精益	企微运营	会员运营	商城运营
业务场景	公域全周期数据精准投放，DMP、CDP等助力，依多体系达成精准营销	线索精益靠全链路数字化整合，依据链路数据与转化模型精准评价诊断	企微运营聚焦顾问能力数字化，依据指标诊断规划，精准匹配两类数据	会员运营依高频场景分层，借数据洞察，监测板块，实现个性化推荐	商城运营以数据驱动，借商品分析与人群洞察，拓展多元商业生态
技术平台	• DMP、CDP • 用户ID体系（One ID） • 标签体系	• 数据中台 • 用户ID体系（One ID） • 标签体系	• ADP • 顾问评价/成长/匹配体系 • 用户ID体系（One ID） • 标签体系	• DMP、CDP • 数据中台 • 全域数据湖	• App • 小程序 • 其他终端 • 用户ID体系（One ID） • CDP+MA

图2-3 某汽车主机厂的数字化运营体系规划

该汽车主机厂的目标是建立以用户为核心的数字化运营体系，在具体规划上分为业务场景和技术平台，其中业务场景包括精准投放、线索精益、企微运营、会员运营和商城运营。下面详细介绍这5个业务场景。

- 在精准投放场景，要建设贯穿公域到私域的流量运营体系，实现用户和转化的精准评判。
- 在线索精益场景，由于各大汽车媒体平台带来的用户线索质量参差不齐，单个有效用户（指的是在各种情况下有成交的用户）的获取成本居高不下，因此需要打通公域、私域，线上、线下的数据，实现线索的全链路管理，定义有效的线索评价指标和转化模型，从而提高线索转化的质量和数量。
- 在企微运营场景，主要目标是赋能经销商融入数字化体系，帮助顾问提高潜在客户销售的转化率，因此需要定义一系列的顾问能力指标和诊断模型，制定数字化的顾问成长规划。
- 在会员运营场景，基于私域的会员数据，深度挖掘会员的高频场景，从用户体验、价值等维度对用户做精细化分层，并针对性推出更好的服务场景。
- 在商城运营场景，基于深度的用户需求分析，建立一个数据驱动的商业生态，围绕品牌和用户打造车主生活社区。

该规划的技术平台包括数据中台、广告体系（DMP、CDP）、用户ID体系、标签体系、全域数据湖、App、小程序等。该企业首先构建了全域数据湖，打通内外部的数据资源，在此基础上建设了数据中台，进一步开发了多个企业级数据产品，包括面向用户的One ID体系和标签体系，以及面向经销商和直销经理的顾问评价 / 成长 / 匹配体系。面向精准投放和会员运营，通过DMP、CDP等广告体系来触达；面向经销商顾问，通过顾问评价 / 成长 / 匹配体系来辅助顾问的评价和成长；面向自营的商城，通过App、小程序等系统来增加用户触达的深度。经过1年多的持续数字化运营，各个业务线的数据分析最终取得了非常好的成效，以营销获客为例，平均单条线索成本降低了约32%，大幅降低了获客成本。

2.2　数据价值：数字化决策

互联网企业引领着数据时代，以谷歌、亚马逊、阿里巴巴、腾讯、字节跳动等为代表的企业已经完成了从IT巨头到数据科技巨头的转变。这些公司借助其在大数据、云计算、AI等方面的技术发展优势，快速实现业务数据化和企业经营数据化，在引领技术风向的同时获得了巨大的商业成功，并迅速带动了多个行业引入互联网的数字化管理。

2.2.1　运营管理的数字化

在企业的数字化转型过程中，运营管理的数字化比较容易落地。基于数据生成的运营管理决策可以提高决策效率和质量，通过引入大数据分析、AI 等技术，企业可以更快速、更准确地处理和分析大量信息，从而提高决策的效率和质量，“数字化决策”正逐步代替传统的“经验决策”，使得企业能够更全面地掌握信息、更明晰企业的发展定位。在当前多变的市场环境下，数字化决策可以提升企业的市场响应能力，通过及时获取外部数据真实地反映行业情况，通过实时数据分析及时调整经营策略，从而更快地适应市场变化。在风险管理上，企业可以通过数据分析和预测模型来识别和管理潜在的业务风险，从而降低不确定性和潜在损失。此外，一些数据化的分析和决策有可能为企业提供新的商业模式和创新途径，以数字化产品和服务来开拓新的市场和创造收入来源。

从观测到的行业实践来看，在央国企领域最先开始数字化的是财务体系，结合近年来的业财一体化建设，很多企业在数字化项目中针对财务主题成功落地了数字化，包括现金流分析、成本分析、利润分析、成本精细化管控以及业财一体化相关数据分析等。对金融企业和制造业客户，风控主题是紧随其后的数字化方向，主要包括研发过程监控、企业成本监控、营销销售监控、生产过程监控、供应链异常监控等主要业务主题。

领导驾驶舱是集团化企业数字化建设的一个重要内容，它需要实时、详尽地展示企业的经营现状，一般包括人力主题、财务主题、质量主题、销售主题、安全主题、供应链主题等相关的细分主题，让集团、各业务部门都可以动态、实时地了解业务发展现状，从而及时、有效地做出管理决策。

在企业业务经营领域，基于数据来产生对比是数字化决策中的一个重要方式。在当前的市场格局下，内、外部环境都面临着不可预知的变化，基于内、外部的数据来做对比分析，可以保证决策执行后离企业的目标更进一步，这种灵活的决策机制类似于 A/B 测试，仔细地评估不同的行动产生的效果，并将更多的资源投入到更有效的方法上，决策以事实为依据，衡量成功与否的标准很简单。

案例：某银行信用卡部门基于数据的产品优化

下面是一个真实的银行业案例。2024 年上半年，某银行信用卡部门观测到他们的信用卡账单分期业务的每月底余额这个指标在 2024 年前几个月相对 2023 年同期不增反减。2023 年的账单分期每月底余额每月新增近亿元，2022 年的账单分期每月底余额每月新增低于 5000 万元。进一步分析信用卡分期业务的提前还款金额这一数据指标，相对往年有大幅增加，超过当月办理金额的 10%，这个飙升的数字被业务分析团队重视并做了深入分析。为了压低提前还款金额，业务分析团队在 4 个方面做了深入分析：

- 有多少客户会提前还款；

- 整个还款周期内，客户提前还款概率有什么变化；
- 今年新办理分期业务的客户中，跟往年相比提前还款的概率变化情况；
- 什么样的客户更容易提前还款。

团队采用逻辑回归和生存分析两种模型对数据做了深度解析，对以上4个问题的答案有了清晰的洞察：

- 对于3期和6期的短期分期用户，数据分析发现他们都不会提前还款，而12期分期客户有约10%提前还款，24期分期客户提前还款概率约是25%，36期分期客户提前还款概率约是30%；
- 在提前还款的概率方面，3期和6期的客户基本保持稳定，但12期和24期客户的提前还款概率会随着时间的推移而升高；
- 今年新办理分期业务的客户与往年相比，提前还款的概率变化不大；
- 影响最大的因素是历史提前还款次数。
  - 历史提前还款超过两次的客户，再次提前还款的概率是新客户的3～6倍，而历史提前还款一次的客户是新客户的1.5～2倍。
  - 在手机银行办理分期的客户更容易提前还款，约是电话销售渠道客户的1.5倍。
  - 高价分期（年化利率约13%）的客户提前还款率更高。

在完成主要的数据分析后，信用卡部门的业务决策者得出了一个重要结论：为了降低提前还款金额，最重要的是对历史提前还款次数超过两次的客户进行分析。针对这个需求，该部门设计了一个策略，即在最后一期发放“大额返利金”，鼓励客户正常地按期还款。经过两个月的实际测试和推广，提前还款金额迅速下降，账单分期每月底余额的下降趋势迅速扭转，并取得约20%的环比增长，证明该项策略非常有效。

2.2.2　风险管理的数字化

安全生产一直是生产制造领域的核心诉求之一。对生产企业来说，其中的主要难题是隐患排查治理不知道查什么、怎么查，有耦合的企业之间数据没有协同，无法辨识风险。缺少风险评价与管控技术，难以实现精准管控；缺少监测报警技术，不知道要监测什么、如何监测、哪些报警需要闭环跟踪。事故发生后应急协同能力不足，消防、公安等单位不能及时掌握企业、周边危险源和物资情况，针对性处置不足往往导致二次伤害。

数字化升级是有效解决以上问题的途径。依据应急管理部《危险化学品重大危险源监督管理暂行规定》，企业应对危险化学品重大危险源进行定期辨识、评估、登记建档、备案，建立安全监测监控系统，定期对重大危险源的安全设施和安全监测监控系统进行检测、检验，通过实时数据监视、视频报警联动等手段规范和强化重大危险源安全风险防控工作，有效遏制重特大事故发生。企业可以构建一整套基于数据决策，覆盖监测、预警、诊断、整改的业务流程，如图 2-4 所示。

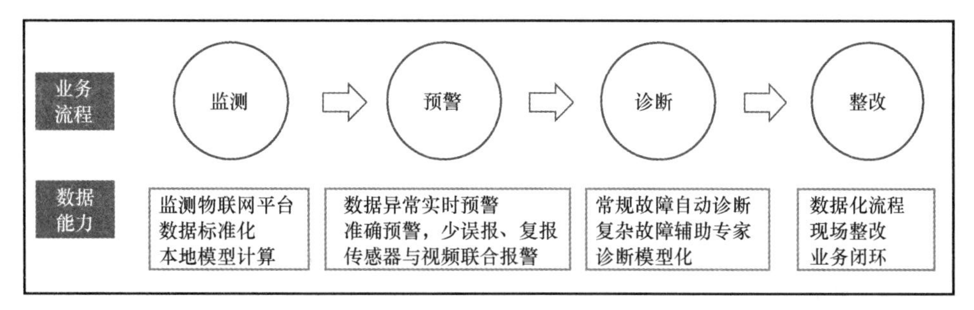

图 2-4 危险源监管的业务流程

通过物联网技术，企业可以构建采用智能设备的互联网络，做到对设备状态和数据的实时监测；再通过大数据技术，对监测数据做清洗治理、融合挖掘以及预测性分析，为安全业务提供高价值的数据支撑。此后企业需要建立安全管控的量化模型，定量分析重大危险源、设备、工艺、人员等系统性风险，为决策提供辅助数据。在企业的风险管控领域，深挖内部知识并将其数字化和模型化，再反哺支撑生产过程管控，在化工、矿业等领域的企业数字化中有非常高的价值。

通过数字化项目的推进，企业可以完善各种设备的精细化运营数据，并结合内部业务流程的知识库，生产企业可长期构建企业内部的机理模型库，从而用于关键业务流程的智能化处理过程。这些机理模型类似于互联网的推荐模型等，是最核心和最具价值的企业数据资产。常见的机理模型包括应急处理知识图谱、过程安全知识图谱、风险辨识评估和预警模型、人员异常行为分析模型、作业环境异常辨识模型、泄露溯源精准定位模型、事故时间根因分析模型、报警溯源模型等，这些模型可以结合各类设备做深度优化后发布为数据服务，可以通过低代码或应用开发方式接入企业的管理软件或者设备终端。由于很多大型企业都有跨地域的多个工厂，这些标准化的产品或服务就能够快速地复制到多个工厂侧，从而将数字化的管理经验快速传播到各厂区。

智能巡检是另外一个重要的管理业务，通过常规化、高效的巡检系统，能够有效地减少厂区设备和设施因故障停机的时间和次数，避免加班抢修，保障长周期、连续性的运行安全。目前很多企业都采用“无人巡检 + 人工巡检”的方式，对一些高频次、固定检查内容的设备或者温度高、湿度高、有辐射的区域做无人巡检，降低总体的巡检作业成本。其中基础的工作就是建立巡检点位知识库，这样结合实时在线的设备数据，就可以借助数据分析技术或 AI 技术来辅助问题判断。

智能巡检数字化就是基于数据将巡检工作和隐患处理打通，实现一体化闭环，其流程如图2-5所示。常规的巡检是根据经验制订排班计划，然后巡检并记录，如果有隐患则按照分类分级规则产生清单，并指定相关责任人。将这个流程数字化，企业可以先基于点位故障率等数据来优化巡检路线和频次，例如室内、室外的同一批设备，一般是室外设备的故障率更高，如果只是按照使用年限等数据来做巡检计划，要么室内的部分巡检计划没有必要，要么室外的设备巡检不够充分。巡检排班并完成后，相应的数据再回补点位故障率的知识库，这保证了故障数据的准确性。在隐患处理流程中，经常出现的问题是隐患处理超时。此时应增加巡检问题的监控流程，实时监控流程处理的风险（如是否存在超时未处理问题），并及时做管理变更。通过引入这样简单的数据驱动的流程，就可以提高巡检的有效性。

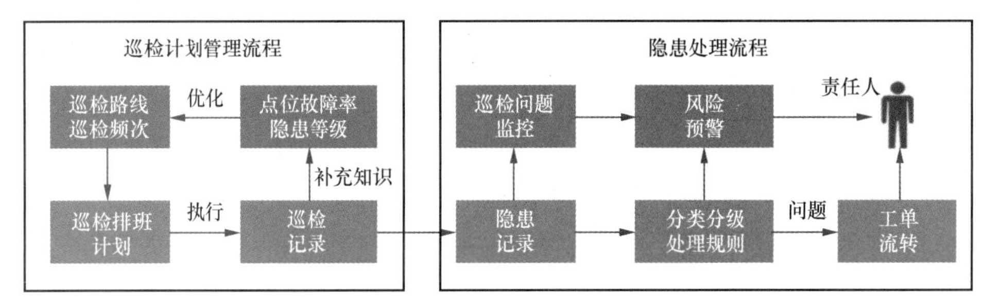

图2-5　智能巡检数字化的流程

在工业制造领域，实时数据分析有着非常高的价值，基于实时数据的分析算法和模型有很广阔的应用场景。企业应该更多地使用包括实时数据库、时序数据库和实时计算平台等在内的技术，为后期灵活的业务应用提供高效的实时计算基础能力。

2.2.3　营销获客的数字化

传统的市场营销主要依托实体渠道进行产品推销和市场拓展活动，信息是单向的从企业流向消费者，消费者只能被动的接收信息并且缺少互动渠道，这样导致消费者的个性化需求难以被满足。随着电子商务的蓬勃兴起，消费者购买行为逐步线上化，购物需求多样化发展，单一实体渠道的销售模式难以满足消费者的需求，因此也需要建立面向电子商务的市场营销体系。此外，在传统的营销模式下，企业只能依赖一些宏观的经营指标如销售额、市场占有率等来评价营销的效果，无法深入洞察消费者行为和需求，在指导细粒度营销策略上缺少有效的引导。这些问题都可以通过数字化营销技术来解决。

数字化营销方式以大数据和数据分析技术为基础，将企业和消费者通过线上线下的活动实现连接，通过人与人互动、机器与机器连接互为补充的方式实现品牌融入，增强顾客参与度，帮助顾客实现自我价值。由于移动互联网等技术的快速普及，消费者的数字化路径可以被实时的追踪和记录，这些数据反映的是消费者的消费行为和习惯。基于对这些数据的洞察，企业可以针对性的制定营销战略，细化营销活动，量化营销活动效果，设计个性化的产品或服务。数字化营销依赖大数据分析技术，包括统计分析、机器学习、文本挖掘、自然语言处理等技术，这就要求企业需要建立一个高效的数据平台，帮助业务团队发现消费者行为数据中的规律和趋势，进而再制定针对性的线上或线下营销活动，提升营销效果。

营销获客的数字化还需要企业整合营销渠道，通过电子商务平台、社交媒体等数字化工具辅助实体渠道的运营管理，打通线上与线下通道。社交媒体等数字化工具能够更好地传播产品理念，更直接地与消费者建立互动，以及讲述企业品牌故事。线下实体渠道可以通过优化空间、布局设计等营造舒适的购物环境，提升消费便利性和满意度，以及组织线下活动来提升顾客忠诚度。

在营销内容上，企业也需要结合数字化技术持续的推陈出新来打动消费者。通过短视频、直播等形式生动形象的向消费者介绍产品和服务的独特价值，还可以与消费者实时互动，从而深层次洞察需求和建立信息反馈通道，提升消费者的参与感，从而助力企业品牌知名度的提升。

案例：某企业建设的数据运营平台的功能模块

新能源汽车行业在过去几年发生了翻天覆地的变化，主机厂从单纯的提供产品转变为持续的价值输出，覆盖车主的“买 - 用 - 服 - 改”等环节，从单向的产品推广转变为用户呈现个性化的信息，打造圈层化的社群和关系，共创兴趣化的场景，甚至提供商城帮助车主打造车圈生活。目前不少主机厂都开始建设数字化的销售运营体系，站在用户体验和价值角度重构其营销流程，建立以用户为中心的价值管理体系，通过对用户分层分群的精细化运营提高客户转化率。在运作模式上，通过持续化的数据运营，建立起主机厂自己的私域运营模式，拉通公域与私域的流量，建立一体化的用户运营体系。

以用户为中心的数据运营，需要围绕人、车、经销商来重新定义关键业务行为，将相关的流程逐步数字化，建立数据从采集到分析、洞察、预测，以及定义观测评估指标的完整流程，从而持续优化各阶段流程。经销商用户转化的流程一般包括客户联系、产品介绍、试乘试驾、购车方案洽谈、订单支付、交车和首保前的用户关怀，每个阶段的操作流程都可以进一步细化和标准化。

本案例中，主机厂的销售渠道以经销商为主，销售活动主要依赖各经销商的销售人员的个人能力、服务态度以及产品折扣等来引导用户转化。转成数字化运营后，主机厂需要将经销商的用户转化流程拆分为多个关键步骤，并针对每个流程制定细粒度的数据化引导和评估指标体系，通过数据分析来持续优化各阶段的行为效果。通过拆分各个流程并且进行标准化操作，各个经销商的服务可以固化并持续优化，同时，主机厂在各个环节做好数据采集，经过汇总后可以做各种分析和预测，如离店原因分析、车主行为预测等。针对经销商的工作效果，主机厂设定了一系列的关键绩效评估指标，如首次沟通间隔、线索跟进数、添加企业微信响应速度、邀约到店数等。

传统的汽车销售，用户从认知到品牌到后续交付，以及维保行为，对主机厂来说也是缺少深度运营的。为了数字化重构这个价值流程，主机厂将用户价值重新切分为认知、产生兴趣、体验、评估、交订、交付、泛产品购买、维保补能和推荐等流程，并为每个流程步骤设定了不同的增长模型，例如体验阶段需要提高活跃度，提高 App 等的用户体验效果；评估阶段需要提高留存率，因此要多举办集中试驾、上门试驾等活动，让用户能够直接参与。在后期的推荐阶段，主机厂可以设计类似经纪人体系，或者推出“增换购”的福利政策，推动用户推荐品牌给其他潜在客群。

由于目前新能源汽车市场激烈的竞争格局，在每个用户价值阶段采用精细化的用户运营才能提升用户的转化率，这就需要细粒度的用户分层分群管理。对于纵向的用户分层，可通过各种数据将用户群体分为支持者、低意向潜在客户、高意向潜在客户、可转化潜在客户等。对于横向的用户群体，可以按照用途、爱好等将用户划分为家庭用途、周末亲子、改装圈等不同的群体，或者按照用户行为将之划分为事业进取型、家庭尊享型等。基于不同的群体，主机厂可以制定不同的数据运营方案。例如，针对技术新锐型用户，强调技术革新，推动试驾活动，制作独家、优质的精品内容，激发用户参与分享和传播，推动其产品保养和零部件更换。针对家庭尊享型的用户群体，因为家庭结构升级带来的出行方式变化，对车辆的安全、空间、动力等配置需求更加强烈，可以推动其做产品个性化定制，推广商城上的周边产品等，甚至可以与异业伙伴合作的方式来全面应对用户需求，引导用户向支持者转化，实现口碑传播。

广告投放是营销领域非常重要的环节，也是重要的成本支出项。目前业内普通投放的平均单条线索的成本（Cost Per Lead，CPL）接近 300 元，因此可借助数字化手段来降低成本，提高转化率。仅仅依靠企业的私域数据，并不能对潜在客群进行精准画像，还要结合公域数据，采用隐私计算或匿踪查询等技术来补齐潜在客群更多维度的画像，并结合各个汽车厂商的数据做多方特征交叉画像。

在此基础上，应通过深度学习、神经网络等算法，对不同渠道引流的线索评分，从中选择高质量的资源进行针对性跟进，而不是对导流来的参差不齐的线索都无差别地跟进（这样会浪费大量的人力物力），实现精准引流。此后，应根据销售顾问的跟进情况来持续地优化模型。在本案例中，该主机厂优化后的模型相比行业内普通投放点击率提高约4.32%，平均单条线索的成本降低约32.97%，整体线索到店率提高约16.21%。当然，这是目前行业内相对比较突出的效果，不同主机厂的效果也跟其本身运营的效率、数据的完备程度密切相关。

2.3　数据价值：业务创新

非数字化的企业业务是单向、封闭的过程，基本上是由企业内部的资源（如业务部门、产品经理等）根据内部已有的经验或者知识来规划、设计和建设的。一旦建设完成，业务的迭代一般会比较少，主要还是通过设计人员的知识更新或外部竞争形态的变化来驱动，直接用户很少参与其中。

数字化的企业业务在信息形态上是双向的，业务部门给用户提供产品和内容，用户会反馈行为轨迹、喜好、建议等数据，而应用能够在线或者离线地根据用户反馈进行内容迭代或者产品更新。数字应用的核心是数据在每个环节都可以产生价值，设计的思想是用户至上，主要让数据来驱动业务形态。此外，因为用户的不同需求反馈，数字应用的迭代速度要远快于传统应用，一般每月甚至每周就需要优化和迭代。在技术实现上，因为面对着长尾用户，产品的设计需要互联网化，能够针对高并发的用户访问自动进行产品维护，并根据用户来做个性化内容的智能化迭代。

2.3.1　线下业务转线上

在家装工地管理领域，传统的施工巡检往往依赖于项目经理、现场工程师、工程监理、工程管家等人员的共同参与。这种检查方式效率低、覆盖不全，容易受到人力限制和主观判断的影响，导致潜在的施工问题无法及时被发现和处理。如果项目规模较大、施工环节繁多，人工巡检不仅工作量巨大，而且极易遗漏重要的施工细节，从而给工程质量带来巨大隐患。

为了解决这一系列问题，某家装头部企业自主研发了一套数字家装工地智能巡检系统（以下简称该应用），如图2-6所示。该应用通过工地摄像头进行全天候自动巡检，并结合先进的图像识别技术、机器学习算法和行业数据服务支撑，构建了家装行业特有的智能巡检模型，能够定时自动巡检，识别施工过程中的各类异常情况。应用包括人（工人）、机（机器）、料（物料）、工（工序）、环（环境）五大模块监管，及时推送整改任务到项目负责人和用户，整改结果也会通过系统自动复检确认，全程透明化管理，大幅提升了工程过程管理效率和交付质量。

该应用从研发试点到生产全覆盖历时近2年，一共上线了351项巡检标准，并在各类施工场景中验证了其高效性与实用性，推动了家装行业管理的数字化转型。摄像头和传感器作为巡检系统的“眼睛”，在工地的各个关键位置安装后，能够实时采集工地的施工影像和现场情况。项目初期，项目团队选择了多种不同类型的家装工地进行试点，从排雷、地面铺设、墙面施工、水电安装、验收等不同施工阶段采集了海量的多维度数据。

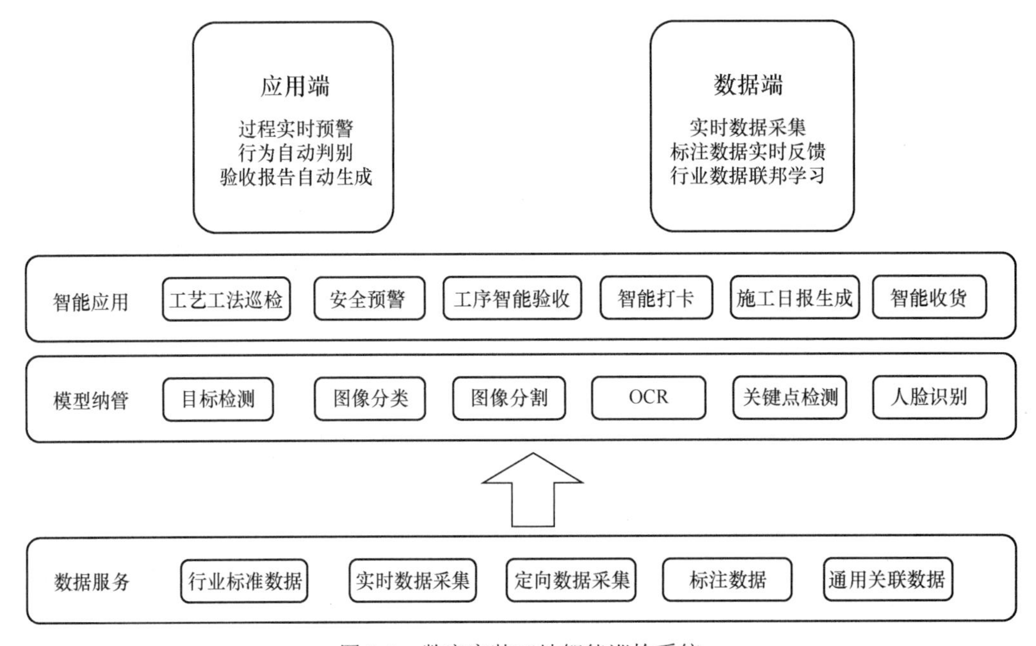

图 2-6　数字家装工地智能巡检系统

数据采集、清洗和处理是整个系统的核心工作，采集到的数据往往存在大量的噪声，如光线变化干扰、阴影干扰、工地人员移动干扰、标识不统一等。这些因素可能影响模型的准确性，因此，项目团队结合行业标准对采集的数据进行了大量的清洗和标准化工作，过滤掉无关或质量不高的数据，确保后续模型训练和识别的数据足够准确。此外，还基于家装工地的实际施工流程，结合行业标准和工艺规范，构建了家装垂直领域的图像识别模型，能够识别工地施工中的常见问题，例如材料堆放不规范、工人未佩戴安全帽、墙面施工不符合平整度要求、电线铺设不标准等。

为了提高模型的识别能力，项目团队标注了大量施工中的实际问题样本，针对不同工序和场景进行了多次迭代训练。随着数据量的积累，模型的识别准确率持续提升。为了应对工地环境的复杂多变性，项目团队还设计了一套自我学习和模型更新机制，通过系统自动反馈的识别结果，对模型进行动态持续优化和更新，以确保系统在各类场景中的适应性。

项目的另一个技术亮点是实现了智能巡检系统。系统可以根据预设的巡检时间表或施工进度节点自动触发巡检任务，摄像头捕捉到的影像会自动上传至云端进行实时分析。一旦系统识别到异常情况，会立即生成整改任务并发送给项目负责人。此外，系统内置了完整的任务闭环管理功能。从问题发现、通知整改、整改执行到自动复检，整个过程中的每个巡检任务都在系统内完成并记录，确保每个问题都能得到彻底解决。项目经理能够通过移动端或PC端实时查看整改进度，并根据系统反馈做出快速决策。

智能巡检系统还具备数据分析功能。系统不仅记录了每一次巡检的结果，还能够对历史数据进行统计分析。管理者可以通过数据分析工具，了解不同工地、不同施工阶段的巡检情况，发现施工中的常见问题和薄弱环节，从而优化施工流程。

项目在实际应用中经历了多次验证和优化，从试点应用到大规模推广，积累了丰富的经验。在初期，项目团队选择了不同规模和类型的家装工地进行试点。通过试点，不仅验证了系统在实际工地环境中的适应性，还收集了大量的数据用于模型的优化。例如，在试点中发现工地的光线变化、设备遮挡、粉尘环境等因素会影响识别效果，因此团队通过优化数据采集流程并改进模型算法，不断提高系统的准确性。数据的积累和迭代是模型优化的核心。通过持续采集不同场景的数据，系统的识别精度得到极大提升（从约68%提升至约93.1%），并显著增强了在不同工地场景中的适应性。

随着项目的推广，该应用已经覆盖超过10000个工地，上线了351项家装施工巡检标准，针对多种施工问题提供了精确的识别能力，系统的巡检准确率达到了93.1%，大幅提高了问题发现的及时性。通过整改任务的自动化管理，确保每个施工问题都能被及时发现、快速处理，并自动验证整改效果。系统经过多次迭代和优化，得到了超过87%用户的高度认可。

2.3.2 监管的数字化

反洗钱是金融机构的一个重要业务职能，是为了预防和打击洗钱活动而采取的一系列措施，受中国人民银行的监督管理，所有工作应遵守《中华人民共和国反洗钱法》。反洗钱工作要求金融机构完成客户身份识别，保存客户交易记录明细，在发现大额交易和可疑交易时及时向监管机构报告，此外需要定期或不定期进行洗钱风险自评估，并根据评估结果调整风险管理措施。

反洗钱工作主要包括3个部分：客户身份识别、交易明细的管理和发现可疑交易。前两个部分的工作比较简单，加强数据仓库或者数据湖建设，将必要的数据都存储管理，并引入公安等政府部门的数据做身份识别即可。其中最难的部分是发现可疑交易，也是典型的需要通过数据和AI来完善和提升的工作内容。发现可疑交易的工作可以简单抽象为针对海量的交易记录，工作人员参考银行内积累的监管标准规则或机构自身积累的反洗钱自主检测规则，来判断交易中是否有疑似风险。下面是一些规则的示例。

001　短期内资金分散转入、集中转出或者集中转入、分散转出。

002　短期内，自然人客户的交易频繁触发大额标准监控，且与其身份不符。

003　自然人客户资金交易与其财务状况明显不符。

004　相同收付款人之间频繁发生资金收付，交易金额接近大额标准或交易金额较大。

005　长期闲置的账户原因不明地突然启用，且大量资金迅速进出。

006　客户短期内没有正常原因的多头开户、销户，且所有账户累计交易金额巨大。

007　没有正常原因的开户，在较短的账户存续期内多次触及大额和可疑交易标准。

008　本行多个不同自然人客户同日、隔日或连续多日分别结汇或购汇，并将人民币资金存入或汇入同一个人（机构），或将外汇汇给境外同一个人（机构）。

009　自然人客户同日、隔日或连续多日从同一外汇账户多次存取大量外汇现钞，或者多个自然人客户同一日内在同一网点办理大额外币现钞结汇。

010　自然人客户频繁发生现金收付、一次性大额存取现金，且情形可疑。

可以看到，这些规则多由经验积累而成，监测标准单一、范围小，阈值调整难，难以根据市场动态或业务需求调整，非常依赖业务管理人员的主观判断，而交易数据量大，基于规则的检测和预警不仅费时费力，而且很容易出现大量的误报，大量的可疑交易报告需要人工甄别或尽职调查。另外，目前的洗钱监测都以短时间的交易记录为主进行分析，缺少一定周期的深度追踪，也缺少团伙追踪与监控。

反洗钱的工作流程可以分为3个阶段，首先基于规则输出可疑的交易清单，再做深度的人工甄别和排查，如果确认疑似问题，生成可疑交易报告并向监管机构汇报。如图2-7所示，这3个阶段可以用数据和AI技术进行智能化，从而减少人工复核并提高审查的准确度。在基于规则输出可疑清单阶段，可以采用有监督模型来学习黑白样本的特征，发现更多的特征细节，也可以通过无监督模型自动进行异常行为检测，在学习了更多的黑样本特征数据后使用图算法来做一些团伙欺诈识别。

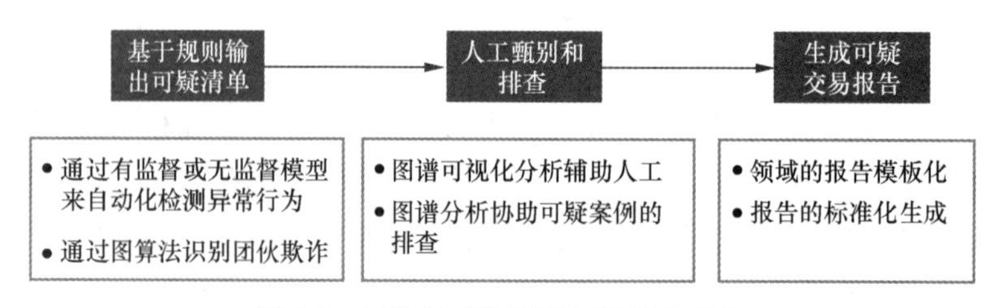

图2-7　反洗钱工作流程与智能化方向

在人工甄别和排查阶段，业务人员需要进一步甄别相应活动的类别，如诈骗洗钱、套现洗钱、集资洗钱等。由于这部分工作是上报监管前的最后环节，对结果准确性的要求非常高，以往这部分工作非常依赖人的经验，因此工作人员会面临很大的工作压力，通过数据来帮助工作人员辅助分析会大幅度提高生产力。这个阶段比较可行的方式是构建反洗钱知识图谱，可以基于图谱的可视化能力来做辅助分析，也可以用图谱的分析算法来协助可疑案例的排查。

在生成可疑交易报告阶段，可以通过相关的基础模板，结合数据分析的细节特征等，自动生成标准化报告，这样可以保证上报案例的质量。下面重点介绍在反洗钱中如何利用 AI 技术来提高工作效率，如图 2-8 所示。

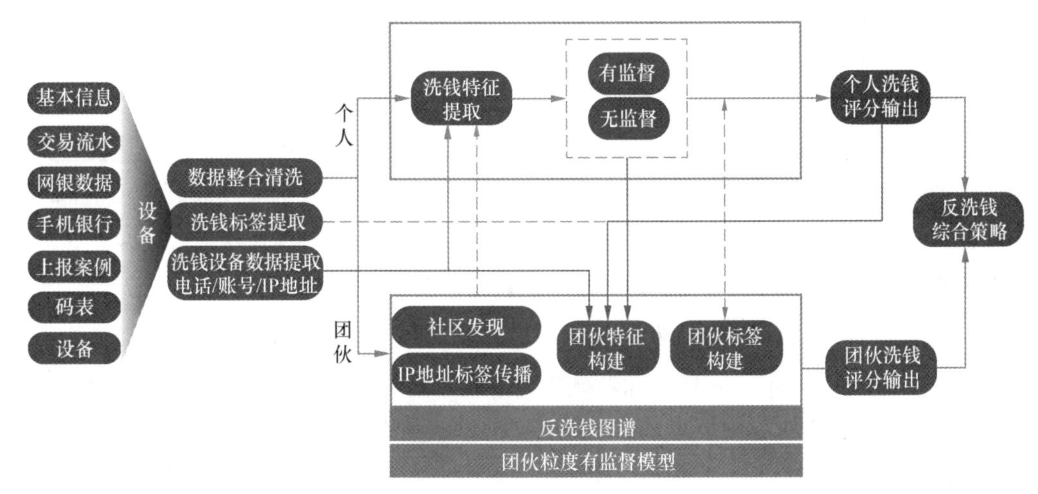

图 2-8 反洗钱中的 AI 技术

首先需要根据交易流水、网银数据、手机银行、上报案例等完成数据整合和清洗，再完成洗钱标签的提取，以及洗钱设备的数据提取等。之后就是洗钱特征提取的工作，需要从客户基本信息、交易行为特征、时间切片特征、交易对手特征、社区网络特征、设备 /IP 地址特征以及其他特征这 7 个维度来做特征设计。交易行为特征的进一步拆解可以参考表 2-2。

表 2-2 交易行为特征和特征描述

交易行为特征	特征描述
金额	转入转出金额、相邻交易金额、大额交易、小额试探、分散转入集中转出等
笔数	转入转出笔数、总笔数、日均笔数等，给定时间窗口内转入转出笔数
交易时间	交易的天数，工作日 / 非工作日交易次数和金额占比，凌晨交易金额和次数等
交易位置	不同的交易位置数，高危地区的交易次数、金额，相邻交易位置不同的次数，给定时间窗口内不同交易位置数
跨行跨境	跨行跨境转入转出次数，对手银行是洗钱高风险地区中小行的次数、金额等

交易行为特征需要覆盖金额、笔数、交易时间、交易位置、跨行跨境等，这些是比较重要的基础特征。时间切片特征用于对交易时间部分做全维度的统计，例如上一笔交易的金额、对手、位置、借贷方向，过去一段时间（如30分钟）的借贷次数、总金额、对手数、跨行跨境数，过去7天的交易次数、金额等。交易对手特征用于进一步细化交易对手，包括对手位置、银行数据，对手是否为银行工作人员、是否被上报过，交易对公对私的金额、次数和占比等。社区网络特征主要用于辅助发现更多的社区团伙，包括社区粒度特征（如成员数、交易总次数），社区出入度等。设备/IP地址特征需要覆盖历史涉黑IP地址的数据特征，可以基于涉黑IP地址和设备等确定客户洗钱的特征分等。

在完成洗钱特征提取后，接下来就可以做高危设备的诊断工作，通过对历史数据的分析捕获同一台设备上的"多人多天重复登录"的情况，识别出高危设备的涉黑分值和相关特征作为有监督模型的特征，再通过识别出来的高危设备关联出该设备的客户群体。基于资金交易来生成反洗钱图谱，能够有效地帮助业务人员做人工甄别工作。金融机构可以基于客户间的转账关系来构建资金交易网络，生成资金交易反洗钱图谱，并采用社区发现算法来做社区发现，将社区发现的结果相关统计特征再作为有监督模型的特征，进一步挖掘高危团伙。

多个金融机构做了该模型的生产落地，总体上，模型的ROC曲线下面积（Area Under Cure，AUC）达到0.9左右，在保证较高召回率的情况下精度仍然达到50%。具体来说，模型上线后，对6月的数据进行线下测试，对私模型输出名单的前40%客户覆盖上报名单的90%，对公模型输出名单的前14%客户覆盖上报名单的85%。经持续完善，到8月的时候，对私模型输出名单的前23%客户就能覆盖上报名单的90%，这充分说明了数据+AI技术可以切实助力反洗钱工作。

2.4　数据价值：推动AI变革

数据是AI算法的"燃料"，为AI模型提供了学习和改进的基础。随着数据集的增长，AI算法表现出Scaling Law，能够处理更复杂的任务。数据的质量和数量直接影响AI系统的准确性，使用多样化和标注良好的数据集可以训练出更精确的AI模型。

2.4.1　ImageNet

谈到数据对行业的价值，炙手可热的是由李飞飞教授创建的ImageNet。它是一个大型的图像数据集，自2009年首次亮相就成了计算机视觉领域的重要基准。它的出现极大地推动了计算机视觉的识别能力的进步，为机器学习领域的快速发展提供了坚实的基础。

ImageNet 的构建始于 2006 年，这个数据集的宏伟目标是为每个类别收集 1000 张独特的图片，覆盖 2000 个类别，总计需要约 2000 万张图片。在李飞飞教授的著作《我看见的世界》中，她详细地记录了 ImageNet 建设的艰辛过程，众包团队覆盖 4 万人组成的国际团队，整个项目筛选了近 10 亿张候选图片，涵盖了 2.2 万个不同类别，在数据的质量、规模和多样性上都达到非常高的水平，每张照片都经过了人工标注和三重验证。

使用 ImageNet 来训练算法推动了计算机视觉技术的快速发展。2013 年，基于卷积神经网络（Convolutional Neural Networks，CNN）的 AlexNet 算法在 ImageNet 大规模视觉识别挑战赛（ILSVRC）中取得了冠军，其识别准确率高达 85%，比上一年冠军高出 10%，这一成就标志着计算机视觉识别领域的一个新纪元。

AlexNet 的成功催生了神经网络的热潮，使得卷积神经网络成了计算机视觉领域的主导技术，各种算法进步如雨后春笋。此外 GPU 的算力快速增强，并且其架构特别适合卷积计算，硬件算力的突破与软件算法进步相得益彰，推动了整个 AI 行业的爆发。随后，像 Transformer 这样的新型机器学习模型的出现进一步推动了 AI 的发展，展现了大规模数据的力量。ImageNet 不仅在技术上推动了 AI 的发展，还改变了人们对于数据在 AI 研究中核心作用的认识，它让人们意识到，创建高质量的数据集是 AI 研究的核心。

2.4.2　数字疗法

大数据与 AI 技术在民生领域的应用能够让人民的生活变得更美好。它能提供新的决策方式、提升国家治理能力、促进信息技术与各行业的深度融合，以及推动新技术和新应用的不断涌现。例如，在医疗保健领域，使用大数据有助于降低治疗成本、预测流行病暴发和创造新的数字疗法。

数字疗法是处于诊断、治疗、康复流程中，可在居家 / 机构场景下，实现患者疾病检测与监测，并基于算法的反馈动态干预，以提升原有药品治疗效果，或通过认知行为干预改善患者健康状况。数字疗法的本质还是治疗，是针对某类疾病的适应证，基于院内诊所有效性验证后的软件产品，可单独使用，也可和药品、器械加成使用。接下来简单说明失眠症的数字疗法。

失眠是当今社会较为普遍的慢性疾病，在一线城市尤其明显，据不完全统计，2021 年我国成人失眠发生率高达 38%，一线城市有 57% 的人曾被失眠困扰。失眠难以被迅速治疗，从原因上又分为慢性失眠、短期失眠障碍、微觉醒、睡眠不足综合征和异态睡眠等。由于相关的治疗需要持续地监测和观察，而病患又很难长时间在医院做持续监测，大型医院也很难提供类似的长周期治疗方案，因此失眠的治疗较难，大量人群依靠药物来缓解病症。

某研究所推出了一种新型的面向失眠的数字疗法，如图 2-9 所示，配套面向患者的智能随访数字化系统，辅助患者、家庭医生体系和医院共同完成相关的治疗。由于大型医院的资源问题，家庭医院承担主要的治疗工作，包括建立患者健康档案，在社区医院建立脑波监测、睡眠监测、心电监测等基础的数字化监测体系，根据患者的实际情况建立包括营养补充、中医外治、微压氧舱和运动指导等多种干预治疗体系，同时在线上积极指导患者在家的相关康复维持。通过智能随访系统，家庭医生和医院主治医生可以随时掌握患者的实际情况，包括脑波数据、睡眠情况、营养状况和心理状况的精准数据，配套专家分析模型，就可以让患者按照给定的诊断计划去社区医院或大型医院复诊。

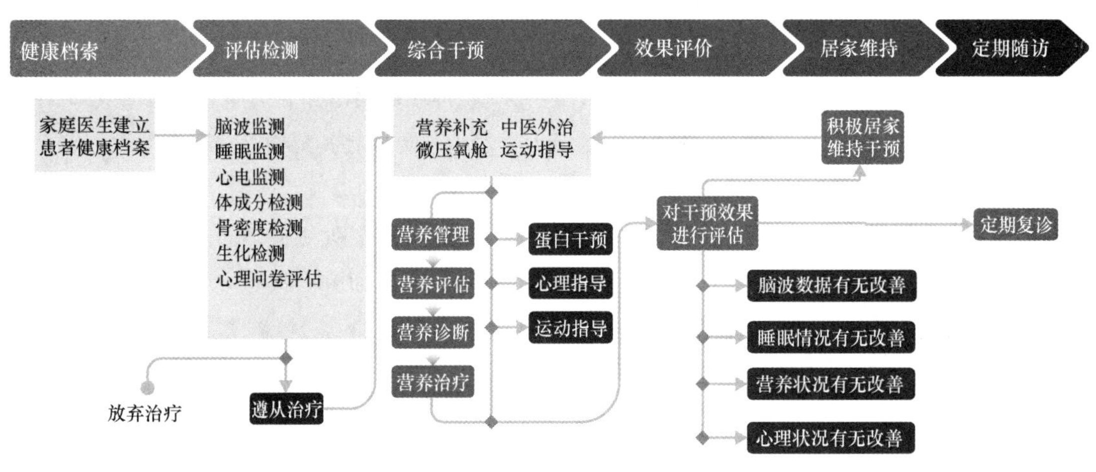

图 2-9　失眠的数字疗法

由于失眠症有非常明显的区域性，因此该研究所建立了大数据分析平台，按照区域建立了集家庭医生睡眠管理与脑健康促进诊疗策略专题数据库，为患者建立了 360° 画像，从而能够为不同的患者制定个性化的处方，包括营养处方、运动处方和药物处方等。根据患者用药、治疗阶段、个体因素提前进行风险干预，包含生活行为改变、营养、运动和心理。随着数据积累迭代，形成自动化算法。

2.5　数据价值创造的组织保障

企业要完成数字化转型，首先需要构建一个全新的数字化战略，包括组织结构的升级、企业文化的建设等，只有企业的全体成员在意识上形成统一，数字化转型才可以执行。在自上而下完成思维和意识上的转变后，企业各级部门需要完成两个重要的工作，即建立符合数字化转型所需的业务形态和构建数字化基础设施。

企业的数字化建设是否成功，一个核心的要素是团队是否有战略、组织和能力上的保证。有形的平台系统建设有很多行业经验可以参考，也是管理者能够直接感受到的。使用数据平台的数据和业务团队，需要建设包括组织、文化、运维、技术能力等在内的体系。团队需要覆盖的技术能力包括分布式系统运维能力、数据整合、数据治理、数据科学建模、数据产品开发与发布等。随着数据安全相关的法律法规的落地，企业甚至要求技术管理者有足够的法律知识，并将其运用于数据价值创造的过程中。

图 2-10 所示为某企业在推动数字化运营项目前的内部调研的问题还原及应对思路。调研的问题应该具有普遍性，包括企业希望从供应商获得长期的运营技能、数字化系统开发的效率、跟进业务演进速度、数据分析的专业能力，以及同时懂得数据和业务的复合人才需求等。

	数字化策略规划	开发响应效率	数据分析与洞察	数据&业务复合能力
问题还原	·“需要整体的数字化规划和统筹的能力、包括数字化能力地图的建设……” ·“在供应商撤场以后，如何具备长期运营技能” ·“怎样定义数字化场景、实现数字化能力内置” ·“数字化建设的统一规划、数字化能力的解构”	·“数字化系统开发进度慢，半年/年度开发，业务发展远远快于数字化建设” ·“公司内开发周期长，大功能半年以后上线；多个平台数据系统，数据报表需求大、需求排队周期长”	·“通过数据发现和印证问题、找规律模型和方法” ·“数据分析相关的专业能力比较缺乏”	·“业务与开发的协作困难，缺乏同时理解与开发的复合人才” ·“不能只有数字化、技术相关能力，更要有业务方向能力设置……” ·“内部没有同时懂业务和技术的人” ·“团队内业务出身的人比较缺乏……”
应对思路	·能力通道设置中，整体的数字化策略规划单独通道 ·二轮培训中设置相关主题的工作坊、案例分享进行共创	·敏捷开发相关专业技术导向的方法论输入 ·快速试错、快速迭代相关思维、案例输入	·单独设置数据分析作为能力通道 ·数据分析能力作为二轮能力培训的重要输入部分	·业务认知与数字化基础认知作为能力考核的基础项 ·规则制定上，允许数据与业务多能力通道的组合认证

图 2-10　数字化专项的人才问题

新的运营业务形态需要新的组织体系的保障，这往往是数字化项目中最容易被忽视的要点之一。我们经常看到一些大型企业的数字化项目失败，很多时候就是因为企业只注重软硬件平台体系的搭建，忽略了配套的组织体系的挑战，从而导致建好的数据资产没有被业务使用，也没有办法让数据资产在业务运行中被持续优化。

在一些失败案例中，有两种非常典型的组织体系。

- 数字化项目由管理层发起，但是主要职责都在 IT 部门，而由于 IT 部门对业务不熟悉，最终落地效果就比较糟糕。管理层经常抱怨出数据速度慢、报表响应不及时；IT 部门也觉得冤枉，认为从理解业务到数据抽取，再到开发数据产品，就应有很长的周期。
- 数字化项目由业务部门和 IT 部门共同发起，但是业务部门并没有专门的数字化的运营人员，公司级也没有设定独立的部门来衔接，导致业务部门抱怨 IT 部门响应速度慢，IT 人员又不能理解真实的一线需求，持续工作后项目的成果可想而知。

企业内现有的业务单元包括品牌、市场、销售、运营等，需要在现有的业务模式上尝试新的数字化项目，IT部门负责数据平台的建设并承担新的数据能力（如数据中台）搭建等。为了解决业务和数据技术团队之间的配合问题，企业从各业务单元和IT部门中抽调人员组建了新的数据运营团队，主要职责有两点：一是结合业务场景落地产品，为业务单元赋能；二是依据用户需求迭代优化数据平台，让数据资产和模型持续优化。

随着项目的进行，围绕数字化运营的主题，数据相关的工作项目得到进一步的明确，分为数据收集、治理、资产加工、洞察、场景应用和数据验证等步骤，项目组进一步将数据运营团队拆分为数据治理团队、策略团队、产品团队、运营团队和算法团队等，并明确定义了各个小团队的职责范围。在完成数据运营团队的职能划分后，该企业进一步做了相关团队的岗职划分，将岗位分为数据线、产品线和业务线，进一步拆分为多个子通道，并明确定义了各个岗位的职能要求，如图2-11所示。

主线	子通道	主要职能要求
数据线	1. 数据治理	营销战略投影到数字化领域的举措与节奏，营销数字化整体方向把握与发展规划
	2. 数据分析	负责数据质量管理机制的运营，明确数据使用规范，识别数据采集需求
	3. 算法模型设计与开发	梳理基于业务数据的指标体系，搭建数据看板/数据可视化
	4. 标签管理	结合业务场景和需求，设计算法模型，实施开发与迭代优化
	5. 数字化规划	匹配战略和业务模式，进行标签体系建立，标签规则设计，标签运营管控（安全、置信度、生命周期）
产品线	6. 数字化产品经理	以用户体验为基础设计数字化产品，跟进上线运营，关注使用率、满意度&投诉反馈；产品谱系规划与落地
	7. 数字化项目管理	推动营销域数字化项目的落地实施，以项目结果达成为目的和职责
	8. 数字化应用开发	依托敏捷开发模式和低代码开发工具/平台，快速响应产品需求落地，同步负责后续迭代
业务线	9. 流量运营	以用户体验为基础设计数字化产品，跟进上线运营，关注使用率、满意度&投诉反馈；产品谱系规划与落地
	10. 转化运营	依托敏捷开发模式和低代码开发工具/平台，快速响应产品需求落地，同步负责后续迭代
	11. 价值运营	以用户体验为基础设计数字化产品，跟进上线运营，关注使用率、满意度&投诉反馈；产品谱系规划与落地
	12. 渠道运营	依托敏捷开发模式和低代码开发工具/平台，快速响应产品需求落地，同步负责后续迭代

图2-11　数据运营团队的岗位定义参考示例

各个团队进一步定义了团队成员的技能要求，如产品线的成员需要掌握足够支撑数字化演进的技术能力，包括大数据开发运维技术、AI技术、云计算、DevOps 等，还需要用户调研、产品规划、需求分析与产品设计等内在能力。数据线的成员需要掌握各种数据分析技术，能够完成数据规划、数据治理、分析、算法模型创建、指标体系创建等工作；业务线的成员需要掌握数字运营能力，包括用户运营、产品运营、数据运营和内容运营。从实际的运行效果看，这样的组织方式有效保障了该数字化项目的推进，项目最终也成绩斐然。

2.5.1 数据管理团队能力建设

上面的案例在宏观上介绍了组织体系对数据价值创造的重要性，下面重点介绍数据管理团队的能力建设。

数据管理团队的能力建设相对比较复杂，除了需要在技术层面上掌握数据资产盘点、数据安全等技术，还需要拓宽视野，从整体的角度考量如何基于数据来提升业务效率。这部分内容比较抽象，可分为全局观、务实观、安全观和资产观。

- 全局观要求数据管理团队以通过数据来扩大企业业务为目标，盘点和拉通企业各领域数据，促进企业全面地识别和展现出所拥有的数据资源量、数据资产量。
- 务实观要求数据管理团队以提升数据质量、满足数据需求为目标，从组织、技术、管理、人员等多方面多角度、多因素入手深挖数据质量问题根源，长效提升数据质量。
- 安全观要求数据管理团队以遵守法律法规为前提，保证数据资产安全，保护隐私信息不泄露。
- 资产观要求数据管理团队做好资源配置，控制好成本和收益，对数据收集、存储、整合、应用、共享、开放，再到数据资产入表等全链路建立体系化的资产管理保障。

具体到细分的技术能力上，可将这部分能力分为 4 个域，包括数据资产开发能力域、数据资产管控能力域、数据资产服务能力域和数据资产运营能力域。

- 数据资产开发能力域：企业针对数据资产的开发不仅包括数据的采集、存储、加工，还包括分析、建模和开发数据产品。数据开发团队需要掌握对多模数据源的对接，脚本开发、测试执行、作业调度、ETL 配置等基础能力，结合标签画像、指标体系等快速解决数据开发领域的各种问题。
- 数据资产管控能力域：将数据资源转化为数据产品时，最重要的就是质量保障。数据管理团队需要设计数据架构与规范，建立数据质量的管理机制并持续监管，解决数据质量问题。数据管理团队需要构建数据标准模块以定义规范，通过落标检查来监督规范的执行；通过数据质量模块来定义质量检查规则并执行，统计和分析质量结果，提出问题并处置解决；通过数据安全的分类分级对数据进行安全级别定义，构筑数据保护的基础；通过数据模型管理软件来统一管理企业内部的各种业务数据模型定义和落实模型校验，完善内部的数据管理要求。

- 数据资产服务能力域：生产质量过硬的数据产品后，要将产品推广出去，投入交换、使用的环节中。数据资产服务能力域就是对数据的交换、共享、应用输出等服务能力的综合管理，将数据标签画像、指标体系、自助分析、建模预测等业务模式，通过联机查询访问、系统调用接口、实验数据验证等不同接口形式发布为数据服务，以统一管理的方式对服务进行注册、发布、监控、信用的管理，并将数据安全落实到数据的共享管理中，确保权限的正确分配、完成确权和审计要求。数据的共享流转流程成熟后，再对服务层进一步优化知识共享、平台演化、数据重组等。
- 数据资产运营能力域：既然企业已将数据要素定位为重要资产之一，那数据资产运营将会像企业运营一样重要。数据资产运营以数据资产管理为主线，将数据资产开发、数据资产管控、数据资产服务三大能力域串联起来，抽象出最基本的引入、上架、运营、下架4个阶段对数据资产进行管理。数据管理人员可通过资产导览或全局搜索的方式查找希望引用的资产，打通资产到数据商城的关联，未来将通过数据需求连通数据的开发、管控、服务的各管理接入点，通过智能化的资产打标、评价算法等功能提升管理效率。

通过不断完善4个能力域的功能模块，可帮助企业培养从一般职员到决策者都能基于数字化能力完成企业日常运营的思维模式。只有数据使用便利、数据内容翔实，数据结论准确、数据应用全面，才能将变革成为习惯。这是企业数字化转型成功的必要条件。

2.5.2 数据产品团队能力建设

数字化驱动的企业级应用，一般不再是用户点击驱动的流程变化，而是数据变化带动的状态机变更。对这类数据密集型的应用，总体上还是常规的软件开发过程，需要有应用开发平台和CI/CD（Continuous Integration/Continuous Delivery，持续集成 / 持续交付）流程，需要有配套用于内部应用开发过程的质量管理、安全管理、配置管理等过程管理和流程。在应用的发布上，由于数据产品需要让企业不同区域的员工都可以直接使用，因此发布系统需要支持企业自身的多数据中心或混合云架构，甚至是边缘端。例如，在国内总部开发的数字化驱动的考核系统，需要能够运行在海外分支结构的数据中心内部；同样地，总部研发的新的运维模型，需要能够便捷地发布到终端的设备或工控机上，这要求应用开发平台有很好的应用发布能力。

2013年之前，互联网和企业的业务都采用的是单体应用的开发模式。但是到了数字化时代，业务应用的开发思路需要转变，要从以产品为中心转向以用户和体验为中心。单体应用的开发模式的缺点大家可能都比较熟悉，很多人参与同一个项目，往往耦合高、开发效率低、经常“重复造轮子”、开发周期长，而且往往“牵一发而动全身”。微服务是一种将单个应用以许多微小服务组成的服务套件形式来构建软件的方法，每个微服务拥有自己的轻量级数据处理模块和通信机制，可以独立进行开发和部署，因此它能更快交付、更灵活地运维，并避免重复造轮子。而当微服务量级提高，可沉淀为应用中心，为全公司乃至全行业赋能。

单体应用开发模式转变为微服务开发模式，核心是建立企业体系化的自研模式。而随着前线人员对数据的需求越来越大，企业需要开发出大量新的数据应用来持续地迭代业务，改进用户体验，包括实时类、AI 类、在线数据类业务的大量创新和尝试，因此就需要分层设计和优化数据建模，提供多种不同的数据计算能力，并可以根据业务负载进行弹性伸缩，使用云计算技术来支持弹性、灵活的数据服务和应用。

2.5.3 数据底座团队能力建设

从企业整体的数字化战略的视角来看，数据底座（Data Infrastructure）通过统一的数据整合、存储、计算和服务能力，可以打破企业内部壁垒，服务于企业内的不同业务部门和组织部门，将无形的业务流程自动化和数据化。为了达到既定的战略要求，企业数据底座需要实现几个必要的统一，主要包括：

- 统一整合企业内、外部各类业务系统数据，尽量做到“应存尽存、能收则收、分层管理”；
- 统一管理企业内外部数据资产，形成企业统一数据治理标准，落实数据安全管控，将数据资产化和业务化，实现“数据进得来，也能管得住”；
- 新业务要达到“数据很好用，数据用得好”的状态，让广大业务用户有良好的体验，实现“数据普惠”，并产生更大的业务价值。需要统一支撑企业及各个部门、子公司等创新型应用和业务，提供包括实时计算、离线计算、机器学习等在内的计算能力，按需提供数据资产。

为了能够帮助企业快速地支撑业务需求，更好地满足数字应用的开发和运营，企业数据底座应该是以 PaaS（Platform as a Service，平台即服务）平台来对内对外提供服务能力，而不再是面向运维和管理的 IaaS（Infrastructure as a Service，基础设施即服务）方式。而在 PaaS 构建的过程中，为了能够适应未来企业的灵活、快速变化的业务需求，企业数据底座在设计时需要遵循如下 3 点。

- 以数据为中心，业务导向。在总体的设计思路上，应该从传统的以资源为中心、以运维便利性作为首要考量因素，转变为以数据为中心、以业务作为导向，将可以加速业务创新的技术作为更优先的目标。数据、应用和智能是数字化的三大核心原料，需要在 PaaS 平台上提供包括数据分析、应用开发和智能建模等在内的完整的工具链，并开放给尽可能多的使用者来尝试创新。

- 融合互通。约瑟夫·熊彼特（Joseph Schumpeter）曾经指出，创新是生产要素的重组。重组可能是做加法，进行融合或者通用化；也可能是做减法，进行分离和专用化。融合带来通用和低成本，但是会有一些冗余；分离的优势是高性能和适应特定场景的能力，但是应用场景少、成本高。融合追求大众普适，分离面向专业群体。数字化基础设施的用户是面向企业或组织内广泛的应用开发者、数据建模人员和业务人员，所有处在业务一线的人员都是数据生态的重要人员。因此在设计数字化基础设施的时候，需要充分考虑通用性和低成本，这样才能更好地服务目标对象。从技术的角度来分析，应用可能会运行在公有云、私有云、边缘端等任何可能有计算能力的地方，而数据也会随着业务而沉淀，因此在设计的时候就需要考虑应用的跨云能力、数据的互通互联、云端和边缘端协同等，从而拒绝技术烟囱，减少出现各种可能的孤岛问题。
- 层次化设计。在架构设计上，需要从传统的以应用驱动开发的方式形成的烟囱式技术栈，转变为追求服务共享复用思路的层次化设计。图2-12所示为企业数据底座平台的架构参考，它不仅包含技术底层，还包含数据业务中心层和业务服务层。

图2-12　企业数据底座平台的架构参考

对外服务层直接进行业务服务，提供App、Web等之间访问和交互的能力；数据业务中心，是最核心的部分，它包含企业沉淀的各种有效的业务逻辑服务和数据服务，业务按照领域驱动设计（Domain Driven Design，DDD）的原则进行服务划分，数据都做了有效地建模并形成数据资产，这可能包含数据仓库、数据湖或者数据中台的建设；而最底层是云平台，提供包括大数据、AI、存储、数据库、计算、网络、安全等在内的技术能力。

第3章

数据管理的方法与技术

数据的汇聚、碰撞、融合是数据价值释放的前提，共享、流通、交易是数字经济发展的前提。

——梅宏，中国科学院院士

3.1 数据资产管理

数据资源是能够参与社会生产经营活动、可以为使用者或所有者带来经济效益、以电子方式记录的数据。区分数据与数据资源的主要依据是数据是否可以在业务中使用。

数据价值是指在数据的生命周期中，使用者通过分析将数据资源的属性或内容转换成具有业务目的的信息，再经过分析形成可执行的决策信息，最终在企业运行层面产生商业价值——实现创造数字化的新业务或实现原有业务活动降本增效。在企业经营管理上，数据资源的价值主要体现在企业如何利用数据进行生产与经营活动。

数据资产（Data Asset）是指由组织（政府机构、企事业单位等）或企业合法拥有或控制的，以电子或其他方式记录的数据，例如文本、图像、语音、视频、网页、数据库等结构化或非结构化的数据。这些数据有较高的使用价值，可以进行计量或交易，能直接或间接地带来经济效益或社会效益。

需要注意的是，并非所有的数据都是数据资产，只有能够为组织带来价值的数据才是数据资产，这要求组织对数据进行主动管理和有效控制。另外，数据资产入表中涉及的可以入表的数据资产，指的是在财务上为企业创造了经济收入的数据资产。不是所有的数据资产都可以财务入表，因此财务或者上市公司财报中提到的数据资产指的是入表的数据资产，是企业内数据资产的子集。

将数据资产用于业务领域的具体形态是数据产品。数据产品既可以是已经完成各种数据加工、分析和建模之后形成的可以被业务直接使用的产品，也可以是由数据应用程序接口（Application Program Interface，API）、数据指标标签、AI推理模型、数据集和基础数据库等组合而成的独立服务。在数字化程度比较高的行业，典型的数据产品包括行业知识图谱、舆情分析产品、政府的“一网通办”类产品等；而在另外一些数字化起步较晚的行业，由于数据赋能业务的链路比较短（如工业制造的智能运维和机器人质检等），或者受限于企业内从事数据方向的科技人员数量，更好的数据赋能业务的方式是提供一些可以直接给业务方使用的数据产品。

数据资产管理（Data Asset Management）是指将原始数据经过一系列管理活动变成有业务价值的、可以服务业务的数据资产，不同的专业机构对数据资产管理的定义和范围不尽相同，本书将其分为数据资源化和数据资产化两个阶段。

- 数据资源化阶段是将数据变成数据资源，由于各类数据来源广、管理要求不同，如果要能被业务使用，既需要符合业务对数据的准确性、一致性、实时性等要求，又需要保证这些数据处于有效的持续性管理中。企业一般需要实施包括数据模型管理、数据标准管理、数据质量管理、主数据管理、元数据管理和数据安全管理等在内的管理流程。通常，企业会在建设数据湖或者数据仓库时同步进行数据资源化。
- 数据资产化阶段是将数据资源应用于业务，通过数字化提升业务效率或者通过全新的数字业务方式来创造业务价值。因此，这个阶段的主要工作是数据资产运营。

3.1.1　数据模型管理

数据的积累来自业务应用和支撑的数据库，因此数据模型只关注该业务的流程需求，多个业务系统之间的数据是独立的。企业的决策依赖于各个业务系统的统一，再按照企业管理域的各个主题的需求来做数据治理和建模。企业管理域的主题通常包括人力资源管理、财务资金管理、风险与内控管理、供应链管理、党建、资本运营、市场经营、项目管理等。基于主题组织的数据被划分为各自独立的领域，每个领域有各自的逻辑内涵但互不交叉，在抽象层次上对数据进行完整、一致和准确的描述。

对分散、独立、异构的数据库数据进行抽取、清理、转换和汇总便得到了分析型数据体系的数据，这样保证了数据体系中数据的一致性。各个业务系统的数据进入数据仓库或数据湖之前，需要按照企业级的统一处理标准进行数据转化以形成后期可以用于主题分析的数据资源。在数据转化过程中，需要根据业务语义来解决不同业务系统中关联数据的矛盾问题，如字段同名异义、异名同义、单位不统一、字长不一致等。此外，基于企业级的统一处理标准转化的原始数据，需要根据业务分析要求构建分层汇聚融合的数据模型，这属于在分析型数据体系中数据建模的过程。

数据模型是现实世界数据特征的抽象，用于描述一组数据的概念和定义，主要利用数据和关系来反映业务的过程，基于数据建模工具生成的关系型物理模型一般会使用E-R（Entity-Relationship，实体 - 联系）图等方式展现业务规则，描述了企业的重要业务元素及其这些元素之间的关系。简单来说，数据模型是利用图形描述数据在数据库中组织、存放方式的“地图”，由实体、关系、属性构成。

- 实体：按照关系模式的观点，在现实世界中用来定义事物或事件的、有联系的一组属性，可以构成一个“数据实体”。
- 关系：实体与实体间存在的联系，包括一对一（1∶1）、一对多（1∶N）和多对多（M∶N）3种。
- 属性：在数据模型中用来描述一个事物的最基本的元素。属性可以是表示一个事件的识别方式、限制、数量、分类、状态，或者一种关系。

主题模型是业务分析需要的某一方面信息（如参与人、交易、零售主题等），用于定义数据模型的范围，为数据模型的设计提供总体框架。主题模型是以名称和定义来标识所有主题域，以一对多或一对一方式来标识主题域之间的所有关系。

概念模型是对主题模型的细化，描述每个主题中重要的实体及标识实体之间的所有关系，用图形化的方法表示企业的业务概念与业务规则，用于与业务用户交流高阶数据概念，为深入的模型构建提供框架。概念模型重点关注主题的定义、分类、关系和重要的实体。为了方便理解模型，概念模型将重要的实体分布在不同的主题区中。图3-1所示为描述企业供应链业务的概念模型，主要的实体包括供应商、项目、合同、商品和销售单等，不同的实体间的连接线表示它们的关系。

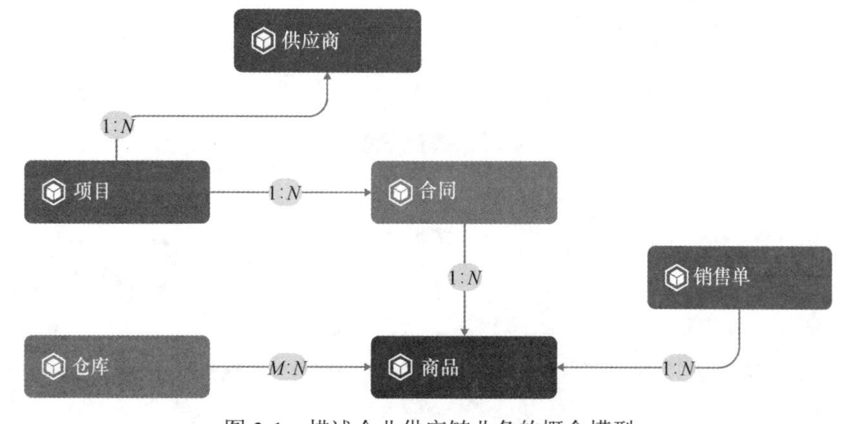

图3-1 描述企业供应链业务的概念模型

逻辑模型是对概念模型的具体化，对概念模型进一步分解和细化，利用数据和关系来反映业务的过程，描述企业的重要业务元素及这些元素之间的关系，利用图形描述数据在数据库中组织、存放方式的“地图”。逻辑模型的内容包括所有的实体和关系，确定每个实体的属性，定义每个实体的主键，指定实体的外键，需要进行范式化处理。描述企业供应链业务的逻辑模型如图 3-2 所示，供应商、项目和合同等实体都定义了多个属性，不同的实体间的连接线表示实体间的关系。

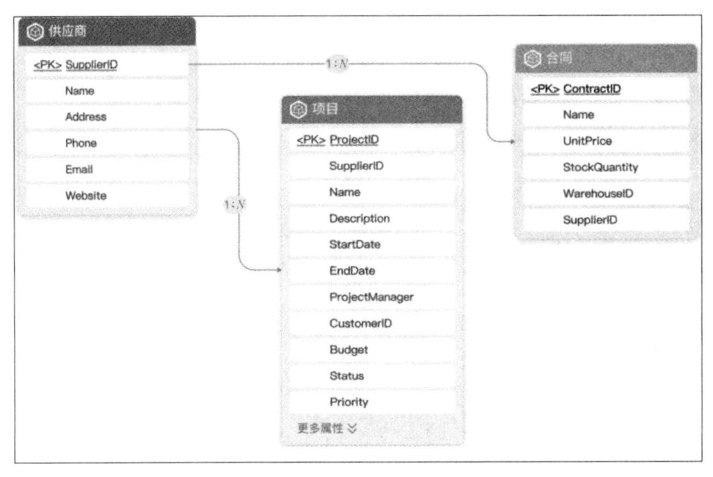

图 3-2　描述企业供应链业务的逻辑模型

物理模型在逻辑数据模型的基础上，考虑各种具体的技术实现因素后真正实现数据在数据库中的表或字段的描述，描述企业供应链业务的物理模型如图 3-3 所示。物理模型的内容包括确定所有的表和列，定义外键用于确定表之间的关系，基于用户的需求可能进行范式化等。物理模型通常可以在数据仓库中实例化。

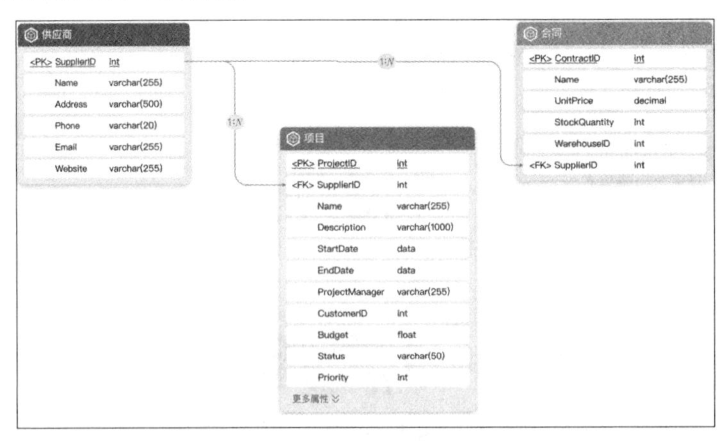

图 3-3　描述企业供应链业务的物理模型

数据模型管理是指在设计企业架构管理和信息系统时，参考逻辑模型，使用标准化用语、单词等要素设计数据模型，并在企业架构管理、信息系统建设和运行维护过程中，严格按照数据模型管理制度，审核和管理新建和存量的数据模型。采用企业架构指导建立企业级数据模型，并采用一体化建模的方法，是提升数据模型业务指导性和模型质量的有效方式。

3.1.2 数据标准管理

数据标准是指保障数据的内外部使用和交换的一致性、准确性的规范性约束。数据标准管理的目标是通过制定和发布由数据利益相关方确认的数据标准，结合制度约束、过程管控、技术工具等手段，推动数据的标准化，进一步提高数据质量。

业务术语统一是数据标准管理的第一步，主要内容是让业务团队使用的业务术语与数据管理团队使用的业务术语统一，如“基准浮动比率”一词，需要通过制度化的方式定义其业务含义、取值和精度，这样后续业务团队和数据管理团队就能在这些口径上达成一致。目前很多企业已逐步形成统一管理的意识，重点关注业务术语的建设和应用，包括建立管理制度、管理流程并发布业务术语标准，以及通过数据管理平台对业务术语进行统一归集、发布、查询和应用。表 3-1 所示为根据某银行的数据标准整理出来的样例，覆盖了银行的 8 大主题。

表 3-1 业务术语统一的样例

主题	大类	中文名称	英文名称	业务含义	取值范围	数据长度
参与人	个人	个人客户反洗钱风险等级	Anti-money Laundering Risk Class of Individual Customer	根据个人客户特点、账户属性，综合考虑地域、行业、业务种类、交易特征、客户群体等因素，按照洗钱和恐怖融资风险度对客户的反洗钱风险分级	—	2.00
产品	条件信息	基准浮动比率	Benchmark Floating Rate	在基于基准利率确定执行利率水平时，在基准利率之上的上浮或下浮的比例。用于描述利率要求，与基准利率配合使用	—	11.00
合约	风险信息	授信额度	Credit Limit	对公客户授信额度包括单笔业务授信额度和综合授信额度，是综合考虑客户资信状况、偿债能力与授信需求、我行授信政策与风险偏好、风险与收益等因素后核定的在满足一定条件下可给予客户的融资总额	≥ 0	18.00
财务	核算信息	手续费支出	Handling Charge Expense	银行在办理金融、保险等业务过程中按规定支付给代办单位的手续费	≥ 0	15.00

续表

主题	大类	中文名称	英文名称	业务含义	取值范围	数据长度
资源项	价值信息	押品最新价值	Latest Evaluation Value	经我行审定的最新的押品评估价值，用以计算押品当前抵质押率。如押品审定初始价值后尚未重估价值，即为押品初始价值，否则为最新的押品重估价值	≥ 0	18.00
渠道	管理信息	渠道管理机构编码	Channel Managing Organization Code	指渠道的直接管理机构，该机构负责渠道发展规划和准入、变更、退出的管理，并对渠道建设工作进行督导与检查	—	6.00
事件	个性信息	交易日期账面价值	Trading Date Book Value	指在交易日期该资产的账面价值，账面价值是指会计核算中账面记载的资产价值，通常是该项资产的成本减去累计折旧或其他资产减损后的金额	≥ 0	18.00
公用	模型	风险计量模型编号	Risk Measurement Model Code	指风险计量模型的唯一识别代码，由大写英文和下画线组成	—	33.00

在业务术语统一后，接下来是基础类数据标准和指标类数据标准的管理等工作，覆盖技术定义和业务定义两个层面。

- 基础类数据一般直接来自业务域，还未做加工建模。基础类数据标准是对基础类数据进行管理的标准，通过明确数据的业务属性、技术属性和管理属性，确保数据在不同系统和业务部门之间的一致性和可理解性。如企业定义“供应商编号”标准，业务属性上要通过这个唯一编号描述某个供应商，技术属性上要采用12位的编码方式，管理属性上需要定义该标准的有效时间段、管理部门等。
- 指标类数据一般由基础类数据加工而成，有一定的分析业务语义，如表3-1中的“授信额度”，是综合客户的多项数据和银行的多项经营活动后给客户定义的指标类数据。指标类数据标准通过明确的维度、规则和基础指标定义，确保数据的一致性和准确性。

无论是基础类数据还是指标类数据，都可能需要定义该数据需要遵循的技术标准或业务标准。技术标准主要是对这个数据在技术视角层面定义的要求，如表3-1中每个字段都有“取值范围”“数据长度”。业务标准描述该数据字段对应的业务逻辑，如表3-1“业务含义”中定义的计算逻辑。建立企业数据标准需要各个业务团队的深度配合和参与，减少工作量的一种有效实施方式如下：

- 参考现有的国家标准、行业标准和已有的实践，再结合企业内部实践形成相对有效的初步标准；
- 由数据管理部门发起，按照不同的业务推动各业务相关的指标类数据标准的梳理和完善；

- 与归口部门的负责人详细讨论相关标准是否准确、是否有可落地性等，经过反复的审核与讨论后在企业内发布并执行。

CCSA TC601（中国通信标准化协会大数据技术标准推进委员会）发布过《数据标准管理实践白皮书》，其中收录了不少行业的实践案例，有兴趣的读者可以进一步阅读和参考。

3.1.3 数据质量管理

数据质量管理是指运用技术手段来保障企业内数据的质量符合数据标准定义的一系列工作活动，从而提高数据资源的质量，更好地满足业务需求。从技术维度来看，数据质量的影响因素包括数据的完整性、规范性、一致性、准确性、唯一性和及时性等。在企业中，数量质量问题主要有以下两种来源。

- 来自数据源系统。由于数据源系统对接的大多是某些业务系统，建设时间相对比较早，因此从数据管理的视角来看这些数据源系统会存在数据规范缺乏、开发设计的约束校验不足、计算逻辑设计错误等问题。
- 来自数据填报系统。在填报过程会存在误操作、漏报错报等问题，这些都导致企业在采集源头数据的过程中就需要开展数据质量管理的工作。

根据数据质量问题的来源不同，解决方法也有以下两种。

- 有些质量问题可以在从数据源系统加载数据的过程中得到解决，如某个字段应该用 Decimal 类型而数据源系统中保存的数据却用了 Double 类型。
- 有些质量问题需要参考其他系统的数据，例如两个系统都涉及"渠道管理机构代码"，这时单独看某一个系统中的数据定义是不够的，必须将这两个系统的数据都加载到一个数据湖或数据仓库中，通过对比、碰撞分析来选择合适的质量规则。

在数据治理业务中，因数据填报系统而引发的数据质量问题更多，因此企业一般都会选择在数据湖或数据仓库中进行数据治理，再推动业务系统的升级改造，从而在源头上解决这些数据质量问题。

将各个业务系统的数据都加载进数据湖或数据仓库后，需要管理的数据字段非常多，企业需要建立体系化的管理流程来保障后续存储、加工和共享数据的质量。从实践来看，企业很难做到严格地管控每个字段，可以按照不同的业务需求采用不同的质量管控要求。另外，数据质量管理工作也需要业务驱动，建议企业以数据共享和数据应用作为数据质量工作的出发点，优先改进用于数据应用的数据对象，结合数据质量的完整性、规范性等维度，适度优化数据质量管理的规范、流程体系、实施细则等，不断健全数据质量管理体系。

数据质量管理的主要步骤如图 3-4 所示。选定数据标准体系主题与分类框架后，完成数据标准内容定义与发布，数据质量管理的工作就此开始；针对不同的数据对象进行数据标准映射，数据管理人员根据数据标准来定义并创建数据质量校验规则；通过数据质量管理工具对要管理的数据对象批量地进行校验代码生成与运行，按照每个业务域或系统 Schema 来进行数据质量评估；解决数据质量报告中发现的各种问题，并提出数据质量提升建议。需要注意的是，很多数据质量问题的解决需要升级数据源系统对应的业务系统。

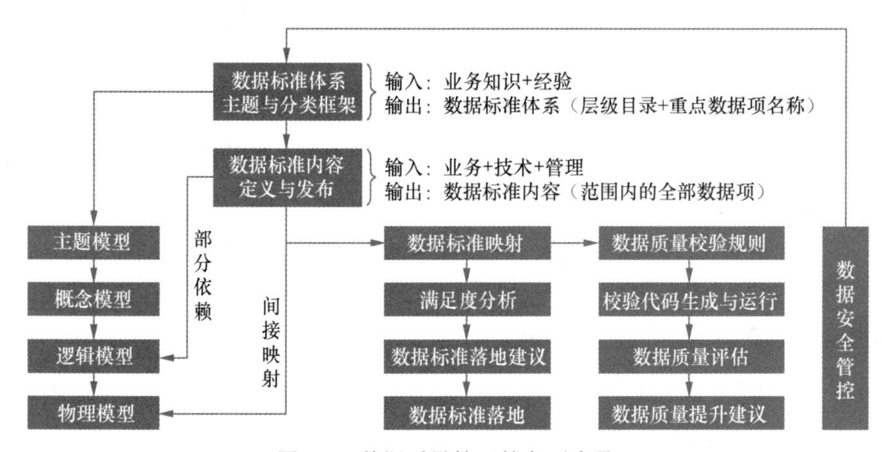

图 3-4　数据质量管理的主要步骤

数据质量校验规则可以划分为技术维度的校验规则和业务维度的校验规则。

- 技术维度的校验规则主要管理数据的完整性、规范性、有效性、唯一性、一致性等，主要通过技术手段检查数据字段是否符合相应的规则，这些规则检查可以自动化地批量运行。
- 业务维度的校验规则主要关注数据字段和业务规则的关联性，以及数据内、外部一致性。运行业务维度的校验规则通常需要耗费比较多的人力，虽然复用程度一般不高，但对业务的影响却很大。例如，“机构代码”可能被用在不同的系统，在系统 A 中“1001”代表机构 X，而在系统 B 中“1001”代表机构 Y，如果系统 A 和系统 B 的数据都被加载到数据湖中，读取到“1001”的某个数据分析应用就无法判断到底代表的是机构 X 还是机构 Y。因此，企业需要建立有效的数据标准来统一相关的业务定义。在数据质量管理过程中如果发现了相关问题，也可以反馈给数据标准管理小组来改进并更新标准，这样数据质量管理就能有据可依。

在实际工作中，相同的业务在不同系统中通常会存在定义差异、口径差异的情况，即使同一个系统在不同时间阶段中的业务定义也会出现口径改动，因此数据质量管理工作很多时候都要投入在跨部门的人员沟通上，包括协调各个业务团队在这些数据定义上达成一致，甚至能够在源头更新业务系统的定义。

要保证业务维度数据质量管理的有效性，企业在梳理业务的过程中需要系统建设方、业务方等多方参与，并结合系统开发规范、业务逻辑关系等多方资料，保障数据质量管理前期各团队沟通及资料输入的完备性和准确性。在实施过程中常因协同不畅、数据字典过时、开发文档与实际不符等诸多因素，导致质量管理前置条件和质量规则设计发生偏差，致使质量问题对象范围扩大、质量规则设计不完备、质量稽核结果不实等情况发生。因此，有效、准确的业务梳理及规则设计，是企业的数据质量管理工作良性循环、长效开展的关键。

当前企业的数据质量管理流程涉及大量的过程管理和多部门协作，需要企业投入较多的人力资源和物力资源。数据质量稽核的对象粒度常为字段级，一个复杂的业务系统的字段数量可达数千个，一个字段对应的不同维度下各类质量规则将达到数十条及以上，那么单个系统的质量规则可达数万条。因此，企业需要通过技术手段在海量的规则中开展精准高效的持续运营。不过，随着大模型技术的发展，如果企业内积累了大量的知识库，可以进一步打造数据质量管理的智能体（Agent）来加速这些流程的自动化和智能化。目前在数据标准的自动化贯标、数据字段的业务语义补全等领域，已经有一些智能体相关的探索。

3.1.4　主数据管理

主数据（Master Data）是描述企业核心业务实体的数据，如客户、合作伙伴、员工、产品、物料清单、账户等。主数据还包括关系数据，用以描述主数据之间的关系，如客户与产品的关系、产品与地域的关系、客户与客户的关系、产品与产品的关系等。通俗地说，主数据是多个系统共用的基础数据。主数据一旦被记录到数据库中，需要经常对其进行维护，从而确保其时效性和准确性。为了方便理解，下面介绍多个行业的主数据样例，如表 3-2 所示。对于制造业、零售行业、金融服务业、医疗行业等，由于其业务涉及的上下游企业、产品的品类都特别多，因此做好主数据管理（Master Data Management，MDM）非常重要。

表 3-2　多个行业的主数据样例

行业	主数据内容
零售行业	客户信息、产品目录、供应商信息、价格列表
制造业	物料清单、生产设备、供应商、分销商
金融服务业	客户账户信息、交易记录、金融产品目录、风险数据
医疗行业	患者记录、医疗设备信息、药品目录、医疗服务项目
电信行业	客户订阅信息、网络设备数据、服务套餐、计费信息

当企业管理者想要通过数据去分析并准确地回答一些关键问题时，如“最有价值的客户是谁”“哪个产品的利润率增长最快”等，“客户”和“产品”就是主数据。由于企业内部的应用很多，不同应用对这些主数据的定义存在一定的偏差，那么分析并准确回答这些问题时就会存在诸多问题，因此企业需要进行主数据管理，其中最重要的是主数据的一致性管理和保持最新状态。

主数据定义了企业的核心业务实体，而主数据管理就是采用一系列规则、应用和技术来管理主数据相关的系统中存储的数据。不同于其他数据的来源主要是各个数据库系统，主数据的定义分散在企业内部，例如可能在内部邮件、企业知识库、白皮书、产品说明书、管理制度中，也可能在一些业务系统（如财务系统、ERP 系统等）中。主数据的一致性和保持最新状态要求在企业各个系统中使用的定义是一致的，例如银行客户的地址发生变化，如果零售系统和理财系统都发生了变更，而信用卡系统没有及时变更，那么就无法按时给客户发送账单，从而可能导致客户还款不及时、后续纠纷等。

主数据管理可以有效解决主数据定义的多源头问题、实时性和一致性问题。简单地说，主数据管理就是将散落在各个系统中的核心业务实体数据进行规范，创建一个独立的系统来负责主数据的存储，再下发给需要用到这些主数据的业务系统。一旦主数据系统建设完成，之前在其他业务系统中被定义和管理的主数据就会“失效”，这些业务系统此后只能从主数据系统实时地读取主数据。企业主数据管理项目的实施流程一般包括如下两大步骤。

- 通过咨询方式建立企业内的主数据管理制度，从主数据的多个来源归集和统一主数据定义，制定主数据管理流程。
- 建立一个主数据系统，除了持久化存储这些主数据，还能实时地将更新后的主数据信息推送给使用这些主数据的业务系统，这样对应的业务系统就能够读取最新版本的主数据。

具体到落地上，主数据管理一般包括以下 3 个部分。

（1）主数据的识别与建模。这是一个咨询的实施过程，主数据的识别需要协调各个业务部门，从各业务系统（如财务系统、项目管理系统、客户系统、HR 系统、OA 系统等）中抽象出核心的业务流程（如产品销售、物资采购、项目管理、现金流管理等），并从各个业务流程中总结和抽象出业务实体（如产品、客户、物料、项目、人员、资金等），从而形成相应的主数据集（如产品主数据、客户主数据、供应商主数据等）。

为了有效地管理主数据，一般也需要对主数据进行建模，包括对应的主数据的元数据要求（字段名称、长度、类型、约束等参数），以及与各业务系统之间的业务规则映射关系。企业主数据只涉及核心业务实体，所以数据的量级并不大，并且由于需要跟各业务方协同，这部分建模工作一般会人工完成。此外，由于业务持续变化，主数据也需要做好版本管理。

建模后的主数据通常会被持久化到主数据系统中，供各业务系统获取。例如，银行通常会建设 ECIF（Enterprise Customer Information Facility，企业级客户信息整合）系统作为主数据系统来维护所有的客户主数据，各业务系统会实时地从 ECIF 系统中获取这些数据。

（2）主数据的采集和质量管控。在主数据的模型定义好后，就需要从各个业务系统采集数据。由于各个业务系统内数据的结构可能不同，采集器还需要按照模型定义好的规则进行转化。例如，姓名为“张三”的客户在系统 A 中有完备的身份信息，在系统 B 中的信息存在缺失问题，主数据系统在收集这两个系统关于“张三”的记录后，需要判断这两个记录是一个客户还是同名的两个客户，这就属于典型的主数据质量控制的范畴。主数据质量控制过程一般包括校验、去重、过滤、转化等。

需要注意的是，这些质量工作完成后，对应的业务实体数据才能持久化到主数据系统中。例如，系统 A 和系统 B 记录的“张三”是同一个客户，那么主数据系统中就存放这个客户在两个系统中对应“张三”客户的业务属性的合集。

（3）主数据的分发。在企业主数据系统建设好后，为了保证各个业务系统使用主数据的一致性和保持最新状态，一般主数据系统会及时分发主数据到各个业务系统，通过人工触发、定时触发等方式推送给各业务系统的数据库。例如，主数据系统中定义了客户“张三”的 20 个属性（如身份、教育等），系统 A 需要使用其中的 8 个属性（主要是身份相关），系统 B 需要使用其中的 6 个属性（主要是教育相关），那么系统 A 和 B 就每天批量或实时地从主数据系统中读取各自需要的属性即可，这两个系统自身不再管理或维护这些属性数据。

3.1.5　元数据管理

元数据（Metadata）是指描述数据的数据，用于描述数据的特征、属性、结构、关系等信息，可以帮助用户更好地理解数据，提高数据的可用性和可维护性。元数据可以分为业务元数据和技术元数据两种。

- 业务元数据通常包括维度和属性、业务过程、数据指标、质量规范、业务字典等规范化定义，用于更好地管理和使用数据。
- 技术元数据通常包括数据库表、字段长度、字段类型、ETL 脚本、API、算法模型等。

元数据管理（Metadata Management）的目标是明确数据定义，厘清企业数据字典，以支持快速定位数据问题，掌握数据血缘。数据探索、数据质量管理、数据标签与指标开发等工作都依赖元数据管理工作。

由于企业内的元数据量级太大（数据字段可能是百万级、ETL 程序可能超过几十万行），并且每天会有多个迭代版本，人工管理难度高，因此企业需要建设统一的元数据管理工具。元数据管理的第一步就是元数据采集，形成统一的元数据视图。企业内各种业务系统比较多，自动化的元数据采集能够大幅减少管理人员的工作量，且元数据采集最好可以做到按需更新数据，尤其是业务源头的数据定义语言（Data Definition Language，DDL）变化后。

在做好元数据采集后，元数据管理工具需要给数据开发者或分析师提供元数据的浏览和检索功能。业务字典也是元数据管理工具的重要部分，主要记录业务数据涉及的底层技术元数据，可以帮助业务团队或分析师从他们熟悉的业务术语中找到实际的元数据。

元数据管理工具通常会提供数据血缘的功能。基于数据血缘，技术人员可以实现对数据的追根溯源、下游流向和影响性分析等，这对日常发现运维异常的数据任务有很大帮助。有些元数据管理工具还提供数据地图（也叫作数据链路）的功能，以图形化的方式展示企业内各个系统间的数据链路，可以用于数据安全分析等场景。数据血缘和数据地图有一定的相似性，经常容易被混淆，下面逐一介绍。

数据血缘是指数据在各类存储对象（如数据库表）之间的流动过程。它不仅包含数据的物理流动轨迹，还包含数据的逻辑关系和转换过程的细节。数据血缘可以表示为有向无环图（Directed Acyclic Graph，DAG），其中点代表数据存储对象，边代表数据转换逻辑。数据血缘描述的主视角就是数据表或文件，分析的对象也是数据表或文件。它一般是服务于数据仓库或者数据湖的建设，用于日常数据加工和治理的问题排查等工作。基于数据血缘的影响性分析如图3-5所示，数据管理团队要变更某个元数据的属性（例如数据精度从小数点后2位调整为小数点后4位），那么在变更之前需要知道这个变更会影响到下游的哪些数据字段（图中实心色块的部分），并逐个分析这些字段是否需要做对应的修改。

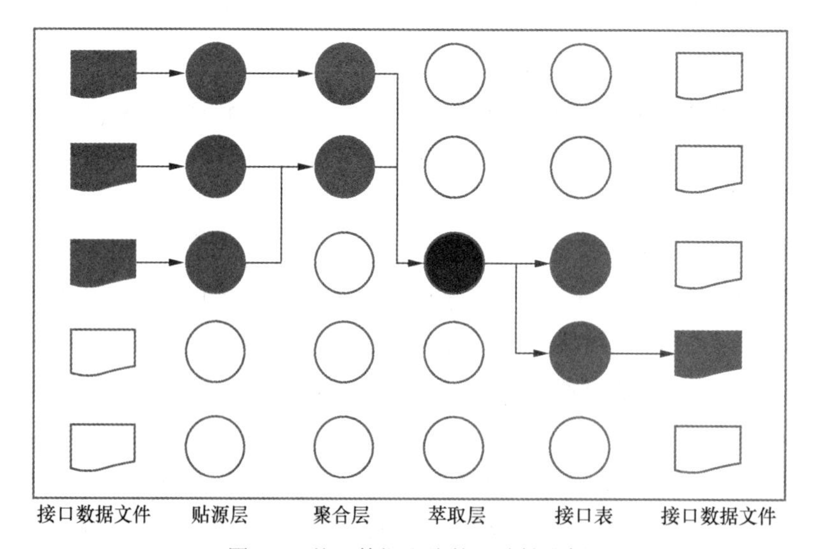

图3-5　基于数据血缘的影响性分析

数据地图如图 3-6 所示，是指在数据流转过程中，从涉及的系统或模块的视角记录参与数据传输、加工、使用过程的脚本、任务、API 服务等对象，通过数据流向串联起来，形成完整、可追溯的过程。描述数据地图的主视角是 IT 资产或软件系统，主要用于企业全局的数据管理，如安全管理、数据架构优化等。

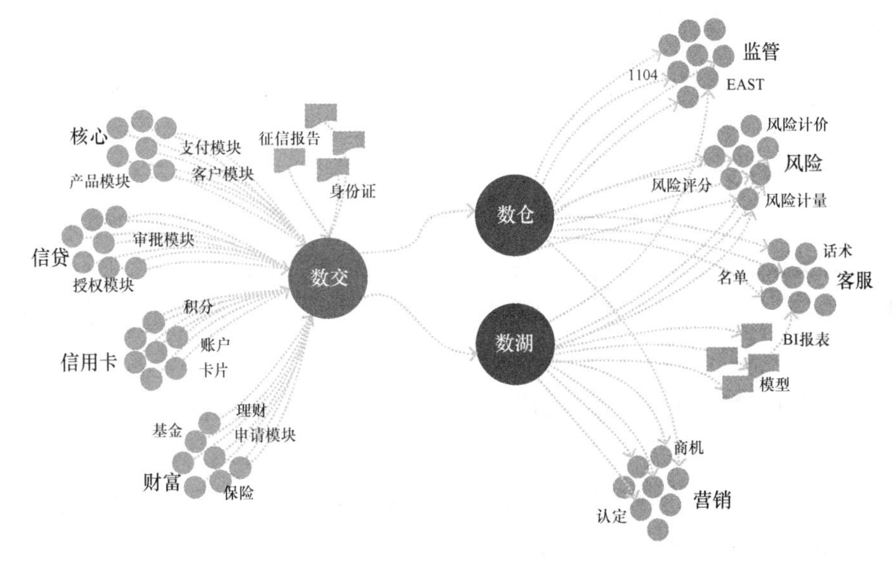

图 3-6 数据地图

3.1.6 数据安全管理

数据安全管理主要包括 4A，即认证（Authentication）、授权（Authorization）、账号（Account）和审计（Audit），通常可以选择包含访问控制管理、身份认证、权限管理和审计等模块的数据安全管理平台，也可以通过独立的软件来提供细粒度的安全管控能力。但数据安全的核心内涵随时代变迁而不断演化，不仅包含传统意义上的机密性、完整性和可用性，还延伸至隐私性和敏感性。在大数据时代，虽然数据在静态下看似安全无虞，但在深度分析的情境，仍可能暴露个人隐私及敏感信息。因此，数据安全的防护必须覆盖数据的全生命周期，包括数据的采集、存储、加工和使用等各个阶段。

从数据采集阶段开始，对数据的全生命周期访问均需要被纳入访问控制管理模块进行，以防止因未授权的操作而造成数据安全风险。企业需要按照数据的责权划分、遵循最小够用原则对组织内人员进行相应强度或粒度的访问授权，并通过身份认证机制实现统一的数据访问管控。访问控制管理是贯穿数据全生命周期的基本能力要求。

在数据存储阶段，安全管理人员首先需要考虑因数据文件被非法访问或复制而造成的数据泄露风险。很多数据库和大数据平台提供了存储加密功能，可以要求对应的运维团队开启加密功能后存储数据，以有效防止该类事件的发生。有些数据库还提供透明加密功能，即数据在磁盘中是加密的，但是业务层看到的都是解密后的数据，这样的功能可以实现业务层对加解密的感知透明。如果数据库没有透明加密功能，那就需要在应用层实施数据加密，即应用层将数据加密后再写入数据库，从数据库读出来后再用密钥解密，相对来说对业务层有一定的侵入性。不同服务之间在存储上的访问隔离也是数据存储安全的重要要求，即需要有技术手段保证不同服务的存储空间相互不可见、不可访问，以实现存储上的基本安全防护。

在数据加工阶段，因加工而产生的衍生数据中可能会携带原始数据中的敏感信息，造成敏感数据在安全保护体系外的传播。数据安全管理人员需要了解衍生数据的敏感性，持续跟踪衍生数据的传播，并将敏感的衍生数据纳入分类分级管理。

数据使用阶段是数据安全管理的主要阶段，个人敏感信息、重要数据等在数据使用阶段发生泄露的风险较大。安全管理人员需要对高安全等级数据进行脱敏处理（如屏蔽个人身份证信息），以降低数据安全等级并保留业务使用价值，达到合规使用数据的目的。数据安全管理人员可以使用静态脱敏工具提供的屏蔽、变形、替换、加密、泛化、取整、加噪等脱敏算法和脱敏任务并发能力，高效、准确地完成对原始数据的脱敏处理，然后将脱敏后的数据提供给使用方。然而，由于数据使用频繁，静态脱敏通常会占用大量存储资源也很难保证时效，此时动态脱敏就成为非常有效的技术工具。动态脱敏技术不产生持久化存储的脱敏数据集，它由资源服务方（如数据库或API网关）在数据访问过程中根据数据保护策略在内存中完成数据脱敏，并直接将数据返回给数据调用方。

数据安全审计管理用于实现操作人对数据的操作过程行为留痕，但也是面对数据黑盒的审计，无数据流转信息、无全生命周期维度、仅针对操作人的孤岛性审计，不能解决针对分类分级数据的安全监测。因此，除了4A，还需要围绕数据资产建设细粒度的数据安全管理能力，需要的数据安全能力包括以下6个方面。

- 敏感数据发现与分类分级：通过内置的合规知识库，利用敏感数据识别技术全面、快速、准确地发现敏感数据，构建持续更新的敏感数据分类分级目录。
- 分类分级数据安全防护的策略管理：通过对分类分级数据的防护策略的统一配置和分发，实现数据在全生命周期中的一致性防护，不管数据是在存储阶段、数据库访问中或是被API服务获取，针对该数据的防护策略可以得到一致性的执行。
- 分类分级的数据目录：提供全局的分类分级资产目录，为数据安全管理人员提供直观的视图化管理能力。

- 个人信息去标识化：在数据使用过程中，提供丰富的去标识化算法，实现高效的静态和动态脱敏能力，帮助数据安全管理人员高效完成个人信息去标识化管理。
- 数据脱敏与水印：提供数据脱敏与水印能力，实现高效的静态和动态脱敏能力，帮助数据安全管理人员高效地完成数据提供与公开过程中的数据安全管理。
- 数据 API 安全：在数据 API 服务中，API 安全网关通过准确的流量监测，动态发现隐匿的敏感数据，及时触发安全告警，帮助安全管理人员及时进行安全治理。

企业数据平台（数据湖、数据仓库、数据中台等）是数据汇聚、密集计算并对外公开数据的重要业务场所，其业务目标就是为各类业务用户提供满足多样化业务需求的开放数据服务。由于数据服务的开放性，数据安全风险随着数据服务规模的增长而同步增长。为此，承担责任风险的数据平台运营者和数据安全责任人需要设计能够支持数据安全技术落地的安全架构，辅助进行有效的安全治理，保证数据平台的安全可靠运营。关于数据安全的建设，可以参考《数据安全与流通：技术、架构与实践》一书。

3.1.7 数据资产管理平台

数据资产管理平台是帮助企业落实数据资产管理的一系列工具，位于数据底座的上层，为各项数据资产管理和运营活动的执行提供技术保障。数据资产管理平台可帮助企业系统化地落地各种数据管理要求，它既可以是一个包含多个模块的平台软件，也可以结合多个软件进行数据模型管理、数据标准管理、数据质量管理、主数据管理、元数据管理和数据安全管理。

数据模型管理软件或模块的作用是帮助管理人员来有效地收录、管理和发布企业内的数据模型。数据模型是数据平台内归集的多样化数据的开发标准，是统一质量提升和业务化提升的关键。数据模型包括逻辑模型与物理模型，其中逻辑模型主要负责映射业务需求和数据表结构关系，物理模型负责将业务层的数据表结构转换为数据平台底层数据库的实际 DDL 等。数据模型管理工具需要提供逻辑模型登记和物理模型设计的功能，能够设计数据标准、维护标准映射和执行落标检查，从而可以建立企业内部统一的数据规范和建设标准数据。图 3-7 所示为两个实体的物理模型，可以看到两个实体在数据库中的字段定义以及通过 sla_id 字段来实现物理关联。

数据标准是数据平台内元数据和数据质量的统一定义，是后续数据资产化过程的参考依据。数据标准管理模块需要登记、编辑和管理企业内数据标准，一般包括基础类数据的管理标准（基础标准）和指标类数据的管理标准（指标标准）。图 3-8 所示为描述“家庭成员与户主关系”的基础标准，可以看到它的定义依据是国家标准《家庭关系代码》GB/T 4761—2008，采用数据长度不大于 50 的 string 类型来存储，业务定义上这个标准描述“毕业生家庭成员和户主的关系”。

sla_details_description
component
component_version
customer
description
product
sla_id
...
查看剩余1个属性
sla_details_oncall
cause_classification
create_time
oncall
resolved_time
resolver
sla_id
...
查看剩余1个属性

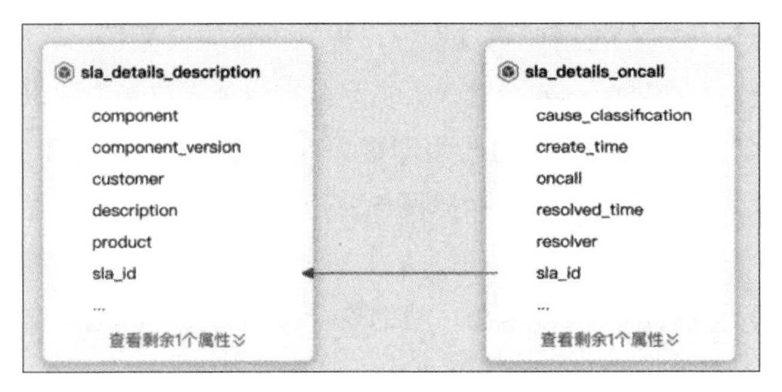

图 3-7　物理模型

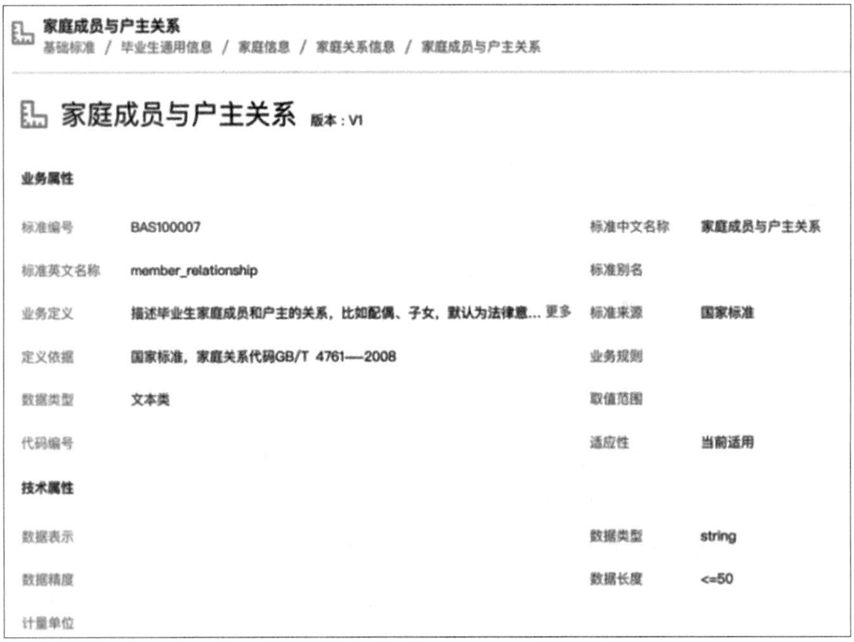

家庭成员与户主关系
基础标准 / 毕业生通用信息 / 家庭信息 / 家庭关系信息 / 家庭成员与户主关系
家庭成员与户主关系 版本：V1
业务属性
标准编号
BAS100007
标准中文名称
家庭成员与户主关系
标准英文名称
member_relationship
标准别名
业务定义
描述毕业生家庭成员和户主的关系，比如配偶、子女，默认为法律意... 更多
标准来源
国家标准
定义依据
国家标准，家庭关系代码GB/T 4761—2008
业务规则
数据类型
文本类
取值范围
代码编号
适应性
当前适用
技术属性
数据表示
数据类型
string
数据精度
数据长度
<=50
计量单位

图 3-8　描述“家庭成员与户主关系”的基础标准

数据质量管理模块或软件的作用是提高数据质量管理这项复杂工作的自动化程度和效率，需要提供的能力包括梳理质量模板、编写质量规则、查看质量报告、处理质量问题等。一些自动化和智能化的功能是非常关键的增值技术能力，通过一些基于数据相似度的推荐算法，让计算机自动给数据表关联质量规则和落实数据标准工作，可以将人力从重复的工作中解放出来，从而加速优化数据质量的进程。图 3-9 所示为某系统落标检查生成的数据质量报告，可以看到该任务对 60 个数据字段做质量检查，涉及的数据质量规则数量是 132 个，其中只有 31 个数据字段通过了质量检查，并在列表中展示了未通过的细节问题。

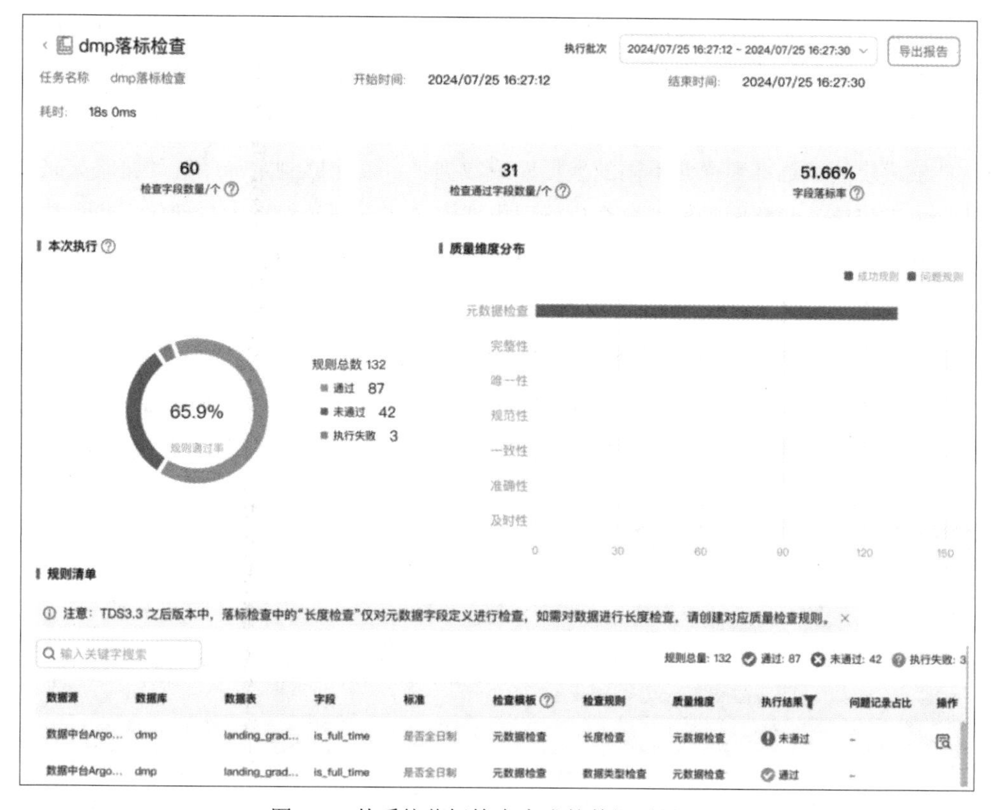

图 3-9 某系统落标检查生成的数据质量报告

主数据管理也需要工具软件来定义主数据、管理发布任务等，将主数据咨询活动后的高质量结果持久化并发布给企业内员工或其他应用。图 3-10 所示为“客户手机号”主数据，它是“客户主档”中“客户联系信息”中的一个数据，有对应的数据标准来保障质量，有明确的业务定义和业务规则。

客户手机号
主数据标准 / 客户主档 / 客户联系信息 / 客户手机号

客户手机号 版本：V1

业务属性

标准编号	MAS000004	标准中文名称	客户手机号
标准英文名称	cust mobile phone	标准别名	联系电话
业务定义	登记客户留存在系统中的三大运营商的手机号码	标准来源	国家标准
定义依据	遵循企业经营管理要求，结合国标对手机号码的定义要求进行系统录入	业务规则	不包含区号，仅保留三大运营商的11位手机号码
数据类型	文本类	取值范围	

图 3-10 “客户手机号”主数据

元数据管理软件或模块的作用是辅助数据管理人员做好企业内部的元数据管理。根据企业内元数据的特点，元数据管理软件或模块需要能够统一管理来自不同数据源的元数据，需要具备数据源管理、元数据采集与探查、数据资源目录等功能。其中，数据源管理功能要求元数据管理软件或模块能够连接和探索不同的数据库或数据平台，能够制定一些管理策略如采集的频率、并行度设置等；元数据采集与探查功能要求能够支持不同元数据的自动化采集，按照统一标准做元数据的多版本管理，甚至覆盖数据血缘的统一收集和管理；数据资源目录功能包括一个资源门户和资源管理规范，可以将不同数据库的差异化数据格式采用统一的数据格式进行盘点和规范化描述，再挂载到统一的资源目录上，以便于数据管理和用户发现数据。

图 3-11 所示为完成元数据自动化采集后的元数据目录，采集了给定的数据对象的概览、列信息、采样数据等，该界面不仅展示了技术信息和业务信息，还提供了编辑属性等功能。

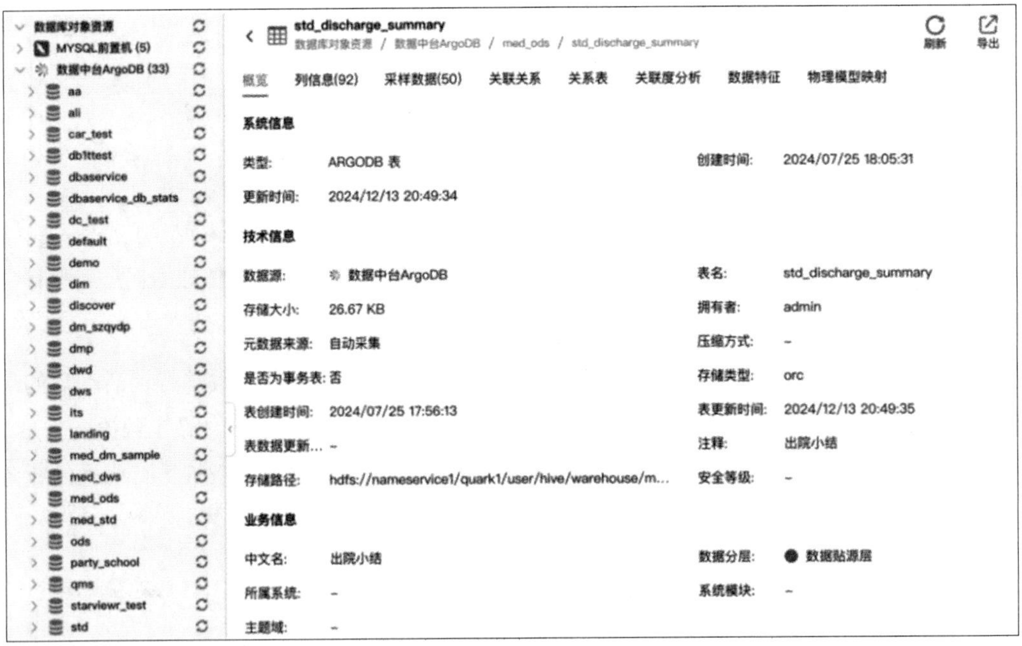

图 3-11　完成元数据自动化采集后的元数据目录

数据安全管理模块或软件的作用是避免数据开放在数据流通过程中的安全风险，按照法律法规的要求，企业必须完善数据内容安全和流通安全，而不仅仅是软件层面的认证、权限和审计。数据安全管理平台需要提供基于数据内容的分类分级，生成细粒度的安全策略，支持动态脱敏、静态脱敏、数据水印等能力，可以让安全管理人员灵活地配置，从而落实相关合规性要求。

此外，随着 AI 的快速发展，对非结构化数据的资产化逐渐成为刚需。数据资产管理平台需要提供对非结构化数据的管理能力，或者提供插件化的方式让各业务团队基于一定的方式来做定制化的开发，最终能够有效地管理业务积累的这部分数据资产。

以上介绍了对数据资产管理平台功能的要求。数据资产管理平台对企业来说是关键的基础软件，因此企业对它还有架构要求，其中最重要的便是稳定性与可靠性要求。由于数据质量检查任务会产生大量的无人驻守的数据计算任务，因此在架构上需要保证相关数据计算任务的稳定性和可靠性。

由于数据资产管理平台是提供给企业内的各个部分自助使用，这就要求平台具有多用户隔离性与协同工作的功能。数据标准管理、数据质量管理等相关软件是需要开放给所有数据管理人员、安全管理人员和各个业务部门内部的数据人员来使用的，因此需要提供比较强的自服务能力，这包括独立的工作空间、体系化的权限隔离机制，以及较低的开发启动成本。例如，企业数据管理部门统一制定数据标准，可以分发给各个业务组织或部门，由各个部门再结合自身的业务数据做进一步的完善。

3.2 数据资产运营

数据资产运营是指日常管理和使用数据资产的活动，以支持企业的业务操作和决策制定，通过逐步迭代来实现业务的数据化升级，甚至在一些场景下直接通过数据变现等方式实现数据价值。企业将数据资源变成数据资产的阶段，数据运营团队的核心工作是通过与业务团队配合持续运营，积累更多、更高价值的数据产品等资产，这些运营工作一般包括面向业务团队提供数据可视化、BI、数据标签、数据指标、数据洞察等数据产品，一般是在企业构建数据中台或数据集市的过程中持续推进。数据资产运营的目标是确保数据资产在企业运营中发挥最大效用，包括提高数据的可访问性、可用性和响应速度。近年来，很多企业和机构成立了专门的一级部门，以统筹包括数据资产管理和运营在内的相关业务。

3.2.1 数据可视化

数据可视化技术通过图形化的方式展示数据的变化、联系或趋势，使得数据更易于理解和分析，包括图表、图形、地图、仪表盘等多种形式。数据可视化可以通过 BI 系统来实现，也可以通过专业的软件来实现，如企业场景的数字化大屏、移动端可视化应用等。

将数据可视化等同于图表的美化是一个常见误区。如果将一个数据可视化项目的核心工程量放在美观大气的图表上，往往会导致可视化项目最终交付物不能产生实质性价值、仅停留在表面的问题。实现数据可视化需要理解数据，通过数据分析来掌握获取的数据的特征和关系，洞悉数据表达的内在含义，再通过图形化的工具来完成数据最终可视化。因此，在推进数据可视化的过程中一定要保证对目标有清晰严密的分析逻辑，有准确的基础数据和严密的表达方法，有相对友好的交互式表达内容和图表。数据可视化的流程如图 3-12 所示，可视化展示是用户 / 用户群和数据之间的核心交互方式，用可视化图表来反馈现实世界行为，为用户决策提供依据。

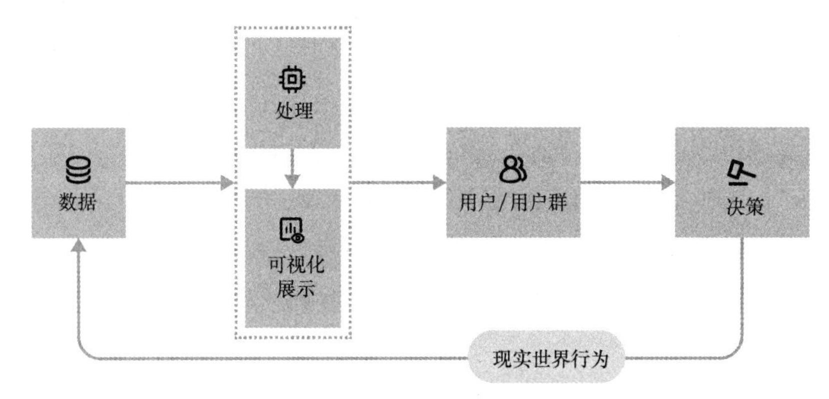

图 3-12　数据可视化的流程

对于结构化数据的可视化表现的形式，常见的有饼图、柱状图、折线图、雷达图、直方图、词云等，用于展示数据内部的关系和规律，数据可视化的目标可以抽象为对比、分布、组成和关系。

- 对比是用于找到不同元素（如两个不同企业的竞争性产品的销售额）之间或者同一元素不同时刻（某个企业某个产品在不同季度的销售额）的差异值，可以采用柱状图、折线图、面积图等可视化形式。
- 分布主要呈现数据的分布特征，用于发现异常数据、进行数据统计等，可以用于后续的数据过滤或数据建模，可以采用直方图、散点图、柱状图等表现形式。
- 组成用于描述数据的组成部分，可以采用类似瀑布图、树形结构等来表现。
- 关系一般要结合统计学方法做分析，用于查看不同数据子集之间的关联性，并通过视觉为分析者提供一些交互式的影响分析辅助，常用的是散点图、气泡图等。

海量数据的可视化是近 10 多年的核心使用场景，被分析的数据目标通常达到 TB 级甚至以上，不仅在科研领域，在金融、能源、运营商等行业也被大规模应用在日常经营活动中。由于这些行业的大数据特征，在技术上也对相关数据的可视化有很高的技术要求，因此一些计算机图形学相关的技术和理念（例如多尺度、层次化的数据管理技术）开始被应用到该领域，并充分使用数据采样、降维、合并等统计学相关技术，在保证原有数据实质特征的前提下，将压缩变换后的数据特征作为可视化任务的输入。在大数据的可视化渲染方面，也需要采用并行可视化技术，即不同的可视化模块由不同的计算单元来独立完成后统一展现。

时空数据的可视化随着近些年智慧城市、气象、航运、应急等行业的数字化推进，有非常强烈的需求。时空数据的特点就是快速变化，因此时间特征是该类数据分析的必要维度，帮助分析人员通过观测过去的数据来构建预测模型，从而预测未来的行为。

随着各个行业的数字化进程加快，数据可视化技术有很大的挑战和进步空间，主要表现在以下 4 个方面。

- 数据规模大导致的可视化表达能力问题。大数据有数据量级大、价值密度低、多样化的数据模态（时空、图等）特点，但可视化展现的屏幕空间是有限的，展现方式主要采用 2D 技术，因此如何有效地展示数据的关键特征，以及采用怎么样的展现方式，是开发者需要考虑的问题。
- 数据融合效率和系统的可扩展性也逐渐成为关键问题，由于数据分散在不同的数据库，可视化的关联分析往往需要类似知识图谱等技术来支撑，而底层需要的计算能力就更大，对系统的可扩展性要求就更高。因此，工业界逐步形成了在数据仓库或数据中台系统上构建一层独立的数据集市，用于支撑数据可视化系统的最佳实践。
- 提升可视化系统的快速响应和共享能力。数据驱动业务的增长，用户需求会快速反馈给可视化系统的开发者，导致新的可视化系统的开发周期受限于开发者的工作负载。通过一些低代码的可视化工具能够部分解决该问题。
- 满足多模态响应的需求，尤其是在一些特殊行业，通过语音、对话等方式对可视化系统交互已经逐渐流行，而大语言模型技术的快速发展也让该技术逐步有更高的可行性。微软于 2024 年就在 Excel 中内置了自然语言交互的 Copilot 技术。

3.2.2 商业智能

商业智能（BI）是企业分析应用的集合，旨在帮助企业从海量数据中提取有价值的信息，进而提升决策质量和业务效能，这个概念被定义为一系列技术和方法的应用，包括应用程序、基础设施和工具，通过获取数据、分析信息以改进并优化决策和绩效，形成一套最佳的商业实践。

BI 的本质是技术和工具的集合，通过处理原始数据，将企业的运营数据转化为有价值的信息和知识，产出对商业行为有价值的洞察，从而帮助管理者做出明智的业务经营决策。准确、高质量的经营数据是决策的基础，因此构建 BI 的过程包括数据的收集、整合、分析和信息的呈现。企业 BI 平台必须为企业提供全面、准确、及时的数据支持，帮助企业洞察市场趋势，优化产品设计，提高运营效率等。

在BI和数据分析领域，数据报表是至关重要的，可帮助组织监控业务运营、识别问题、发现机会并做出基于数据的决策。数据报表通常用于呈现KPI、趋势、分析结果或其他重要业务信息，以便管理层、决策者或相关人员可以快速理解数据并据此做出决策。

数据报表通常为特定目的设计，比如月度销售报告、季度财务报表或年度业绩回顾，数据通过图表、图形和表格等形式进行可视化，更易于理解和分析。报表中通常包含KPI，这些指标对于衡量组织在特定领域的成功至关重要。数据报表可能展示不同时间段或不同条件下的数据对比，以分析趋势和性能变化。一般企业都会建设数据报表平台，提供包括数据填报、即席查询、透视分析、多维分析和可视化仪表盘等功能，这样各个部门的业务分析师都可以使用数据报表平台来做自己的数据分析。

BI最初是由IT部门主导的、集中式的数据分析方法（集中式BI），由IT部门来建设数据基础能力，IT和数据分析团队共同开发数据报表，为企业高管提供用于决策支撑的数据信息。一般来说，这部分数据处理和报表有一定的复杂度，开发周期总体上较长，报表的内容通常固定，如按月、季度、年的业务监控类报表或者固定格式的报表，一般由IT人员提供专业的主题模型。随着数字化转型的深入推进，集中式BI给企业经营带来大量业务价值的同时，其局限性也逐渐突出，主要表现在面对快速演进的业务提出的新需求，IT部门的响应逐渐变慢，业务团队的数据分析团队又不能独立地完成相关的BI需求开发，IT部门逐渐成为瓶颈。因此自助式BI开始兴起并逐渐成为主流模式。自助式BI由各个业务部门的分析师自己来建设业务报表，而IT部门仅提供数据、报表平台，以及支撑报表平台的分析数据库。

自助式BI与传统BI的主要区别在于，面向不具备IT背景的分析人员，在没有统计分析或数据挖掘的背景下，也可以使用企业数据进行探索和分析，能够自行做数据过滤、排序、分析和可视化，能够根据自身需求来定义报表，甚至支持团队间的共享协作。因此自助式BI平台上的报表数量和样式更多，能够让业务分析人员自助访问数据和自助上传数据，并利用平台的工具自己做数据探索和需求开发，这样能极大地减少从提出需求到获取数据结论的响应周期，也对BI平台有较高的技术要求。从技术视角来看，报表平台能够让业务人员自助的方式包括如下4种。

- 提供Excel的交互方式，适应业务人员的使用习惯，但通过平台的计算能力解决Excel的数据计算能力不足的问题，保证业务用户“有数据”“用得惯”。
- 提供无代码的可视化拖曳能力，简化数据处理和统计的复杂度，提高易用性。
- 对于大数据量的数据分析，BI平台底层引擎降低数据建模的复杂度，对用户隐去复杂的数据模型设计、数据建模等只有技术团队才能掌握的技术，让业务团队可以有效地处理海量数据，提高敏捷性。

- 利用 AI 技术提高数据分析的智能化。基于自然语言处理（Natural Language Processing，NLP）、语音技术，融合 AI 的推荐算法，快速理解业务用户的意图，利用 AI 生成分析 SQL 并快速呈现用户的结果，根据用户反馈及时修正或推荐相关数据。随着大语言模型（Large Language Model，LLM）技术的快速发展，该项技术已经成为当前行业的重要应用。

3.2.3 数据洞察

数据洞察是指从多维数据中发现的有价值的数据特征。例如，在医疗数据中发现某种疾病的新增患者数目随年份的变化趋势，这可以为专项疾病的防控研究提供依据。数据洞察反映了人们对数据原始信号的某种特定规律的总结，首先是对原始信号的某种符号化抽象，再通过业务层的分析语义来解释，从而指导业务活动。

通俗地说，数据洞察就是从多维数据中获取可以长期使用的业务知识，用于指导后续的业务活动。为了达成这一目标，数据使用者必须紧密挖掘业务的实际需求、问题或挑战，从数据中提取有价值的信息后将其转换为具体的数据赋能业务的行动。数据洞察指导业务行动是一个多轮迭代的过程，如图 3-13 所示。对于某个给定的业务场景，技术团队从数据源中获得必要的数据后进行数据挖掘或数据分析，找到数据背后隐藏的信息 / 规则，然后与业务场景结合，辅助业务管理人员形成结论，并针对这些从数据产生的结论来制订行动计划。计划执行后，新的业务行动会产生新的数据，再观测这些数据是否符合原有的结论，可以再迭代整个过程。

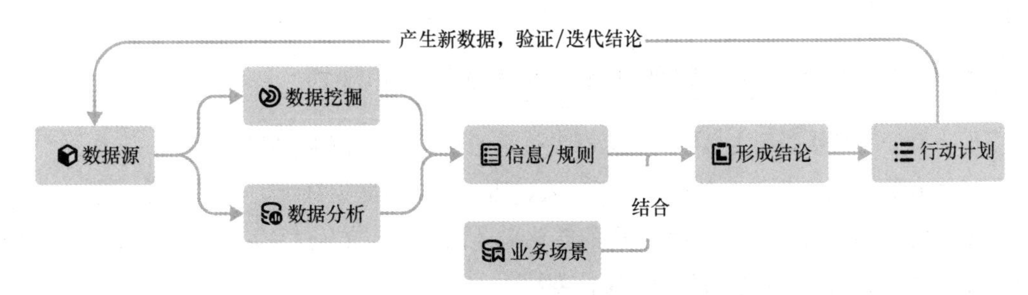

图 3-13　数据洞察指导业务行动的过程

数据、业务场景、衡量标准是数据洞察的三大要素。数据使用者首先要在业务层定义问题和需求，明确需要哪些数据，以及如何在具体的业务场景中使用这些数据；然后，从数据湖或数据仓库中获取必要的数据用于后续的分析或挖掘，输出洞察的结论，并为业务制订迭代的计划。在业务上线后，根据获取的新数据来验证前序结论的正确性和有效性，通过一个有效的衡量标准来制订后续的迭代计划。

机器学习模型和深度学习模型都用于在海量数据中通过计算（而不是依靠人对数据的分析）来找到一些有价值的数据规律，可以用于对长尾用户的个性化数据特性的分析和挖掘，从而辅助构建“千人千面”的应用场景，这是推荐系统和广告系统深度依赖的技术。协同过滤、因子分解机等传统机器学习模型仍然凭借其可解释性强、硬件环境要求低、易于快速训练和部署等不可替代的优势，在客户智能服务领域拥有大量使用的场景。读者可以参考6.1节了解推荐系统的更多内容。

3.2.4　数据标签

数据标签的主要作用是对现实世界中的客观业务对象进行数字化、结构化的描述，帮助业务人员和系统以数据的形式抽象、观察、理解、分析业务对象。数据标签与一般属性的区别在于，一般属性往往是原始的数据值，是从支撑业务过程视角定义的，是“业务数据化”的产物。数据标签既可以是原始的数据值，也可以是基于原始的数据值“加工处理”后的数据结果，是从支撑新的数字化应用视角定义的新数据。

数据标签体系是企业面向自身的数字化业务需求，形成的一整套有完整、规范结构的标签集合，它定义了每个数据标签的具体内涵和数据标签之间的组织结构关系。单个数据标签在内容上由名称、定义、取值规范、数据标签之间的关系等基本要素组成。基于对业务对象的标注结果，企业可以开发应用对内容或产品的智能推荐，或触发特殊的业务事件。从技术组成上看，数据标签分为原子标签、衍生标签、组合标签等。基于数据标签的应用场景，包括自助取数、内部数据共享和数据标签分析等。

案例：某新能源主机厂的数据标签体系的设计和规划

下面来看一个某新能源主机厂的数据标签体系的设计和规划的真实案例。

为了做好数字化运营，该主机厂将车、人、店、顾问等数据线上、线下打通，建立了自己的One-ID数据体系。为了提高各个阶段的转化率，该车厂建立了“人-车-店-顾问”的数据标签体系，持续优化数据标签的维度和置信度。

针对消费者视角，团队定义了车主和线索的属性、事件等事实标签后，可以随意组合来构建用户标签体系，经过持续的工作，团队逐步建成了包括标准型标签、统计型标签和分析型标签在内的用户标签体系，以及包括车型、配置、购买时间等的车辆标签体系，如图3-14所示。

标准型标签主要包括一些基础属性标签，如人口统计学标签、社会属性标签和位置类标签等，可以直接从原始数据库中抽取或提炼，如性别、年龄段、工作属性、地区、首次购车时间、上次保养时间等。

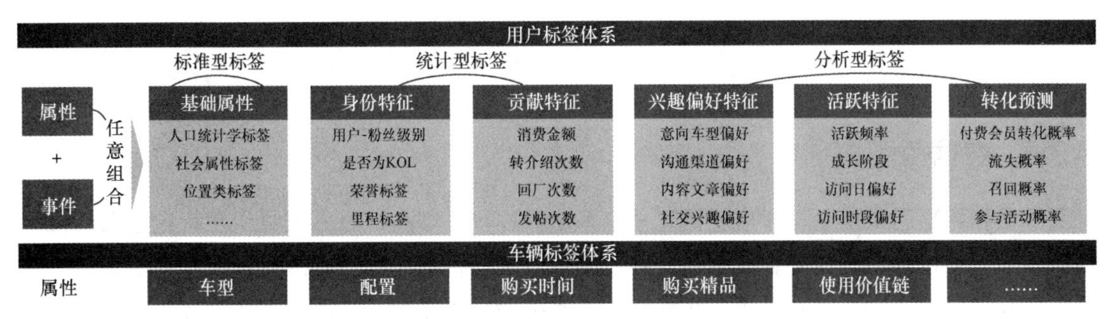

图 3-14 多维度的数据标签体系

统计型标签包括身份特征和贡献特征，如用户 - 粉丝级别、是否 KOL、消费金额和转介绍次数等，这些标签需要通过一些统计程序来获得，如消费金额可能涉及车和多个配件，需要汇总统计以确保数据准确。

分析型标签就是结合各种分析算法形成的一些贴合推广方法的标签，包括兴趣偏好特征、活跃特征和转化预测，如意向车型偏好、活跃频率、付费会员转化概率等。这些标签信息一般是通过算法计算得到，如“访问日偏好”就是根据历史访问的行为推测的，相对来说准确度要低一些。

基于这些数据标签，运营团队就可以做到精准的用户运营。首先根据数据标签对用户进行分层，然后基于分层结果提供相应的增值服务或产品，这时就需要为用户增加一些新的规则标签。例如，希望针对“25 ～ 35 岁的女性白领车主”做一些活动，那么车厂可以将“女性”“25 ～ 35 岁”“白领”这 3 个基础属性组合为一个新的规则标签，从而更好地选择目标群体。

在线上运营过程中，随着运营的持续深入，用户的标签维度逐步增加，很多时候靠人工增加的规则标签已经不能满足要求，主机厂只能依靠模型来做数据选择，这个时候就需要匹配算法的模型标签。例如，主机厂想找与旗下某个车型的用户特征相似的 100 万潜在客户，并通过抖音、微信等渠道来推广一些活动广告，这时候就需要使用人群优选模型。主机厂需要从自己的私域数据中，选择出旗下车型 10 万用户的数据，并从中抽取相关的用户特征和标签，再通过算法去匹配有相似特征的 100 万潜在用户。

数据标签的维度和深度需要持续优化，不仅有常规的基于属性的标准型标签，还有基于人为规则组合的规则标签，以及用于算法模型选择的模型标签，如“重要价值客户”“有增换购意向”等深度加工出来的数据标签。

除了维度完备，还需要关注数据标签的实时性，若用户的行为发生了变化，对应的数据标签就需要实时更新。例如一个数据标签为“30 天活跃度低”的潜在用户，在中秋假期密集地线下看车、试车，那么主机厂就需要及时更新对应的数据标签，并针对此类用户进行业务推广。

另外每年的几个大型车展期间，各类活动数据会大量产生，这都需要企业对数据标签有实时的更新能力。

3.2.5　数据指标

数据指标是用来衡量、评估或描述某个系统、过程、产品、服务或组织在特定方面的量化信息，企业通过各类数据采集系统获取原始的业务活动数据之后，基于业务规则或数据模型进行指标计算，形成对业务对象或业务活动在某个维度的客观评价。在企业的经营活动中，数据指标主要用于数据分析和业务决策，为管理人员提供一个相对科学的参考数值，应用场景十分广泛。

数据指标体系对业务经营有非常高的管理价值，通过数据指标建立业务量化衡量的标准，能够帮助企业基于数据建立对业务发展状况的客观认知，并指导业务管理。企业针对各业务单元都需要建立数据指标体系，从而提高数据分析的效率，通过过程指标和结果指标、上下级数据指标间的关系，帮助企业快速找到关键指标波动的原因，从而及时调整策略来优化业务逻辑。

数据指标体系的开发过程是数据驱动业务的重要过程，一个好的数据指标体系能够直接指导业务管理的过程并引导业务持续优化。首先要明确企业数据指标体系的目标，确定企业级统一的关键指标，从而减少重复工作，这需要数据指标的设计人员基于不同业务线和部门的需求做深度的需求分析，合理划分业务主题。在指标设计阶段，设计团队需要明确指标的使用者，设计指标的基础、组成、分类等需求，再交由数据工程师将设计的指标开发并落地，并进一步将开发的指标应用于业务报表、分析平台等，确保指标能够在不同的应用场景中发挥作用。此外，数据指标体系的持续优化是非常关键的过程，业务运营团队需要通过数据分析和反馈，不断优化和调整数据指标体系，以适应业务的变化。

数据指标体系是对业务对象的数据体系化的汇总，用来明确指标的口径、维度、指标取数逻辑等信息，可以有效衡量业务在某个方面的“综合表现”。数据指标的典型应用是电商的指标监测系统，电商平台的运营一般包含UV、PV、GMV、CTR等一系列指标的运营指标体系，这些用户行为数据可以帮助产品和运营人员深入理解用户行为，优化产品细节，提升用户留存和转化，发现新的用户增长点。

案例：某新能源主机厂的数据指标体系

某新能源主机厂的业务团队建立的围绕“人 - 车”的数据指标体系如图3-15所示。在需求开发阶段，主机厂的数据指标体系被分为拉新、激活、留存、贡献、推荐和成长体系六大业务主题，并基于这些主题分别定义了各个阶段的关键指标，如App激活量、DAU、MAU（Monthly

Active User，月活跃用户数）、7 日留存等主要指标，并推动数据工程团队做好各种数据埋点、分析，以及与外部公域数据的综合分析工作，完成数据指标的加工。为了做好持续运营，运营团队针对主要指标设置了正常阈值，并对不正常的数据做异常告警，相关团队可及时针对异常数据调整业务策略或管理行为。

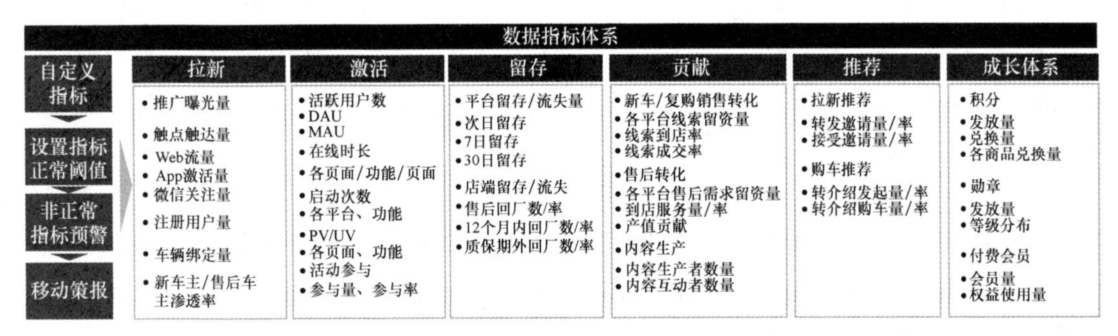

图 3-15 某新能源主机厂的数据指标体系

企业管理层关注的数据指标体系更加面向最终的结果，可以基于这些指标来观测各个业务运营团队的实际运行效果。数据指标能够建立起对业务最直接的评价体系，因此整个数据指标体系的建立需要科学、严谨，数据指标的结果要保证准确性和实时性，业务主题的设计要尽量保证数据指标能够覆盖业务的全链路，从而支持各种根因分析和预测分析。

另外需要注意的是数据隐私保护问题，随着《中华人民共和国数据安全法》的进一步深化，基于私域流量的数据经营，需要合规地使用隐私保护技术来保障用户的隐私安全，尽量使用联邦学习、匿踪查询等新技术来合规完善企业数据标签，管理层也需要设定一些数据隐私保护相关的数据指标体系来监督该项工作的落地。

3.2.6 数据资产盘点与编目

数据资产运营的起点就是协同业务和技术部门完成数据资产盘点工作，将数据与业务衔接起来，梳理出哪些数据可以服务哪些业务，哪些业务可以反哺数据资源，建立好数据衔接通道并做好数据安全管理。

数据资产盘点阶段的主要目标是提供给业务方可以直接使用的数据资产。数据资产盘点的实施一般是通过访谈和资料分析等方式了解企业内的各业务系统，确定各个业务系统中现有数据的数据特性、数据流向、源系统特性、源系统间关系、数据表特性、属性情况，作为数据资产盘点的基础。经过企业内大量数据管理人员的工作积累，内部将逐步积累起大量的可被各个业务使用的数据资产，此时企业就需要对这些潜在价值很大的数据资产进行管理，并提供多样化的服务方式，让不同业务部门使用。企业一般要建立一个企业的数据资产目录或门户，支持数据管理者来挂载数据资产，而业务用户能够基于数据资产目录来做检索，更好地发现数据，了解数据分布和数据信息溯源。

数据资产目录是数据盘点工作的核心成果，是数据资产成本计量过程中的必要保障，需要相应的组织和机制支撑。数据资产目录是企业内部理解和查找数据的重要工具，通过数据资产盘点对数据资产进行归集、整合、编目，以摸清数据资产，实现直观便捷的数据资产检索、管理和应用，从而实现对数据资产进行单独的识别与标识，能据此有效登记、检索、追溯数据资产的来源、构成、存储分布、用途等。

数据资产目录可以采用结合自上而下和自下而上的设计方式。

- 自上而下：从业务条线出发，结合业务流程和业务管理范围，并考虑数据认责的便利性。
- 自下而上：从数据特征出发进行细化归类，包括数据对象、过程、数据安全级别、数据使用需求等。

案例：某企业按照3级数据分类方式组织数据资产目录

某企业采用了3级数据分类的方式做数据盘点和目录挂载，如图3-16所示。

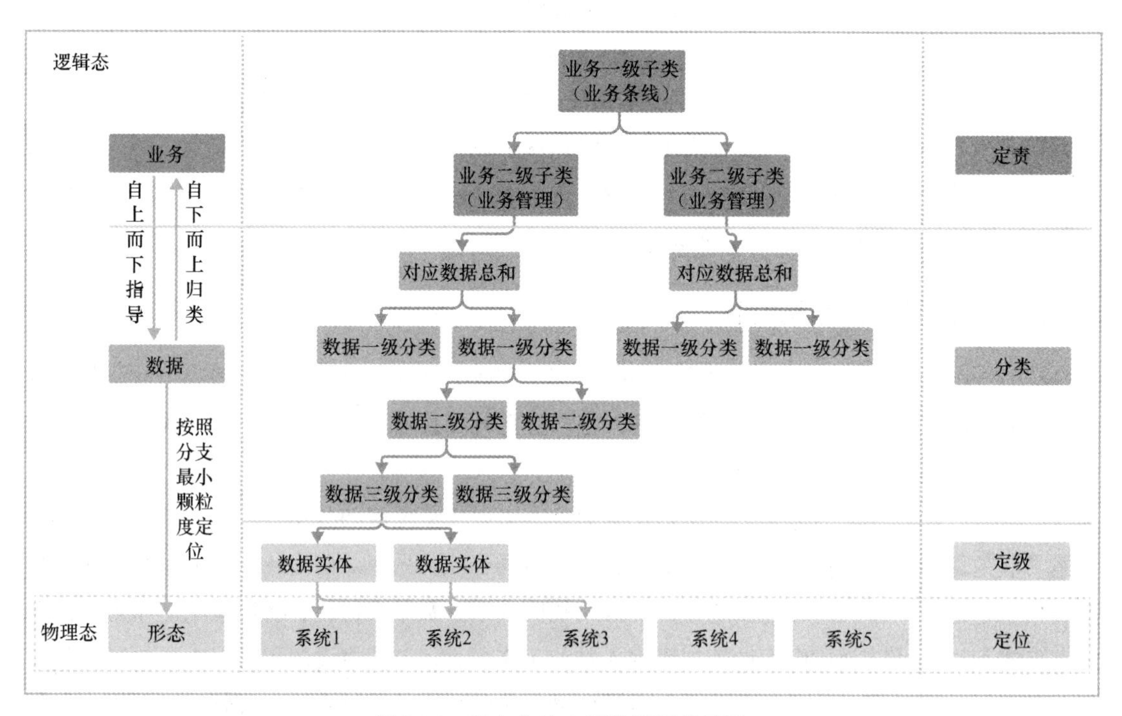

图3-16　某企业的3级数据资产目录

由于数据资产盘点需要数据管理团队和各业务单元的持续合作，该企业首先按照业务条线和业务管理域安排对应的业务团队和数据团队成员，并落实责任机制。组织保障完成后，数据资产采用了3级分类，按照业务条线划分，二级按照业务管理范围（包括业务对象、业务活动等）划分，三级资产目录按数据对象、过程和数据特征进行数据归类。三级的分类一般对应到一个具体的数据实体，对应到一个系统中的数据对象。最终这些盘点好的数据都挂载到软件上，也就形成了企业的数据资产目录。

数据资产目录的层级可以按照企业的管理要求来划分，不过不建议层级过深，3到4级比较常见，否则管理成本和共享成本会增加。

案例：某企业按照4级数据分类方式组织数据资产目录

某企业按照业务主题（包括战略管理、党建工作、财务资金等）来做数据资产的盘点和挂载，如图3-17所示。该企业的挂载目录分为4级（为了保护企业的商业秘密，该图仅显示一级），采用“业务域 + 主题 + 部门 + 项目”这样的层级结构，基本上可以满足各业务主体间的数据检索和共享需求。挂载的数据资产包括结构化数据和非结构化数据，并且建设了自动化的数据产品上架、分享和推送的流程。

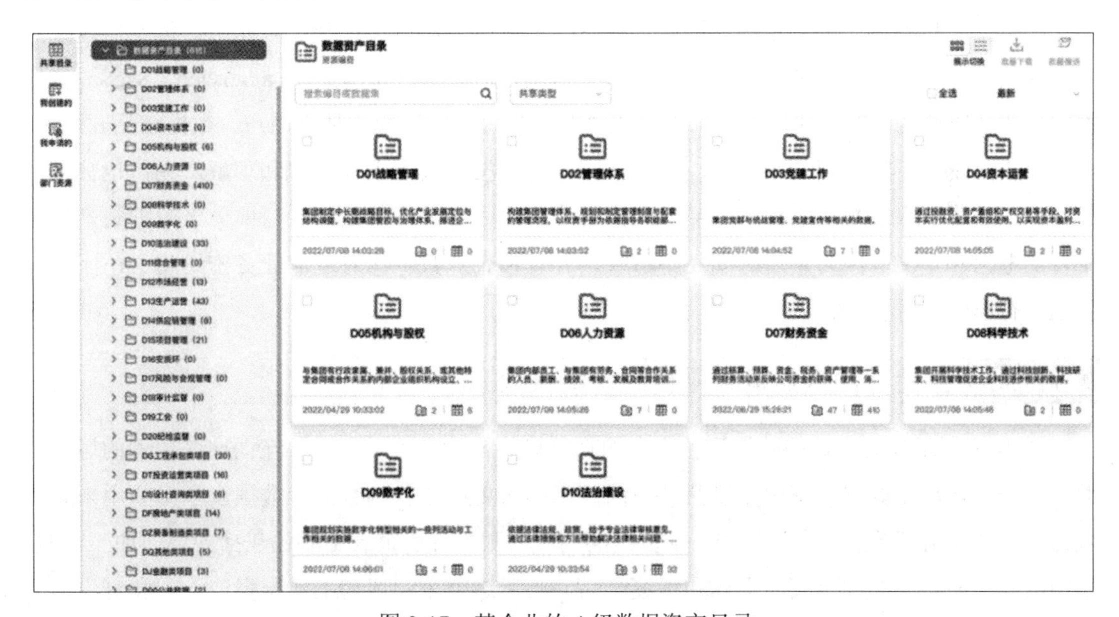

图3-17 某企业的4级数据资产目录

按照业务主题来做数据资产目录的挂载，对企业内数据治理的成熟度要求比较高，常用的数据资产目录挂载方式还有按照组织架构（适合企业）和按照行业（适合政府或综合性集团）。

按照组织架构的数据资产目录建设起来比较容易，不需要各部门提前完成数据业务化治理，可以按照“企业＋部门＋项目组”这样的结构，由各个权责部门来定义。按照行业的方式本质上与按照业务主题挂载类似，因为政府或综合性集团的业务一般就是按照行业展开的，在此不做赘述。

为了保证后期的可管理性和便利性，数据资产目录在技术上要保障以下几点：

- 数据资产目录的编目体系清晰，便于维护和管理日益增长的资产；
- 数据资产通过挂载目录的操作来保障数据资产的识别范围和准入原则；
- 数据资产目录上的信息归集需要包含资产的业务定义、存储位置、权属方等业务属性、技术属性、管理属性各方面的信息；
- 数据资产目录需要具备资产的检索、关联资产查找、资产来源或用途去向的血缘分析等遍历能力；
- 数据资产目录需要能够被便捷地用于指标开发、标签定义、质量管理、算法模型构建等工作，最好有对应的系统以方便地推送接口。

3.2.7　数据资产运营平台

在数据产品的运营上，企业可以通过建设一个数据产品市场让开发者和用户都能快速找到相关的数据应用或产品。这些产品可以按照面向软件即服务（Software as a Service，SaaS）或数据即服务（Data as a Service，DaaS）模式来区分，也可以按照面向最终用户、数据产品开发者、数据分析人员等不同的用户来区分，方便不同的用户按照其需求来发现和理解产品，也让更多的开发者和分析人员来贡献数据产品，从而逐步打通内部的运营闭环。目前关于数据资产运营平台的概念和定义，因为发展时间还不够长，并且和企业数字化对应的业务密切相关，因此业界还没有形成通用的模板。

案例：某企业的数据运营平台的功能模块

图3-18所示为某企业的数据运营平台的功能模块，读者可以参考。在面向使用者的运营层面，该企业建设了数据共享中心以帮助不同部门的人更好地找到数据，数据安全中心用来解决数据资产在使用环节的隐私保护和分类分级的问题，数据分析报表中心还包括各部门加工好的、期望给其他团队共享的报表、指标和标签产品。由于这个企业规划了数据资产入表和对生态公司提供数据服务，因此数据运营平台中还包括数据资产入表相关的模块以及支撑数据资产流通的一些功能模块。

在数据资产的建设初见成效后，接下来企业就需要落实数据共享和配套的数据分析工具，让更多业务部门或组织可以使用这些数据资源或数据资产开展一些数据分析工作，以及后续的数据产品开发工作。这个阶段的平台建设工作非常重要，它是实现数据服务能力的第一阶段，在不同的行业有不同的建设侧重点，一般包括面向特定业务部门直接提供裸数据的数据集市、按照企业内多个业务属性规划的已经加工好大量数据服务的数据中台、面向数据分析人员提供的按需做数据探索并且有更严格的数据安全管理的数据共享平台，以及配套的分析工具平台建设如数据科学平台、BI 分析工具等。

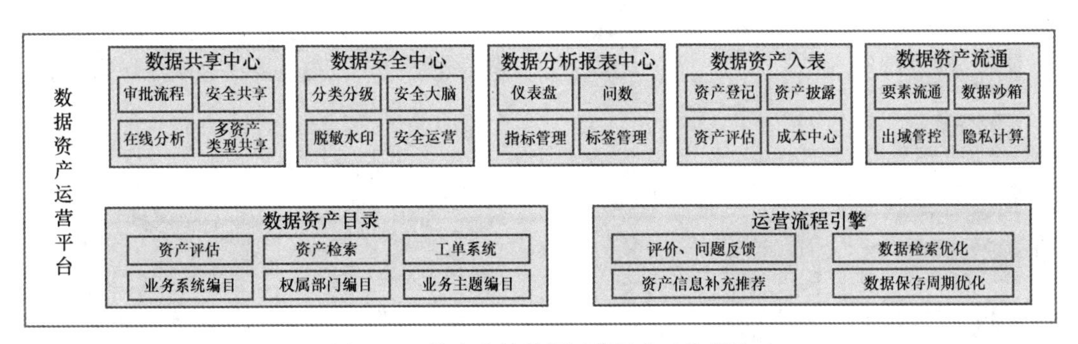

图 3-18 某企业的数据运营平台功能模块

下面介绍银行业的内部数据共享实践。银行业的数字化建设从 21 世纪初开始，最早采用了基于 MPP 数据库的数据仓库的建设，配套重要的业务建设独立的数据集市，或者直接在 MPP 数据库中建设数据集市。随着数据分析业务的增加和数据科学类业务的兴起，银行业开始基于大数据平台来建设数据仓库或数据湖，再配套独立的数据实验室给数据科学团队做业务探索，为一些重要的业务部门（如监管、审计、风险等）建设数据集市，并且科技部门都在尝试建设数据中台，为零售、同业、对公等业务赋能。大型商业银行科技部门的系统建设都相对完善，也具备较好的可参考性。近几年，随着各个业务系统的复杂度和工作负载的持续增加，大型银行开始采用云原生的方式以多租户技术来做整体系统的资源管理，逐步形成了图 3-19 所示的数据共享的架构。

值得一提的是，部分数据分析业务可能会临时性地对某些未加载到数据湖或仓库中的数据做整合分析或机器学习建模，近年来数据联邦分析技术又逐渐兴起，一般是通过一个支持数据联邦的 SQL 计算引擎为数据分析人员提供开发入口，而这个计算引擎可以同时对接包括数据湖和一些数据库在内不同的数据源，甚至可以支持两个不同数据库系统间的数据关联等计算任务。这种方式可以让数据分析人员无须关注底层数据架构的异构特性，数据管理人员也无须针对各种临时的数据分析任务而将所有数据都整合到数据湖中，因此总体上提高了工作的灵活性，可以作为数据共享与分析的一个重要补充，后文将进行详细介绍。

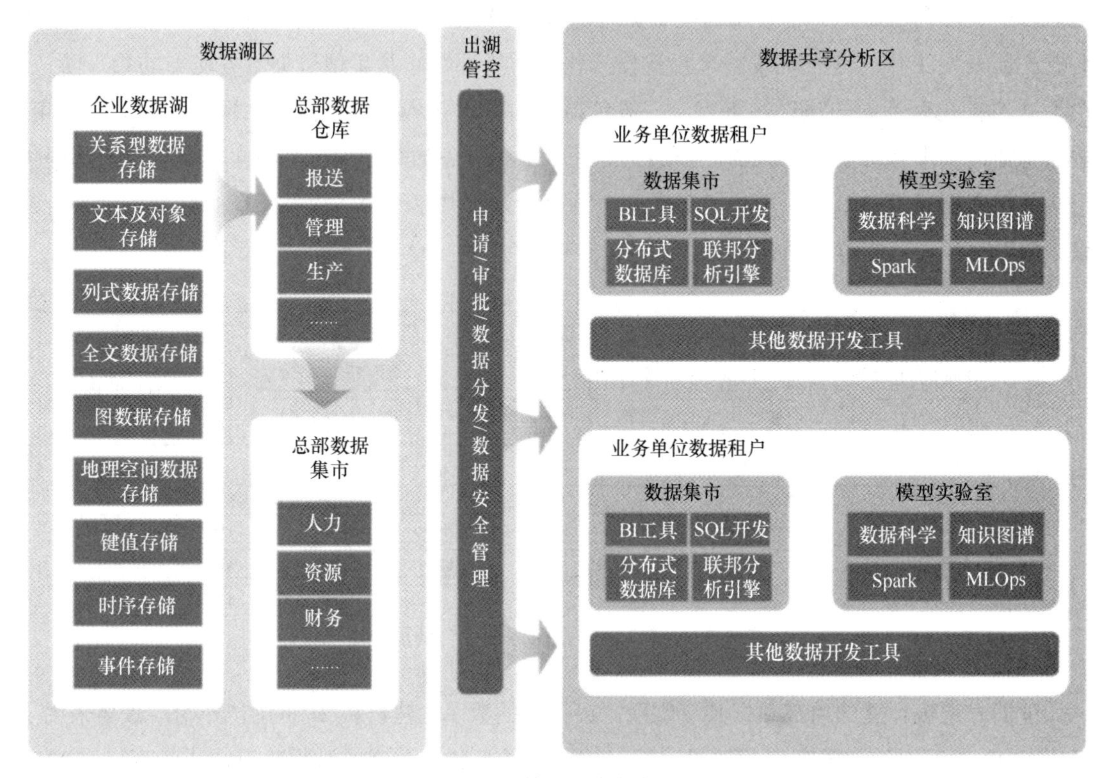

图 3-19　数据共享的架构

3.3　数据平台架构

本节将通过介绍数据仓库、数据湖、数据集市和数据中台来介绍数据平台架构。

3.3.1　数据仓库

数据仓库（Data Warehouse）是支撑企业数字化业务创新和运营的基础技术平台，可以提供数据驱动、精准决策的全方位技术支撑。在数据库技术发展初期，其主要聚焦于满足业务交易处理需求，相应的数据分析功能较为薄弱。而随着企业数字化进程推进，对数据分析与决策支持的需求日益凸显，数据仓库技术应运而生。数据仓库是恩门在 1991 年出版的 *Building the Data Warehouse* 一书中所提出的：数据仓库是一个面向主题的、集成的、相对稳定的、反映历史变化的数据集合，用于支持管理决策。

数据仓库通常只存储结构化数据，提供业务报表、历史数据查询等能力，主要用于支撑企业管理层的分析与决策场景。由于数据仓库直接用于管理层分析决策，因此对数据的质量要求很高，数据的一致性和准确性要求贯穿数据整个生命周期。

数据在进入数据仓库前需要经过清洗、转换和整合，进入数据仓库后再按照不同的分析主题（如经营管理、零售营销等）对数据建模和优化，以保障管理人员的快速业务分析要求。存储层一般会采用分布式分析型数据库、MPP 数据库或其他提供 ACID［即原子性（Atomicity）、一致性（Consistency）、隔离性（Isolation）、持久性（Durability）］能力的数据平台来构建，以提供高性能的数据分析，并充分使用数据库索引、分区等技术来加速数据查询。由于数据仓库中产生的报表一般都用于企业管理层或业务层的数据化决策，因此对最终数据的准确性要求非常高，数据仓库对数据的来源和管控都相对严格，数据质量管理严谨，数据模型需要满足业务侧的功能和准确性要求。另外，数据仓库中的计算可能会涉及大量的数据的碰撞和对比分析，加上各个业务部门可能有高并发的访问需求，因此数据仓库有很高的性能要求。数据仓库需要更多的前期投资来建设和维护，但后续业务稳定性相对较好。

近年来，一些企业需要对一些实时的数据进行分析并基于其做决策，因此出现了实时数据仓库的需求。例如，零售电商行业需要根据实时的销售数据来调整库存和生产计划，风电企业需要处理实时的传感器数据来排查故障以保障电力的生产等。实时数据仓库需要新增数据的实时接入和基于窗口的统计分析能力，即数据可以通过各种方式完成实时采集，然后数据仓库可以在指定的时间窗口内对数据进行处理、事件触发和统计分析等工作，这对实时计算引擎和数据存储都有更高的技术要求。为了让这部分数据后续可以继续用于机器学习、可视化分析和实时调度类应用，在完成实施类业务计算后，这些实时数据还会再次存入历史数据表，这样可以用于每天夜间的数据仓库的加工。

数据仓库的建设过程如图 3-20 所示，根据企业管理和业务部门的需求，从相关的业务系统中及实时业务数据中加载业务数据，也可能从非结构数据源中加载部分非结构化数据。这些数据可以在加载过程中由独立的 ETL 软件来从源业务系统中抽取（Extract）数据，然后按照必要的管理要求做转换（Transform），之后加载（Load）到数据仓库的底层存储中，也就是创建的 ETL 流程。数据转换可能需要大量的计算，若使用 ETL 工具来完成这部分计算，总体计算能力就受限于工具本身的计算能力，因此可能有较大计算瓶颈。而采用 ELT 流程可以充分利用数据仓库底层的分布式计算能力，不存在计算瓶颈，因此数据转换工作较为体系化，可避免计算能力不足。目前 ELT 方式逐渐成为行业的主流。

将数据加载到数据仓库的存储后，数据仓库建模人员需要针对需求来有效地设计数据仓库的数据架构。在实际建设过程中，数据仓库一般采用逻辑分层的设计方法，如图 3-21 所示。数据仓库采用层次化设计方法，主要是为了提升数据使用效率、方便问题定位、减少重复开发、统一数据口径等问题。

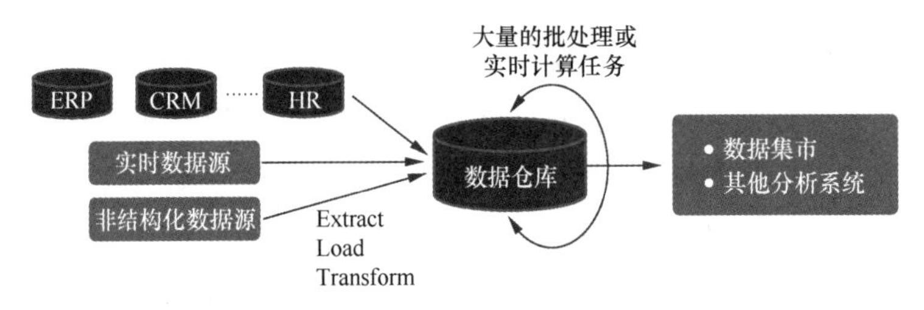

图 3-20　数据仓库的建设过程

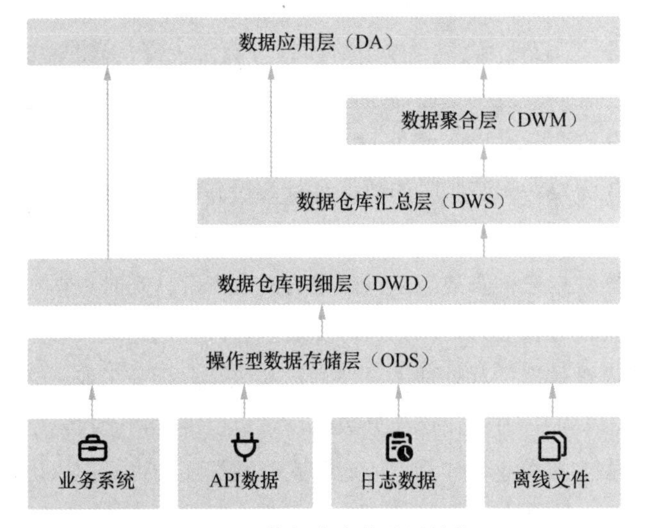

图 3-21　数据仓库的分层结构

数据仓库的源头是企业内部的业务系统、API 数据、日志数据和各种外部数据等，这些数据有些是以离线的方式提供、有些来自实时采集，取决于数据源系统能够为数据仓库提供数据供给的方式。数据源通过 ETL 或 ELT 流程将这些数据加载到数据仓库的存储引擎或数据库中，这一层通常被称为操作型数据存储（Operational Data Store，ODS）层，又叫贴源层，很多时候这部分数据使用的数据库 Schema 都与数据源在业务数据库中的 Schema 一致，这样可方便后续数据问题定位时找到源数据。

数据仓库明细（Data Warehouse Detail，DWD）层将一些原始数据的分类更加细化，根据业务需求对数据做必要的清洗和加工，尽量保证数据的一致性、准确性和完整性。数据仓库汇总（Data Warehouse Service，DWS）层基于 DWD 层的数据做轻度汇总，生成一系列公共指标，可以理解为对关键维度进行聚合。数据仓库聚合（Data Warehouse Middle，DWM）层又称作数据集市或者大宽表，如用户表、流量表、订单表、发货表等。一个表就会包含多个很多字段，涉及多个业务过程。数据应用（Data Application，DA）层主要是基于业务的个性化需求生成的数据表。

传统的数据仓库主要围绕业务主题来建设，而随着企业业务的持续发展，数据仓库的应用范畴也持续扩大，一个重要场景就是要为数据分析挖掘提供高质量数据，以及为实时业务提供独立的数据服务。图 3-22 所示为一个金融机构采用大数据技术建设的新型数据仓库，涵盖了实时和离线的数据仓库，整合了外部数据（大量非结构化数据）。除了传统的主题数据区（采用上文所述的层次化结构来建设的），还新增了独立的分析挖掘模型数据区、历史归档数据区、实时数据区和应用集市数据区。

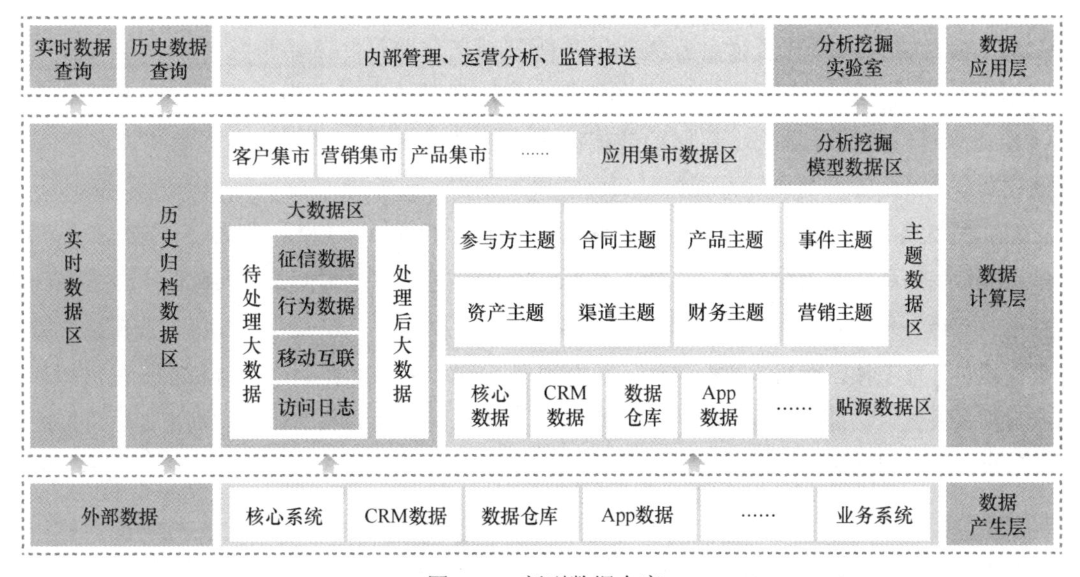

图 3-22 新型数据仓库

我国大型企业从 21 世纪初开始建设企业数据仓库，当时底层数据库多采用的是 Teradata、Vertica 等 MPP 数据库。随着业务发展，基于 MPP 数据库的数据仓库遇到了如下一些问题。

- 成本问题。由业务发展带来的数据增长非常迅速，基于 MPP 数据库的扩容成本非常高。
- 技术架构问题。随着实时数据分析的业务需求逐渐平民化，以及机器学习和数据挖掘已经成为企业数据架构的刚需，MPP 数据库在架构上难以支持这些新技术。

因此，图 3-22 所示的企业数据仓库选择基于大数据平台而不是 MPP 数据库来建设，主要考虑因素有两个：（1）MPP 数据库不能提供实时数据处理需要的实时计算功能，（2）数据挖掘和非结构化数据处理常用的 Spark、Python 生态等技术栈都依赖大数据平台技术栈，MPP 数据库对这块的支持要薄弱很多。随着国产数据平台厂商的快速崛起，基于国产数据库或大数据平台的数据仓库建设如火如荼。2023 年 2 月，Teradata 宣布退出在我国的直接运营，这也标志着传统基于 MPP 数据库来构建数据仓库逐渐成为次要方案，未来的数据仓库一定要同时满足“离线 + 实时数据”的计算存储要求，能够支撑高性能的统计分析与机器学习业务，并且成本更低、可扩展性更好。

3.3.2　数据湖

数据湖（Data Lake）是一种企业数据架构的实现方式，这个概念是在 2010 年的纽约 Hadoop World 大会上被提出来的。在物理实现上，数据湖是一个存储库，将数据以原始格式直接存储，允许用户以任意规模存储所有结构化和非结构化数据，并支持对数据进行快速加工和分析。这意味着来自各类业务系统的结构化数据、半结构化数据都可以直接存入数据湖，而无须先对数据进行结构化处理。数据湖需要汇聚各类原始数据，尤其是各种非结构化数据，因此容量大、存储的数据模态多，技术上需要采用分布式架构和多模态的存储引擎。

图 3-23 大体展示了数据湖架构，它从各类业务系统（ERP、CRM、HR 等）、实时数据源和非结构化数据源中加载大量数据，一般不需要经过 ETL 过程，更多的是将数据同步或复制到数据湖中，后续一般也不需要经过类似数据仓库的复杂建模流程，仅做一些数据一致性检查等基础数据质量管理工作，然后为数据仓库、数据集市、各类 AI 或数据科学的分析系统提供基础的明细数据，或者直接提供 AI 技术栈，让数据科学家在数据湖上建模，由数据湖来提供可扩展的计算能力和数据存储服务。

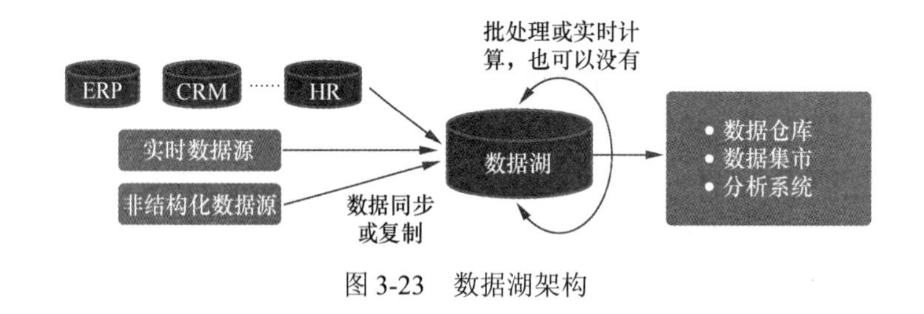

图 3-23　数据湖架构

创建数据湖的初衷是应对数据仓库无法处理数量、速度和种类不断增加的大数据的情况。数据湖和数据仓库的主要目标用户如下。

- 数据湖的主要目标用户是做数据科学和 AI 的团队，他们需要归集大量非结构化数据并为 AI 团队提供必要的存储和计算服务，底层的数据 Schema 一般是不固定的，对存储成本和计算成本相对敏感，数据治理的要求相对较低，操作这些数据的程序包括 SQL 脚本和 Python 模型等。对于要拥抱 AI 的企业，数据湖可以解决大量的场景问题，对于数据科学家尤其有用。由于数据湖一般采用大数据平台技术来建设，底层提供分布式计算技术，与主流的 AI 框架或代码库（如 Spark MLlib、PyTorch 等）都有很好的适配性，数据科学家不需要单独建设独立的 AI 平台并将数据从数据湖中加载过去，而是直接将其机器学习任务发布到数据湖平台上，由数据湖计算引擎来完成计算，从而快速完成算法的验证。经过多轮迭代验证，对应的算法模型或数据特征达到较高的质量后，再将对应的算法模型发布到 AI 平台上。

- 数据仓库的主要目标用户是业务部门和管理部门，面对的是他们的数据报表需求，其存储的数据多是结构化数据，数据仓库里面的数据 Schema 是严格管理并保障数据质量的，其提供的数据主要用于 SQL 统计分析。

数据湖中存储的是原始数据，通常为 PB 级且没有复杂的业务建模，主要做一些基础的数据治理或者模型建设工作，更多地为企业内部提供公共的数据存储和探索能力，并为下游的数据集市、数据仓库或者数据中台提供数据与计算能力。很多企业会同时建设数据湖和数据仓库，从而保证更好的数据架构与用户体验。

数据湖也可以用于测试和开发大数据分析项目。当应用程序开发完成并识别出有用的数据后，可以将数据导出到数据仓库以供操作使用，并且可以利用底层分布式技术的可扩展性来保障应用程序的可扩展性要求。

数据湖还可以用于数据备份和恢复，因为它们能够以低成本进行扩展。此外，数据湖非常适合存储尚未定义业务需求的“以备不时之需”的数据。

案例：某企业的集团级数据湖的总体架构设计

图 3-24 所示为某企业的集团级数据湖的总体架构设计，覆盖了各个业务系统的结构化数据（如来自 ERP 的 SAP 数据、人力数据等），还有来自财务云的合同、凭证等各种非结构化数据，以及来自工厂的生产设备数据等实时数据。

在数据湖建设好之后，该企业面向审计业务构建了多个数据挖掘模型并取得丰硕成果，此后又面向危险源管理打造了一系列的数据模型，帮助各个工厂完善了危险源管理流程。由于这个数据湖具有数据全面性和可扩展的计算能力，不仅该企业在这个数据湖上构建了一系列的统建应用，多个事业部或二级公司也基于这个数据湖开发了大量的数据应用。此外，由于这个企业没有单独建设数据仓库，该企业就基于数据湖建设了一些数据主题区，这些主题区的数据就类似于数据仓库的 DA 层。

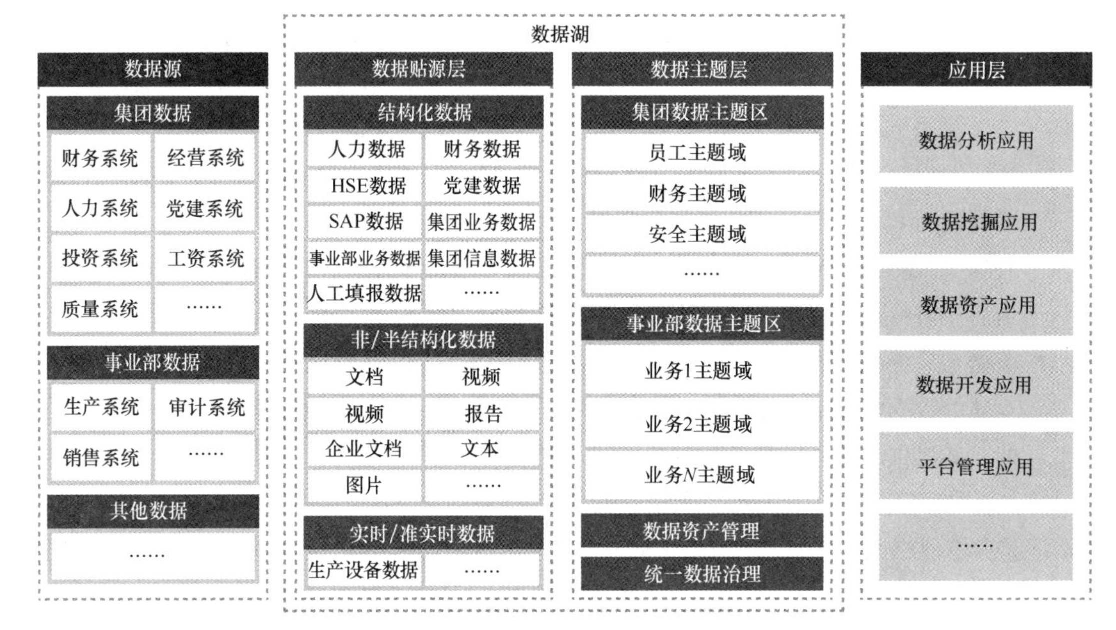

图 3-24　某企业的集团级数据湖的总体架构

从实现方式上看，目前主要存在3种实现方案：基于 Hadoop 的方案、采用“MPP + Hadoop”的混合架构方案、基于公有云存储的数据湖方案。除了核心的功能性需求，还需要关注如下一些重要的架构要求。

- 互操作性：数据湖本身需要跟企业内部的各个数据系统有很好的互操作性，因此数据整合的工具或系统需要有良好的连接互通性，可以与关系数据库、NoSQL、实时数据系统、企业级对象存储等各个系统建立高效的数据交互通道。
- 有效的成本控制：由于数据湖本身的特点，存储的数据量一般比较大，数据价值密度低，因此需要关注成本控制，总体方案上需要较低的硬件成本和运维成本，以及较好的资源使用效率，有较好的弹性伸缩，能够支持计量计费等。
- 多租户：数据湖一般会开放给企业内多个部门或组织共用，而每个运行的业务各自有特殊性，例如，机器学习的任务计算复杂度高、CPU 消耗大，而检索类任务密集使用 I/O 资源。面向多个用户同时提供服务，如果要保证用户体验，数据湖底层需要提供良好的资源共享与隔离能力。
- 业务连续性：高可用与灾备能力也是数据湖的一个关键要素，在技术的设计上需要充分考虑相关的技术要求，从而实现极端故障下的业务快速恢复能力。

3.3.3 数据集市

数据集市是一种典型的数据应用，它根据特定的业务部门或者组织的需求选取所需要的数据，并按照业务需求建设特定的分析主题，一般用于决策分析场景。数据集市的数据一般来自数据仓库或数据湖。由于部门业务对灵活性和高时效性的要求，每个部门需要快速对自身业务数据做处理和分析，使部门或业务线能够更快地发现具有针对性的洞察。由于数据集市包含较小的数据子集，也不涉及和其他部门数据交互，因此需要建立一个新的数据分析系统，把数据仓库里关联自己部门的数据存储到这个系统以支撑部门内业务分析，这个数据分析系统就是数据集市。

创建数据集市的初衷是应对组织在20世纪90年代建立数据仓库的困难。当时的技术条件下建设数据仓库需要集成来自整个企业的数据，需要进行大量手动编码，非常耗时。相较于数据仓库，由于数据集市涉及的数据源集中于某个部门或者业务线的主体，因此其处理的数据会少很多，业务构建比较敏捷，对用户需求的响应也会更加迅速。对用户来说，由于仅需将数据集市开放给某个部门或业务主体，可以简单地通过数据报表工具或Excel等工具来做数据分析，因此建设成本也相对更低。此外，数据集市涉及要加工处理的数据比较少，数据加工时间会短很多，安全管理的要求也比较低，因此建设和运维难度相对更低。

有些企业在建设数据仓库或数据湖的时候，会将面向不同业务部门的数据集市也规划在内，例如数据仓库的DA层。因此，根据数据集市和数据仓库或数据湖的关系，数据集市有3种建设模式，如表3-3所示。

表3-3 数据集市的3种建设模式

类型	设计方法
独立数据集市	不依赖数据仓库或数据湖，一般直接从数据源系统加载必要的数据，加工后按照业务主体提供业务分析结果
关联数据集市	数据仓库或数据湖的一部分，一般是数据仓库的DA层，相关的数据加工处理由数据仓库的批处理任务完成
混合数据集市	独立的系统，数据的来源既包括数据仓库、数据湖中加工的业务主题数据，还包括业务部门的私有其他数据库（例如部门内的业务系统，因为数据安全性问题不能加载到数据仓库中），以及一些外部数据，或者分析师的私有数据，从而满足自下而上的一线分析师灵活提出的业务分析需求

无论是哪种建设模式，数据集市这个系统在上层一般是报表工具，在底层一般是数据库。由于数据集市面向业务部门或者管理人员提供高并发的统计分析和检索服务，因此对底层数据库的并发计算性能要求比较高。为了保证数据集市的并发性能，业内主要有以下两种支撑技术。

- 为数据库时采用支持高并发访问的分布式分析型数据库或分析引擎来支撑。分布式数据库凭借其可扩展的性能优势，能够支撑更高并发的连接访问，并且分布式计算引擎的统计分析 SQL 的性能更强，还可以通过增加硬件资源来扩展性能，因此对于一些用户规模较大或者 BI 报表涉及的报表计算非常复杂的部门或业务线，可以采用分布式数据库。
- 为报表工具时采用 OLAP Cube 技术。OLAP Cube 技术是将一些数据建模结果预先计算出来，这样分析人员使用数据的时候可以灵活地进行各种深入分析（如数据下钻、切片等），就可以通过预计算的数据来访问，无须去查询底层数据库或重新计算数据，因此如果访问数据能够命中 Cube，业务的并发访问性能将得到极大的提升。

3.3.4 数据中台

企业的数字化系统由应用前台和数据后台组成，应用前台负责触达用户，数据后台负责提供基础服务。应用前台需要灵活快速，数据后台需要稳定高效，两者在业务迭代速度、数据变更速率方面不匹配，可能导致数据后台对快速演进的应用前台的用户需求无法快速响应。此外，很多业务会共用一些数据产品（如用户认证、用户画像等），如果应用前台直接从数据后台中加工需要的数据，就会导致各个业务团队都重复加工一些数据产品，从而造成资源浪费，图 3-25 左侧部分所示为每个团队自己建设一套数据处理逻辑的情况，“烟囱式”建设问题突出。

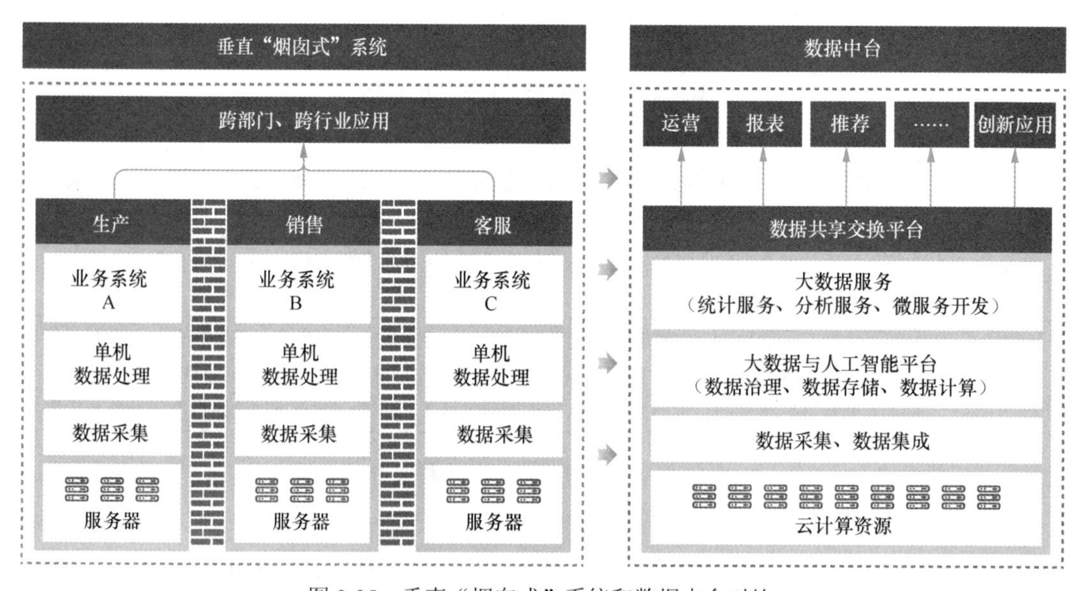

图 3-25　垂直“烟囱式”系统和数据中台对比

为了解决这类问题，大型互联网公司在多年摸索后提出数据中台的概念，通过大数据技术数据后台中的数据按照业务加工，统一标准和口径，形成标准数据产品，形成大数据资产层，进而为应用前台提供高效的数据服务与应用，如图 3-25 的右侧部分所示。

数据中台可作为连接应用前台和数据后台的“变速齿轮”，应用前台不直接从数据后台的明细数据中加工数据产品，而是从数据中台中找到现成的数据产品，在保持数据后台稳定的同时又支持应用前台的活动。数据中台距离业务更近，为业务提供速度更快的数据服务。此外，由于统一了中间层，可以由独立的团队来建设数据服务，各个业务线不需要从 0 开始，运营团队、推荐团队等可以复用数据中台建设好的用户画像数据。这样便实现了一次建设多次使用，每个业务团队都避免了从 0 构建用户画像数据。

政企的数据中台和互联网行业的数据中台存在较大的差异。互联网行业由于其业务已经完成了数字化，并且面向 C 端用户，对数据中台天生有很大的依赖。政企的数据中台建设，很多是为了解决内部流程管理优化、制造流程改进等相对稳态的业务，因此对数据中台在数据严谨性、数据共享能力等方面有更高的要求，而对支撑业务的敏捷性等方面要求不高。下文主要论述政企的数据中台建设和运营。

一个成功的政企数据中台需要包括“三中心”和“六能力”，其中“三中心”包括数据整合处理中心、数据资产管理中心和数据共享服务中心。

- 数据整合处理中心：通过对数据进行集中采集、存储、计算、加工，形成统一标准和加工口径，通过数据整合构建数据统一视图。如果企业内已经建设了数据仓库或者数据湖，那么数据中台的建设可以直接用数据湖或者数据仓库来进行数据的整合处理。
- 数据资产管理中心：通过对汇聚的数据进行业务化治理，提升数据质量，实现数据资产化并统一管理。由于数据中台直接对接业务应用，数据质量问题可能会导致业务流程出现问题，因此对数据质量的要求非常高，尤其是在数据的实时性和一致性上。
- 数据共享服务中心：沉淀共性数据能力，构建数据产品服务，提供数据、分析服务的共享开放和机制能力，赋能业务。数据中台的核心价值就是有多少沉淀下来的可供业务直接使用的数据产品，无须业务部门从头开始建设。因此，一套有效的数据资产沉淀和开放机制是数据中台成功的关键。

从支撑业务落地的能力要求来看，数据中台需要提供一系列的软件产品和数据产品，因此它的“六能力”包括数据整合能力、数据资产管理能力、数据分析能力、数据资产运营能力、数据共享开放能力，以及必要的组件支撑能力。

政企的数据中台建设高潮出现在 2018 年前后，目前依然伴随企业数字化的深入而持续推进。数据中台和数据仓库都可以为业务部门提供数据产品和部分基础能力，两者的区别主要表现在以下4个方面。

- 数据仓库的主要应用场景是支持企业管理人员的管理决策和业务分析，更多是从历史数据中发现一些数据规律。数据中台的目标是支撑运行的数字化业务，将数据能力渗透到业务应用的各个环节，因此不限于决策分析类的场景，还有预测分析场景，以及一些基础类数据服务，例如用户认证、企业核验等。
- 数据仓库的主要数据产品是数据报表，数据中台可交付的数据产品可以是数据标签、数据指标、数据API和数据报表等数据产品，也可以是数据模型、实时规则引擎库等偏开发者使用的代码程序或算法模块。
- 数据仓库的主要用户是数据分析人员，而数据中台的用户包括各部门的分析人员、应用开发人员、算法工程师和产品经理，以及相关的管理人员。
- 数据仓库的交付产品是预先建模好的，产品是相对稳态的，因此后续运营工作主要是持续性维护，例如，保障每天这些数据产品都能按时保质地交付。数据中台主要支撑新型的数字化应用，尤其是基于机器学习、深度学习的应用，这类应用对数据的需求是随着业务快速变化的，可能每天都需要给这些数据产品增加新的数据特征字段，或调整原有字段的业务语义，因此数据中台的运营工作要跟随应用发布的节奏而快速演进，不再是稳态的。

数据中台的价值在于各个业务部门有大量的共用的数据需求，从而采用中心化、集约式的数据建设方式，因此需要有效的组织保障，即企业高层的支持和独立的技术团队支撑。关于这方面，目前市面上有大量的相关图书，本书不做赘述。企业持续做好数据中台的4个必备要素如下。

- 数据中台建设需要企业级战略的指导。为了保证数据中台的有效实施，加速推动数字化企业的建设，需要公司各职能部门和各业务部门的全力支持与配合。各业务部门为本业务领域数据的主人，负责提升本领域数据的采集自动化、智能化水平，并持续推动数据质量提升，主要是解决数据“源头活水”的问题，将数据全面汇聚至数据中台，做好数据认责和数据安全定级等工作；从业务痛点、难点出发，通过大数据技术解决业务问题，拓展创新业务模式，切实推动大数据应用落地。
- 数据中台需要有持续运营的过程。数据中台的建设与传统项目建设不同，无法做到完全割裂，而应当以各业务领域数据需求统一梳理、平台统一建设、数据统一汇聚为基础，唤醒集团现有各信息系统内沉睡的数据，进行统一加工治理，形成数据环流，并以此为基础发展数据运营能力，而后再以项目的形式一期一期开展。
- 以业务需求为中心，通过数据来实现闭环。建设数据中台，首先应当从业务出发，通过构建数据产品技术体系、数据资产体系、数据服务和数据运营体系，解决数据汇聚、存储、处理、共享、开放等环节问题，提升数据价值和业务价值。在建设过程中，也要注意培养集团自有的数据人才，沉淀集团自有数据技术团队，形成一系列围绕数据的组织活动，从而帮助集团数据资产管理战略持续高效开展。

- 数据中台的运营需要业务人员的参与。只有业务人员深入数据模型的建设，才能真正使得数据“活”起来，达到提高业务效率、挖掘业务价值的目的。因此，数据中台的建设需要有完整的制度保障，建立起由主要部门牵头、各业务负责人组成领导小组，以业务人员参与为条件的完善保障体系，从而形成组织的数据文化，帮助数据资产管理战略更好地落地。

3.4 中国联通的数据运营体系

3.4.1 数据运营体系的建设由来

2019 年，中国联通正式启动数据中台建设。随着集团数据中台建设的完善，中国联通的数字化能力得到大幅度提升，数字化转型进程迈向新阶段。然而，由于数字化转型“上热、中温、下冷”，总部与省分公司协同不足，省分公司对一线员工指导、赋能、规范、推广组织不到位，因此许多重要业务与生产场景没有做深、做透，一线的获得感不强。针对面向一线生产经营的数据运营体系运行不畅，需要总部和省分公司进一步明确数据研发分工，压实责任，合力满足一线生产经营旺盛的数据使用需求。例如，在面向一线支撑时，工单系统数据域（简称“D 域”）数据流程缺失省分公司的处理环节，一线问题未经处理筛选便直达总部，总部反馈问题直接返回一线；在面向一线赋能时，网格（运营商最小经营单位，通常面向一个地理区域的多个社区，直接服务区域内的客户）层级数据支撑分工不明确，待进一步优化。

中国联通集团也面临着数据专业人员不足的问题，部分省分公司数字化部在数据运营中应具备的数据平台、数据研发、数据分析等数据专业人员配备不充足，例如某省分公司数字化部门仅有自有员工 20 多人，地级市分公司不设数字化部门，全省数据专业技术人员仅 3 人，且偏数据管理工作，无法面向一线和本省各条专业线做好数据赋能和服务工作。

在数据管理上，目前中国联通内部仍然存在数据获取周期长的问题，省分公司获取数据存在壁垒，很多时候仍然需要通过线下咨询方式，周期较长。此外，部分省分公司的数据资产未实现规范的平台化管理，仍使用线下文档维护。发布数据资产缺乏资产目录的标签，省分公司和子公司订阅数据资产时无法做到快捷查询。现有数据生产调度体系待完善，需分批推动数据资产管理、资产服务、场景化资产运营落地实施，优化总部公司两级数据生产调度流程，推动线下堵点流程逐步转为线上自动化流程。

“为实现数据从好用”到“全面好用”目标，中国联通在2022年构建数据运营体系1.0，在2023年打造“中央厨房+N”的数据运营新模式，建立起以资产为核心的DataOps一体化数据生产运营流水线，务实开展一线数据赋能。

3.4.2　数据运营的规范统一

首先，中国联通集团建立了“总部+省分”端到端的生产流水线标准，一共建立4类16条两级一体化生产流水线操作规范，明确数据需求、研发、生产、使用端到端全过程中的分工协同机制，明确数据分类分级、数据生命周期管理、数据质量、数据标签体系、数据资产共享相关管理制度和标准规范，发布首个贯穿数据研发生产全流程的指导意见——《数据服务运营体系管理规范》，推动“一套规范制度”上下贯通、横向协同、一体统筹。

为充分发挥总部集约运营和省分公司个性化场景优势，中国联通集团建立了“总部+省分公司”的两级协同工作机制。总部数据赋能工作组做好赋能指导，规范两级运营体系，压实责任，加强共性能力建设。省分公司充分运用总部共性能力，做好本省对一线场景精准赋能，通过高效的协同机制保障数据运营的全面开展。

此外，中国联通集团还建立面向数据场景化赋能的组织体系和组织架构，完善两级协同的攻坚工作组织机制，快速开展一线数据赋能。总部建立6个赋能工作组，省分公司参照总部组织架构建立4个赋能工作组，共计361人。集团构建1（统一运营组）+N（多条流水线）和1（软件研究院）+N（多省分）的协作沟通模式，由统一运营组牵头，各流水线项目组及省分公司配合。

3.4.3　统一工具支撑“一体化运营”

为了支撑集团的数据运营，中国联通软件研究院构建DataOps数据开发治理平台，实现数据采集、存储、加工、治理、开放共享全生命周期管理。平台实时监控数据质量和性能，优化数据供给能力，此外还建立良好的数据治理框架，确保数据安全合规。平台配套的可视化数据运营工具能有效支持决策，推动数据要素价值充分释放。

在数据管理层面，DataOps平台包括数据采集大屏、数据生产大屏、数据资产大屏、数据安全大屏、数据应用大屏来监测各阶段的数据任务，目前平台内一共支撑2万多个数据采集接口、1700万多个调度任务、29万多个稽核规则、3.9万多个上架资产，以及1671万多个资产推送的可视化展示。

在数据资源的运营层面，DataOps 平台以场景化资产目录为切入视角，提供数据资产场景专区，提供资产快速赋能通道，也同步提供数据资产在移动端快速查阅能力，便于用户快速找数、看数。目前平台已完成 16511 个资产的场景打标，包括 5837 个总部资产，其中数据模型 4879 个，标签 558 个，指标 11 个，实时数据 256 个，算法模型 133 个，省分公司资产 10674 个。

3.4.4 “一套数据管理体系”保障数据供给

中国联通软件研究院首创“中央厨房 +*N*”全新模式，建立“职责明确、横向联动、纵向贯通”的数据运营机制，构建 16 条端到端流水线，贯穿需求、生产、管理、应用、运维等核心流程。

1．数据需求管理体系

在数据需求管理层面，中国联通集团层面制定了《中国联通数字化系统 IT 需求管理规范》，在集团内实现数据中台对接到需求的统一管理与支撑。图 3-26 所示为数据需求管理体系，其中数据的需求类型分为 3 种：数据提取类、数据开发类和软件开发类。需求流程在多轮迭代后简化为需求预提出、需求提出、需求审批、安全审批、需求评估、需求确认、需求开发测试发布，以及需求验证、后评价。在组织上，省分公司建立了独立的数据需求团队，集团成立了面向省分公司需求团队和面向总部嵌入式需求团队，以保障流程的贯彻和落地执行。

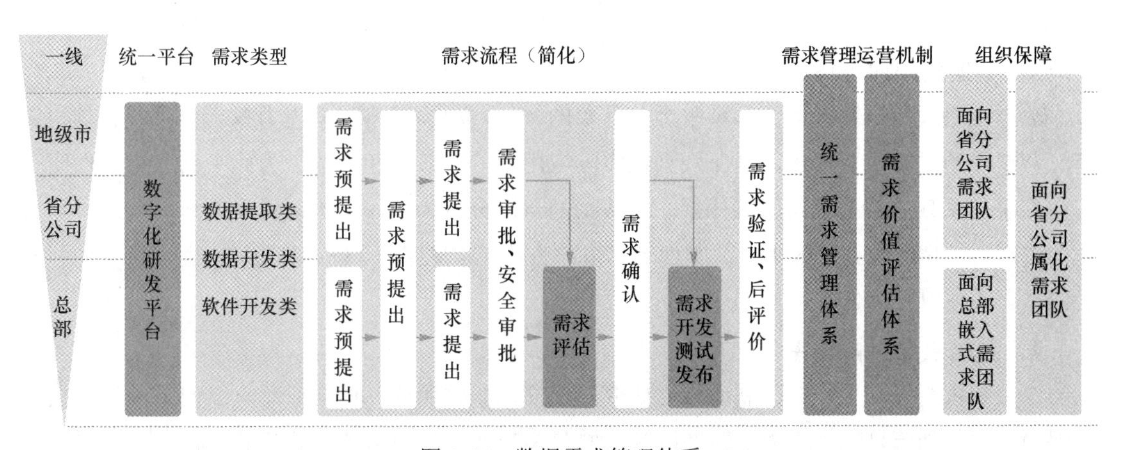

图 3-26 数据需求管理体系

2．数据资产生产体系

在数据资产的生产管理层面，中国联通集团以数据资产为核心，按照标准数据生产流程进行数据模型、指标、标签、算法模型和实时能力的研发。图 3-27 所示为数据资产生产体系，总部建设了一个统一的数据开发治理平台，总部负责共性数据生产，包括统一数据采集、共性数据资产建模、共性数据资产流程开发、共性数据资产发布、共性数据资产映射开发和共性数据资产稽核测试，完成相关的流程后发布到集团的全国数据资产目录，并开放给总部、全国各层级分支机构和一线员工使用。总部统一建设可以保证共性数据的及时性和准确性。省分公司负责个性数据生产加工，首先从集团数据资产目录中获得需要的共性数据资产，并结合省分公司内部的个性化数据资产，然后开发省分公司的数据资产，包括建模、开发、稽核测试等流程，最后发布到集团的全国数据目录，并面向该省分公司的一线人员进行数据投放。

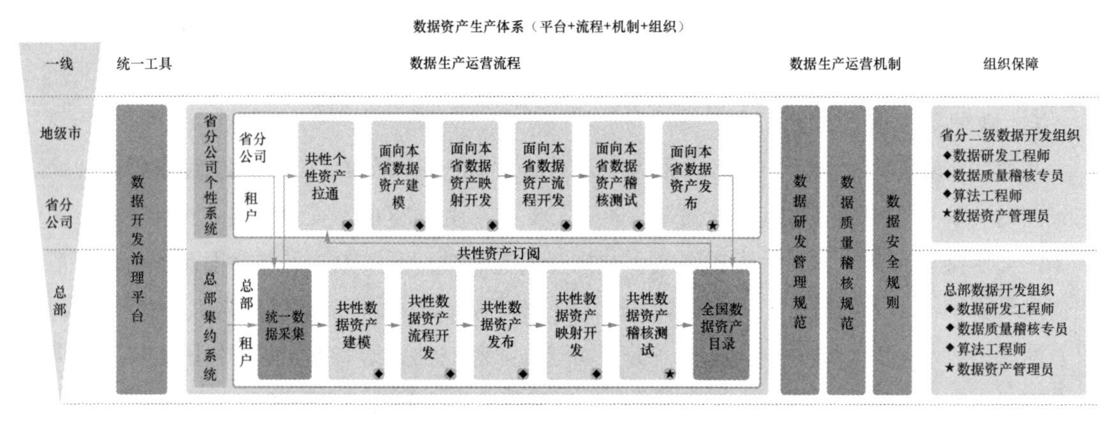

图 3-27 数据资产生产体系

3. 数据应用服务体系

数据应用服务是数据运营体系中至关重要的一环，承担着将数据能力投送至一线管理、生产、营销等场景的重要任务，确保数据在实际应用中的有效性和价值，为此中国联通软件研究院建立了一系列的数据应用服务体系。以数据的自助分析为例，中国联通软件研究院通过平台内的资产目录拉通自助服务平台，实现了“资产查找 - 详情探查 - 资产订阅 - 自助分析”的一站式闭环，为使用者提供便捷服务。

4. 数据供给保障体系

在数据供给保障上，中国联通软件研究院建立了职责明确、横向联动、纵向贯通的数据供给保障体系，创新打造“吹哨报到”机制，如图 3-28 所示。吹哨人（数字化团队、互联网团队等）负责提出生产运营过程中的问题，并对问题的解决情况进行确认、评价服务质量；报到人（总部、省分公司）按照职责分工协同完成问题的“接 - 核 - 派 - 办 - 评”全流程闭环处理，通过建章立制，遵守“谁加工、谁负责，谁使用、谁负责，谁审批、谁负责”的原则，按照资产责任归属形成督办清单，重点推动问题的解决，问题处理结束后及时反馈给吹哨人，由吹哨人对问题解决情况进行核验、确认，以实现闭环。

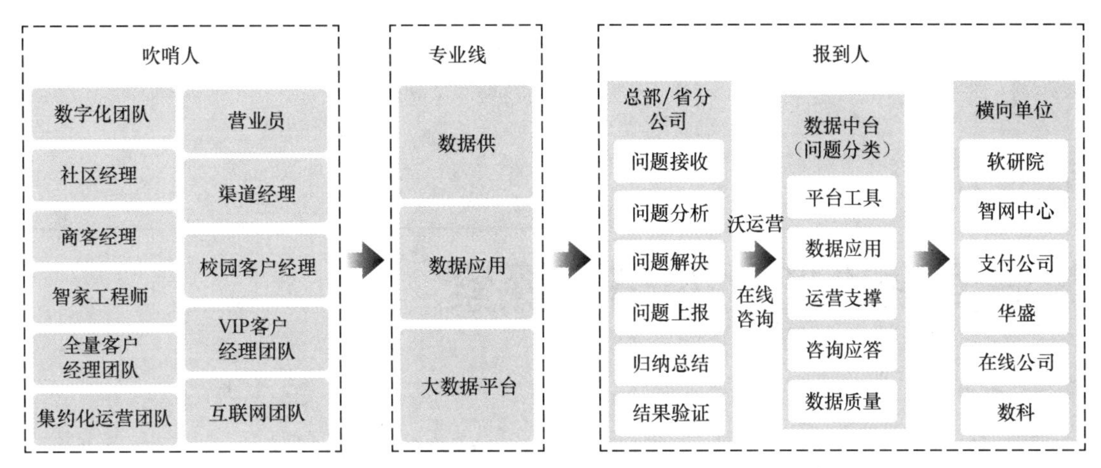

图 3-28　数据供给保障体系

依托一个平台、两级协同，中国联通大幅提高了生产效率，相关业务的核心数据可以更快速地发布，业务部门的感知力得以提升，数据分析更及时，服务响应更敏捷。截至 2023 年 12 月，中国联通建立了全域统一数据资产目录，共纳管资产超过 3.4 万个，实现 BMO 全域数据资产一点看全、一点订阅；面向一线赋能场景，首次探索建立场景化资产目录，发布场景化资产超过 1.9 万个；建立租户间统一推数机制，实现数据资产供给时长从 1 周提速至 1 天；完成 6000 多疑似重复资产整改，下架冗余资产 166 个，节省存储资源 5%。稽核规则总数提升至 29 万条；加工模型总数提升至 140 万个，共性模型数量达 925 个，生产加工流程数达到 45 万。

在推动数据资产价值提升层面，中国联通集团从资产的内在价值、应用价值、成本价值、价值偏离等维度评估出高价值资产、中价值资产，低价值资产。目前平台已发布的全域数据资产中，根据资产定价估值标准，累计高价值数据模型数量达 1700 个，中价值 23000 个，低价值 13000 个。

在场景化的数据资产运营层面，在政企智慧运营领域，在网实体客户与自然客户关联率、有效商机与自然客户关联率、新增项目与自然客户关联率在全国 31 个省级行政区达标，2023 年累计分别达 99.50%、100%、99.95%；靶向营销助力商企市场规模发展，商企靶向客户覆盖率提升至 86.6%，要客靶向任务执行率为 87%，政企集约运营地级市数量 186 个。在网络智慧运营场景，团队做好光缆与承载设施关联治理，光缆与承载设施关联率达 96.86%，较 2023 年初提升 33%。

第 4 章

数据要素价值化的路径探索

数据要素市场面向实践的创新发展迫切需要权衡好数据安全保障与隐私保护，即安全治理将贯穿数据供给、流通、交易的全过程。因此，打造安全可控、应用有效的数据要素治理制度势在必行。

——张平文，中国科学院院士

4.1　数据要素：数据价值的产业化

2022 年 12 月，《中共中央 国务院关于构建数据基础制度更好发挥数据要素作用的意见》出台，以促进数据合规高效流通使用、赋能实体经济为主线，构建数据产权制度、数据要素流通和交易制度、数据要素收益分配制度、数据要素治理制度 4 个制度，切实加强组织领导、加大政策支持力度、积极鼓励试验探索、稳步推进制度建设 4 个保障措施。2023 年 8 月，财政部发布了《企业数据资源相关会计处理暂行规定》，自 2024 年 1 月 1 日起施行，其中定义了企业数据资源的相关会计处理规定，标志着企业的数据资产“入表”进入可以落地的阶段。

2023 年 12 月 15 日，国家数据局等部门印发《“数据要素 ×”三年行动计划（2024—2026 年）》，提出充分发挥数据要素的放大、叠加、倍增作用，在重点行动方面具体分为 12 项：数据要素 × 智能制造、数据要素 × 智慧农业、数据要素 × 商贸流通、数据要素 × 交通运输、数据要素 × 金融服务、数据要素 × 科技创新、数据要素 × 文化旅游、数据要素 × 医疗健康、数据要素 × 应急管理、数据要素 × 气象服务、数据要素 × 智慧城市、数据要素 × 绿色低碳。

4.1.1　数据要素 × 医疗健康

医疗数据因其价值高、应用场景广泛，成了现阶段公共数据授权运营的一个热点方向。

2023年11月，在上海举办的全球数商大会上，国家数据局局长刘烈宏表示，国家数据局将围绕发挥数据要素乘数作用，与相关部门一道研究实施“数据要素×”行动。明确提出将医疗健康列为重点领域，将医疗健康数据用于临床诊断，可以帮助医生更精准地治疗疾病；应用于医学研究和药物研发，可以加速新药上市并提高治愈率；应用于医保行业，可以实现定制化保险和精准定价，带动医疗健康产品和服务的升级。

面向众多医疗器械企业，医疗数据可以用于药品研发、新产品上市、市场准入、临床Ⅳ期研究、真实世界研究等创新药生命周期的各个阶段，助力医疗器械企业进行产品研发、市场准入和市场推广，如图4-1所示。

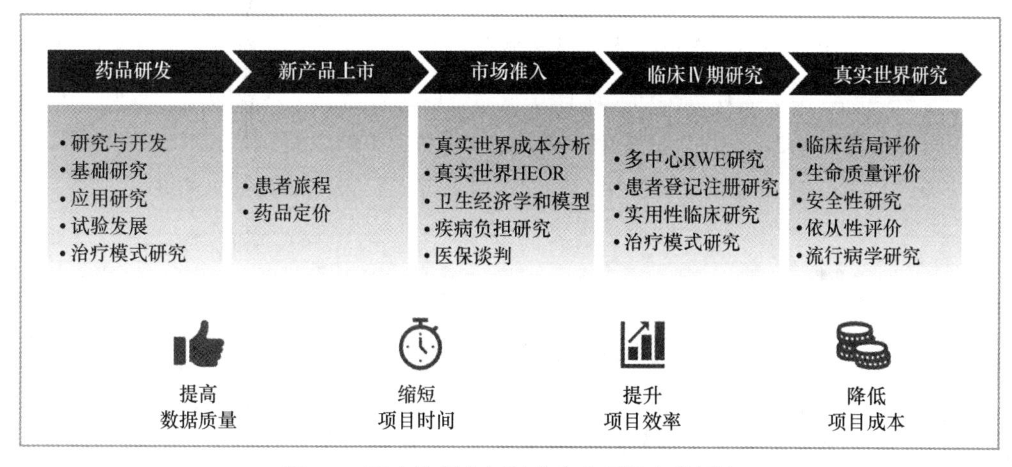

图4-1 医疗数据在创新药生命周期中的用途

（1）药品研发（临床前研究阶段）：基于地域的流行病学调查，找到未被满足的适应证亚型对应的潜在靶点，帮助药企更加精准地定位药物靶点，从而加速前期的研发工作，提高成功率。

（2）新产品上市和市场准入（临床研究阶段）：基于区域平台数据库覆盖的海量患者群体，了解到试验药物对应患者在各医疗机构的分布情况，帮助药企推荐合适的中心，加速患者招募。

（3）临床Ⅳ期研究（上市后研究阶段）：支持药品上市后临床Ⅳ期研究的开展，进一步验证药物的疗效和安全性。通过海量临床数据的收集，整合患者影像、试验、治疗、治疗反应和临床结局等多维度信息，分析不同亚型患者的特征，进行治疗方案调整和剂量优化设计，有助于延长患者的用药周期，使患者临床获益，真正实现个性化诊疗。

（4）真实世界研究：通过海量的临床证据赋能药企的真实世界研究，对药物的临床效果、患者反馈、经济效益等多方面进行评价，输出有价值的研究报告和成果，从而指导药企的医学市场发展及用药，提高产品的学术影响力，增强专家团队合作等。

除了在创新药研发的各个阶段发挥作用，医疗数据还可以帮助建立数字化的慢性病（常见的有慢性胃炎、“三高”、失眠症等）管理体系。随着慢性病患者的用药需求逐步下沉到县域，覆盖县域患者全生命周期的医疗数据可以帮助药企了解该区域的慢性病人群分布和慢性病患者人群画像，为药企提供更准确、更全面的县域慢性病管理市场洞察，有助于优化产品、服务和市场策略，提高企业在慢性病领域的竞争力。

另外，高质量医疗数据要素能够支撑医疗机构建设疾病数字化辅助决策模型，从而显著提高医生的诊断和治疗效率，减少误诊和漏诊的可能性，也可以为患者提供更加精准和个性化的治疗方案。这种模型还可以帮助医生更好地了解疾病的发病机制和发展规律，为未来的医学研究和治疗提供更加准确的数据支持。

目前，各地卫生健康委员会已基本完成区域全民健康信息平台的建设，汇聚了区域内二级区医院、三级医院、基层医疗机构的临床诊疗数据，以及公共卫生条线的相关数据。医疗数据资产目录可以参考图4-2，其中包括3个一级目录（图4-2中的“类”），12个二级目录（图4-2中的“项”），13个三级目录（图4-2中的“目”）和细目，涉及标准数据集300余个。

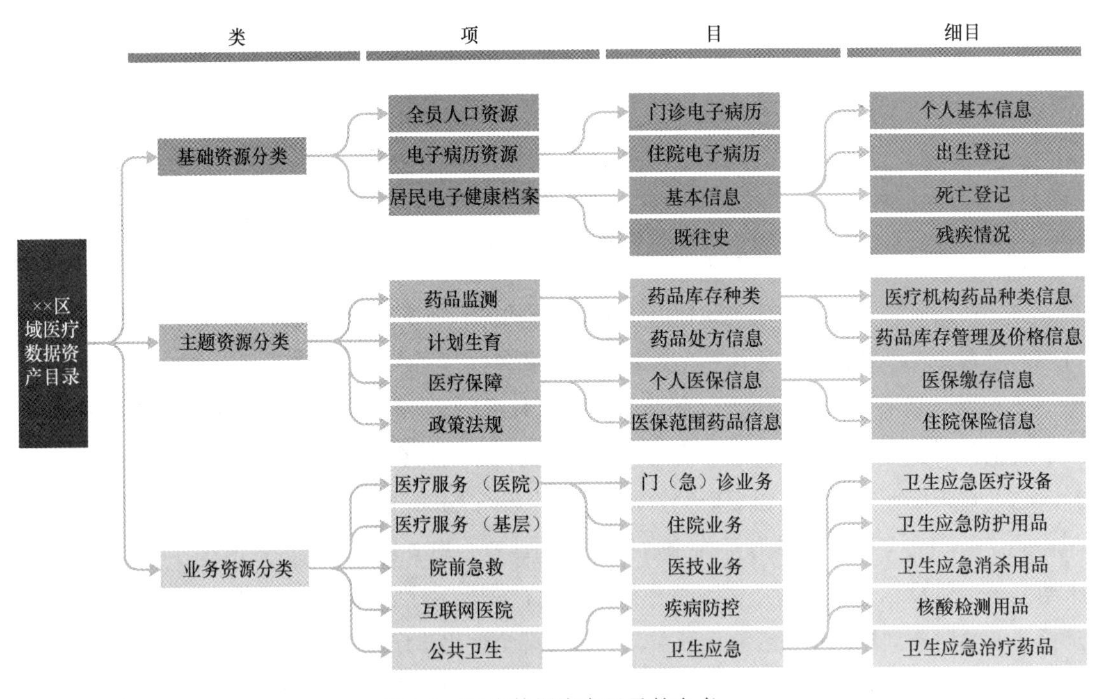

图4-2　医疗数据资产目录的参考

由于医疗数据的价值高，有效规范地使用对国民健康有非常大的帮助，有关部门也在筹划区域医疗数据运营中心，加速创新药研发，解决重大疾病问题，提高我国医药研制科研水平，并通过数据共享缓解医疗水平区域化差异问题。区域医疗数据运营中心如图 4-3 所示，在卫生健康委员会、国家 / 区域数据局等指导机构的监督管理下，一些地区可以联合各医院共建区域医疗数据运营中心，从各个医院汇聚脱敏后的医疗数据（如临床知识图谱、临床试验样本、专科 / 病队列等数据），建设医疗信息数据库、专病库等，并合法、合规地开放给制药企业、医院与医学院用于临床科研、创新药研发、临床诊疗等场景。考虑到医疗数据的特殊性，医院在提供数据时要做好隐私保护，而使用脱敏后数据的制药企业、医院与医学院等可以采用隐私计算等方式，做到"数据可用不可见"。

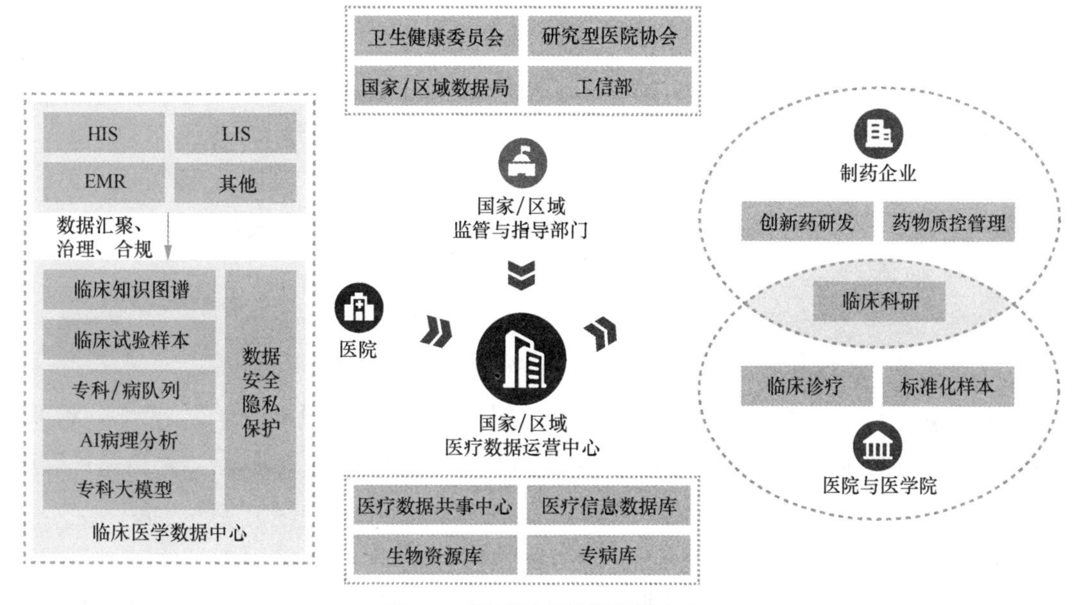

图 4-3 区域医疗数据运营中心

建设医疗领域大模型是区域医疗数据运营中心的一个直接的应用场景。面向专病，可以结合汇聚的临床病历、病理报告、医学文献、医生处方等数据，在相关疾病治疗标准的指导下，辅助对患者的疾病诊断、居家干预、智能随访等。

4.1.2 数据要素×金融服务

随着银行零售业务模式逐渐从 B2C 转向 C2B，对公业务模式从 B2B 转向 B4B，商业银行的关注点从过去的"我有什么，你要不要"转变为"客户想要什么，我们就提供什么"。技术的不断演进，推动商业银行将产品和服务进一步差异化、个性化和定制化，而这背后的支撑技术就是数字化和智能化。

供应链金融服务是“数据要素×金融服务”的一个重要场景。金融机构可以与行业内的龙头企业或者链主企业共同开展相关业务，由链主企业提供上下游企业的经营数据并用于支撑金融服务，由金融机构给上下游企业提供链主企业经营需要的流动资金贷款。例如，某国际商业银行通过结合自身业务与某国际物流公司合作，可以做到交易看得清、物流管得住和资金可干预。

- 交易看得清：将该国际物流公司的全球客户关系管理系统的数据、订单数据与相关企业与该金融机构的转账信息相结合，交叉验证交易真实性，确保授信的资金专款专用。
- 物流管得住：货物始终在该物流公司的供应链内流转；金融机构、上下游企业都打通与该物流公司的数据通道，实现对物流信息从工厂、海关到仓库的全天候跟踪。
- 资金可干预：为商家开设回款账户，规定其相关交易必须在此账户中进行；对回款账户的流水实施全天候监控、对可疑汇款进行拦截；依托数据在平台间的流动，实现风险预警与账户冻结操作自动对接，实时监控资金、货物状态，对异常账户进行自动接管。

反欺诈是“数据要素×金融服务”的另外一个重要场景。例如，某国际大型信用卡组织推出智能决策引擎，该决策利用机器学习算法进行实时的反欺诈识别，精准拦截信用卡申请中的高风险客户，成功挽回因误判而被拒绝的客户申请。

- 通过机器学习算法进行智能分析，敏捷响应市场及客户行为变化，为不同账户设定警戒及交易拒绝标准，并基于交易数据为每个账户进行实时的交易决策。
- 通过智能技术长期监测特定账户的使用情况，以判断具体消费行为正常与否，还可以获得更为详细的，包括客户价值细分、风险分析、交易地点与商户、使用设备数据、交易时间和交易类型在内的账户信息，从而加强每笔交易的安全保障，帮助提高交易判断的准确度，减少因误判而被拒绝的信用卡交易数量。

数据要素在银行的风控体系中的重要性越来越强，某金融机构的数字化风控体系如图4-4所示，其风险数据要素包括银行自身通过多年业务积累的金融风险主题库，以及从外部企业或单位采集的数据要素产品，包括客户的基本信息、社保信息、信贷申请、税务信息、司法信息、人社信息等。在此基础上，银行构建了风险态势感知层和风险监控预警层，实现数据驱动的风险管控。基于这些高质量的数据，银行就可以采用AI技术来挖掘数据之间深层次的关系，从而发现深层次的业务关系。例如，在识别企业之间的关联关系的实践中，某商业银行使用知识图谱技术对关联关系进行挖掘，包括通过行内外数据构建完整的大中型企业集团关系树，进行明确的系、圈、链划分；探索风险传导路径及传导影响大小的计量；基于显性关联关系挖掘隐性关联关系，识别真正的风险客群共同体；通过对细分行业的分析，构建上下游关系，生成全产业链图谱。此外，还可以在传统财务、经营数据分析的基础上补充相关图结构特征，通过集成学习、深度学习等方法构建高维风险预警模型。

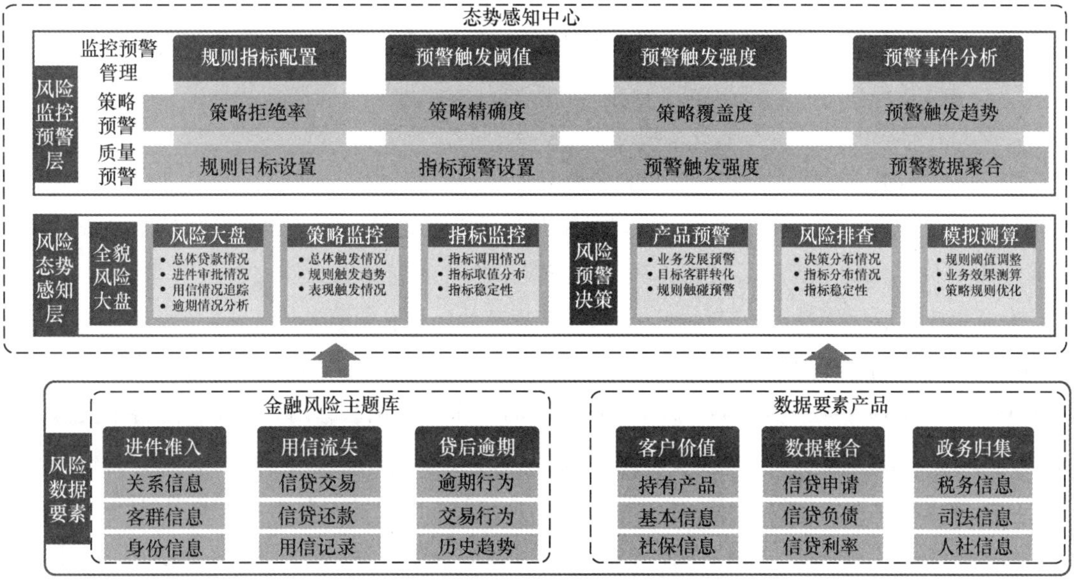

态势感知中心
风险监控预警层
监控预警管理
规则指标配置
预警触发阈值
预警触发强度
预警事件分析
策略预警
策略拒绝率
策略精确度
策略覆盖度
预警触发趋势
质量预警
规则目标设置
指标预警设置
预警触发强度
预警数据聚合
风险态势感知层
全貌风险大盘
风险大盘
• 总体贷款情况
• 进件审批情况
• 用信情况追踪
• 逾期情况分析
策略监控
• 总体触发情况
• 规则触发趋势
• 表现触发情况
指标监控
• 指标调用情况
• 指标取值分布
• 指标稳定性
风险预警决策
产品预警
• 业务发展预警
• 目标客群转化
• 规则触碰预警
风险排查
• 决策分布情况
• 指标分布情况
• 指标稳定性
模拟测算
• 规则阈值调整
• 业务效果测算
• 策略规则优化
风险数据要素
金融风险主题库
进件准入
关系信息
客群信息
身份信息
用信流失
信贷交易
信贷还款
用信记录
贷后逾期
逾期行为
交易行为
历史趋势
数据要素产品
客户价值
持有产品
基本信息
社保信息
数据整合
信贷申请
信贷负债
信贷利率
政务归集
税务信息
司法信息
人社信息

图 4-4 某金融机构的数字化风控体系

普惠金融领域是“数据要素 × 金融服务”的另外一个重要落地场景。2021 年 4 月，上海正式推出了一个“低门槛、高保障、广覆盖”的普惠保险产品——沪惠保，其技术支撑由上海市大数据中心提供。在保障个人隐私的前提下，上海市大数据中心和保险机构通过隐私计算等方式共建医疗数据分析模型，找到更多需要纳入保险范围的特定高额药品和海外特药保障，持续扩充保险范围并满足患者需求；在理赔方面，上海市大数据中心与市医保中心、各个共保体合作打通电子诊疗数据，从而实现免材料的快速理赔，提升理赔效率。

“烟商贷”是金融机构面向烟草行业零售商提供的普惠金融产品，全国有几百万烟草零售中小企业，该类产品可以满足这些企业在日常经营过程中的资金需求。基于烟草公司提供的各零售企业的货品流水数据，匹配工商、税务等数据，银行可以构建面向这些零售企业的信用风险模型，并根据这些数据来提供对应的授信额度。根据公开报道，包括中国工商银行、中国银行、中国农业银行、中国建设银行在内的四大行，以及中信银行、中国邮政储蓄银行、宁波银行等都推出了类似金融产品。

4.1.3 数据要素 × 智慧农业

智慧农业是以物联网、大数据、AI、区块链、机器人等技术支撑的高度集约、高度精准、高度协同、高度环保的现代农业形态。参考中国农业大学李道亮教授的相关著作，我们可以这样理解：农业 4.0 是智能社会的产物，是资源软整合的农业，建立在大数据、云计算、互联网、传感器、机器人基础上的智慧农业，以全链条、全产业、全过程的无人系统为特征，实现全区域泛在的智能化。通过一二三产业的“三产”融合互动，形成新产业、新业态、新模式；实现农业、农村和农民的“三农”融合互动，生产、生活和生态的“三生”融合互动，以及城与乡、工与农、知识与资本、线上与线下等社会多要素的融合互动。

智慧农业作为实现我国数字乡村战略的重要抓手，承载着农业产业与经营技术升级、农业管理与服务数字化转型等核心目标。基于数据要素推动的智慧农业能够为全产业链提质增效，推动农业生产智能化、农业经营网络化、农业管理高效化和农业服务便捷化。

我国地域辽阔，历史条件、地理资源等因素造成农业细分产业的区域性发展特征明显，也形成了一定的品牌效应，如云南普洱茶、赣南脐橙、东北大米、苏州大闸蟹、烟台苹果等。农业细分产业的区域集聚性特点也有利于结合地方经济发展规划，实施与优化智慧农业相关产业方案，实现成本集约化与收益最大化。根据农业农村部、财政部印发的《农业农村部办公厅 财政部办公厅关于公布 2023 年国家现代农业产业园认定名单的通知》的内容，认定了 44 个现代农业产业园为国家现代农业产业园，截至 2023 年，农业农村部已经累计批准创建了 300 个国家级现代农业示范区，重点开展智慧农业相关技术应用、农产品精深加工、产业链价值链升级、现代化经营的先行先试工作，已取得显著阶段性成果。

在探索农业生产智能化方面，河南在小麦、玉米等农作物大田物联网技术应用示范基地，实现作物生长、墒情、病虫害智能监测；湖南实施对大棚蔬菜种植产业的智慧农业技术改造，实现自动换风、自动喷灌、自动遮阳补光等智能应用，提升作物质量并节约劳动力成本。

在农产品流通网络化经营方面，福建全面开展“互联网 +”农产品出村进城工程建设，重点推进以市场为导向的农产品生产体系、现代物流体系、网络销售体系等建设；吉林建设农产品产销对接平台，为各地农产品供应商与采购商提供数字化交易对接服务工具，引导多方参与、多渠道解决农产品销售问题；青海依托高原特色智慧农牧业大数据平台，建成省级农牧业综合电子商务平台，对接物联网视频监控、质量追溯平台，为认种、认养等新兴消费方式提供支持。

在农产品质量监管和溯源认证方面，江苏建成全省统一农产品追溯平台，实现全省农产品质量追溯信息“一张网”管理，覆盖 1.4 万家以上农产品生产经营主体；在内蒙古部署大数据监管平台，覆盖各级 1200 家监管、检测和执法机构以及 10 万余家农畜产品生产经营主体。

4.1.4　数据要素 × 气象服务

国家消防救援局 2019—2022 年的相关资料统计显示，我国自然灾害事件多发，主要表现为强对流天气、强降水和高温等，其中强降水数量居多，区域极端天气自然灾害呈“七下八上”（集中在7月下旬到8月上旬）。4月和12月灾害稳定，我国东北、江西、中东部区域受灾数量较多，灾害发生区域呈现显著的南北性差异，5—8月处于台风、强降水、极端高温灾害事故发生期，对群众造成生产生活危害或安全健康影响，给社会带来了直接经济损失或深刻影响。以农业为例，农业气象灾害约占全部农业灾害的70%左右，且在全球气候变暖的背景下，造成的农业损失也越来越大。

我国气象数据市场需求是巨大的，尤其是行业气象数据的精准服务，预计该市场有1000亿元规模。2024年1月18日，中国气象局印发《气象数据要素市场化配置机制建设工作方案（2024—2025年）》，明确到2025年底，气象数据要素市场化配置基础制度基本建立，气象数据授权运营平台和流通监管平台基本建成，气象数据授权运营、众创利用、气象数据身份证管理等关键流程基本打通，为进一步在更大范围推进气象数据要素市场化配置工作奠定基础。

从气象数据的类别来看，包括地面数据、高空数据、海洋数据、辐射数据、空气数据、数值天气预报、大气成分、历史气候代用、气象灾害、雷达数据、卫星数据、科考数据等。某气象局目前对外开放的气象数据产品如图4-5所示，包括部分地面气象数据、农业气象数据，以及部分天气数据、气象灾害数据和站点及辐射数据等。

地面气象数据

- 中国国家级地面气象站逐小时降水数据
- 中国地面基本气象要素定时值数据
- 中国地面气象要素年值数据
- 中国地面气象要素月值数据
- 中国地面气象要素旬值数据
- 中国地面气象要素候值数据
- 中国地面气象要素日值数据

农业气象数据

- 中国农业气象土壤水分数据
- 中国农作物生长发育和农田土壤湿度旬值数据
- 中国农业基本气象资料旬值数据
- 中国农作物产量资料数据
- 中国农业气象灾情旬值数据
- 中国农业基本气象资料月值数据

天气数据

- 冰冻数据
- 积雪数据
- 对流性天气数据
- 暴雨数据
- 高温数据

气象灾害数据

- 中国干旱灾害数据
- 中国暴雨洪涝灾害数据
- 中国热带气旋灾害数据

站点及辐射数据

- 站点积温数据
- 站点土壤湿度数据
- 中国辐射资料定时值数据集
- 中国气象辐射基本要素数据

图4-5 气象数据产品

目前各地已经在一些领域探索出“数据要素×气象服务”的创新气象数据产品，例如在金融服务领域，部分企业在探索支持金融企业融合应用气象数据，与金融机构一起推动发展天气指数保险、天气衍生品和气候投融资新产品，为保险、期货等提供支撑。在新能源发电领域，气象数据产品可被应用在支持新能源企业降本增效的场景，如支持风能、太阳能企业融合应用气象数据，优化选址布局、设备运维、能源调度等。在电网领域，气象数据对电网内部业务的支撑主要在防灾减灾和提质增效两个方面。

- 应用气象数据支撑电网防灾减灾工作，支撑生产管控平台、新一代应急指挥等系统开展灾害态势感知、灾害影响电网预测分析、灾害应急预警响应等业务高质量的精细化气象数据产品能够有效地帮助政府和电力企业做好抗台工作。
- 气象数据可以助力电网调度部门对电网的提质增效，例如不同气象条件下绿色能源的效率不同，通过区域电力调度就可以进行针对性优化，从而使整体工作更高效。

4.2 数据要素的基础体系

推动数据要素价值化的基础工作之一就是让数据跨域流通，让不同的行业主体使用其他领域的要素化数据，如金融机构使用政府公共数据做普惠金融。跨主体的数据流通会带来一系列的数据合规或安全性风险。数据是客观实体的状态和变化的记录，天然带有实体的隐私或机密信息，而数据本身又具有易复制、易篡改、多粒度等特点，数据安全和隐私又普遍具有社会性和主观性特点，难以准确地规则化鉴定，普通大众难以达成共识，不确定度较高。此外，数据产品的开发和业务应用这些数据产品，会有一个较长的链路，涉及的角色和主体包括开发者、生产者和使用者，每个主体的安全防护能力不尽相同，数据管控的难度比较大。

以金融机构使用政府公共数据为例，数据供给可能涉及政府大数据中心的相关团队以及数据供给方的委办局，数据的业务化开发需要金融机构的业务开发团队和数据开发团队来配合，整个开发链路涉及4个团队，这就会因管理难度高而难以落地。为了解决这个问题，国家数据局在数据基础设施和数据基础制度两个层面自上而下地大力推进相关体系的建设。

4.2.1 数据基础设施

国家数据局局长刘烈宏在2023年11月23日出席第二届全球数字贸易博览会致辞时首次就数据基础设施概念、内涵和能力做出论述。数据基础设施是以数据为核心，以数据价值释放为目标，面向社会提供一体化数据汇聚、数据处理、数据流通、数据应用、数据运营、数据安全保障服务的一类新型基础设施，是覆盖硬件、软件、开源协议、标准规范、机制设计等在内的有机整体。

数据基础设施的底层是一体化的网络设施、算力设施、流通设施和安全设施，在这些池化的硬件资源基础上打造了数据资源体系，如图 4-6 所示。其中，数据底座负责数据本身的汇聚和治理，特色数据空间用于开放给需要使用数据的行业或团队，而数据交易平台负责跨组织的数据交易撮合。在运营层面，公共数据管理机构、数据授权运营主体和数据交易机构需要相互配合，让数据的使用方可以找到高质量的数据资源并用于业务。

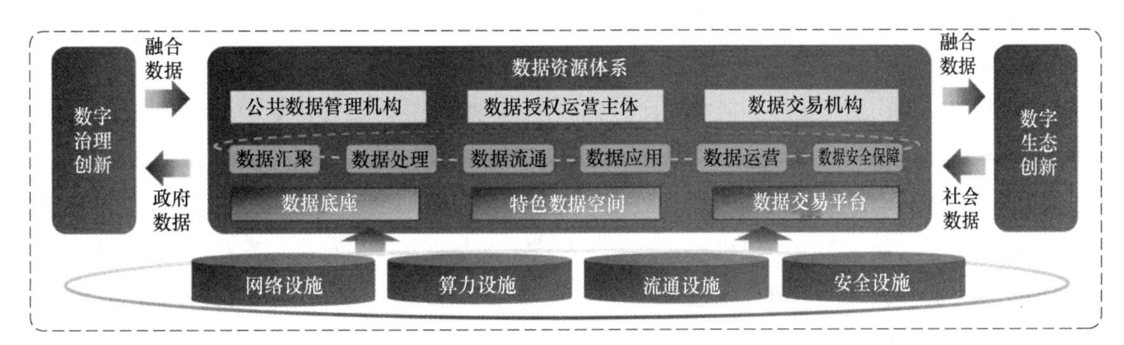

图 4-6 数据基础设施体系

从核心能力看，数据基础设施应具备数据汇聚、数据处理、数据流通、数据应用、数据运营和数据安全保障这 6 大能力。

- 在数据汇聚方面，数据基础设施应对多源、多维数据进行高效接入、可信登记、精准确权，有效提升数据汇聚环节的广泛性、便捷性、精准性。
- 在数据处理方面，数据基础设施提供高效便捷、安全可靠的数据要素存储、计算、分析能力，推动数据处理环节实现高效率、低成本和高智能。
- 在数据流通方面，数据基础设施应实现数据在不同主体间的可信和受控流通，实现数据来源可确认、使用范围可界定、使用行为可管控、流通过程可追溯、安全风险可防范，为不同行业、不同地区、不同机构提供可信的数据共享、开放、交易环境，有效提升数据流通环节的安全可靠水平。
- 在数据应用方面，数据基础设施帮助数据应用方优化设计、生产、管理、销售及服务全流程，进一步降低数据应用门槛，提升数字化水平，促进数字化转型和智能化升级。
- 在数据运营方面，数据基础设施促进数据要素市场的供需精准匹配，保障清算结算、审计监管、争议仲裁等一系列公共服务高质量开展，有效支撑数据要素市场各类资源高效配置。

- 在数据安全保障方面，数据基础设施帮助各参与方建立数据安全保障体系，推动各参与方在数据合规性建设方面形成最佳实践，贯穿数据生命周期全流程，确保数据的可信性、完整性和安全性。

数据基础设施能够帮助各方实现“供得出、流得动、用得好”。首先通过提供可信赖的数据流通环境，确保数据来源可确认、使用范围可界定、流通过程可追溯、安全风险可防范、数据质量可保证，降低了供给风险，让有数据资产的企业或组织敢于将数据放在这些可信的数据空间内，从而实现数据要素“供得出”。其次，通过为不同行业、不同地区、不同机构提供规范统一的数据要素市场参与模式，降低数据传输和使用成本，促进参与主体形成泛在互联的紧密关系，推动数据要素“流得动”。此外，数据基础设施能够帮助数据要素使用方顺畅、便捷地获取数据，应用数据的门槛将进一步降低，个性化、专业化的数据应用将迅速涌现，推动形成交叉创新、跨界融合的数据应用新局面，促进数据要素“用得好”。

当前，数据基础设施规划有国家数据基础设施和地方数据基础设施两个层级。国家数据基础设施是指由国家层面的组织或机构负责管理和维护的数据基础设施；地方数据基础设施是指根据国家制定的数据管理规范体系建设的地方级数据基础设施平台，主要负责省内各委办局及市级单位数据的采集、存储及流通使用。

当前数据基础设施的数据主要有4类：公共数据、行业数据、企业数据及个人数据。其中，公共数据指各级党政机关、企事业单位在依法履职或提供公共服务的过程中产生的数据；行业数据指与特定行业或领域相关的统计数据和信息，通过主管部门对行业、市场、企业、消费者等方面的数据进行收集和分析而获得；企业数据主要来源于在企业运营活动中收集的终端数据、运营数据、产品销售数据等；个人数据主要来源于运营商、金融机构、各类应用收集的有一定规模和流通价值、合法合规的数据。平台企业和生态类企业的数据互通需要基于类似数据交易所的企业间数据合规流通的方式，甚至是通过隐私计算等新技术来落地。

4.2.2 数据基础制度

数据基础制度是以产权、流通、分配和治理为核心的制度体系，旨在规范数据要素的市场化配置，它包括数据产权结构性分置制度、数据流通交易政策、数据收益分配机制和数据安全治理规则。

根据国家信息中心大数据发展部于施洋主任在公众号“国家数据局”的文章，目前我国的数据基础制度体系建设不断完善，主要包括以下内容。

（1）稳步推进“1+N”制度体系。数据基础制度形成了以产权、流通、分配和治理为核心的有机体系，未来将进一步在产权界定、流通交易等方面细化政策与措施，不断丰富和完善我国数据基础制度体系，为加快推进中国式现代化提供制度保障。产权制度方面，我国创新性地提出了数据产权结构性分置制度，形成了数据资源持有权、数据加工使用权、数据产品经营权“三权分置”的数据产权制度框架，既符合法律规定，又满足了数据要素市场流通使用需求，同时为进一步完善数据产权制度留出弹性空间。流通制度方面，将进一步围绕交易场所、数据商、第三方专业服务机构以及交易模式、流通基础设施等方面出台专项政策，不断激发市场活力，培育壮大数据要素市场。分配制度方面，结合各地对公共数据授权运营的实践探索，将进一步研究并出台公共数据资源开发利用相关政策文件，以公共数据高质量供给激发数据要素市场活力。治理制度方面，针对数据要素市场发展过程中出现的新情况、新问题，数据基础制度建设鼓励新技术、新模式在各行业领域创新应用，推动构建高效统一的流通规则机制和标准规范体系，打造更安全、更便捷的数据流通利用环境。

（2）行业配套政策不断完善。近年来，各行业部门围绕数据要素市场建设、大数据产业发展、公共数据共享开放等领域出台了多项政策。交通运输部、国家卫生健康委员会等部门针对建设数据资源体系、强化行业数据共享、加强数据资源管理等提出相关建设意见。财政部出台《关于加强数据资产管理的指导意见》，明确了依法合规管理数据资产、明晰数据资产权责关系、完善数据资产相关标准、加强数据资产使用管理、稳妥推动数据资产开发利用、健全数据资产价值评估体系等12个方面的任务。随着相关政策不断推出，各行各业的数据资源体系将逐步完善，不断打通制约数据“供得出、流得动、用得好、保安全”的卡点堵点，为我国经济社会高质量发展提供强大引擎。

以《上海市数据条例》为例，第二十五条明确指出：“本市健全公共数据资源体系，加强公共数据治理，提高公共数据共享效率，扩大公共数据有序开放，构建统一协调的公共数据运营机制，推进公共数据和其他数据融合应用，充分发挥公共数据在推动城市数字化转型和促进经济社会发展中的驱动作用。”

公共数据是数据要素的重要组成部分，是国家重要的基础性战略资源，在改善公共服务、优化营商环境和促进数字经济发展方面发挥了重要作用。但当前公共数据要素的潜能尚未充分释放，共享开放、管理体制、授权机制、利用行为和安全权责等体制性障碍、机制性梗阻依然存在，亟须加强政策引导。

公共数据包括政务数据和公共服务数据，其中政务数据是指国家机关和法律法规授权的具有管理公共事务职能的组织为履行法定职责收集、制作的数据；公共服务数据是指医疗、教育、供水、供电、供气、通信、文旅、体育、环境保护、交通运输等公共企事业单位在提供公共服务过程中收集、制作的涉及公共利益的数据。公共数据资源是各政务部门和公共服务组织在履行国家行政事务和社会公共事务职责过程中制作或获取的，以一定形式记录、保存的文件、资料、图表等各类数据的集合。公共数据资源目录是通过对公共数据资源的元数据描述，按照一定分类分级方法进行排序和编码的一组信息，用以描述公共数据资源的特征，以便对公共数据资源的检索、定位与获取。

公共数据开放是政府数据部门向自然人、法人或者非法人组织依法提供公共数据的公共服务行为。公共数据共享是政务部门、公共服务组织因履行法定职责或者提供公共服务需要，依法获取其他政务部门、公共服务组织公共数据的行为。在公共数据资源体系建设过程中，一般采用“一数一源一标准”，即每一条基础数据有且只有一个对数据的真实性和准确性负责的法定采集机构，该法定采集机构对每一条基础数据或每一张数据表均进行标准化处理。

4.3 可信数据流通技术

目前国家数据局支持的技术路径包括数据空间、数场、数联网、数据元件、隐私保护计算、区块链等多项数据可信流通的技术路线，同时鼓励有条件的城市或行业开展相关的探索工作。从行业来看，数据空间技术由于可参考的海外案例更多，因此理论研究和工程实践更多。数场、数联网和数据元件等技术路线主要由 1 ～ 2 个大型企业推动，覆盖从理论、工程开发到产业生态的建设。隐私保护计算、区块链则是相对比较成熟的技术，目前主要探索如何在数据要素的体系建设中落地。

4.3.1 数据空间

欧洲在推动数字化的进程中，探索了通过数据空间解决了多主体数据可信流通问题，并取得了较大的成果，也为我国的数据空间理论研究与工程技术提供了较好的参考。国际数据空间协会（International Data Spaces Association，IDSA）在 2014 年首先提出并定义了数据空间：数据空间是指不同参与者之间围绕数据共享的商业协作环境，在信任、安全、权属清晰的基础上，通过协议或技术基础设施的方式来实现标准化的数据价值创造。数据空间不是一个平台，不是一个数据湖或数据仓库，而是能够向社会提供数据和计算服务、进行交换和处理的空间，从而通过数据创造知识价值。它通过去中心化的基础设施协调共享数据资源，解决信任问题。数据提供方是将数据所有者的数据通过国际数据空间（IDS）连接器传入数据空间的设备。它允许其他人使用这些数据，并保留对使用人、使用方式、使用时间、使用目的和使用价格的控制。数据消费方是按照数据用户的委托进行数据处理的设备。数据提供方按照使用规则并基于对数据的质量与可靠性的信任基础上提供数据。IDS 连接器是一个专用的软件组件，是数据与服务的网关，为各应用程序和软件提供可信任的运行环境。

按照《国家数据基础设施建设指引》的定义，可信数据空间是基于共识规则，联接多方主体，实现数据资源共享共用的一种数据流通利用设施，是数据要素价值共创的应用生态，是支撑构建全国一体化数据市场的重要载体。可信数据空间须具备数据可信管控、资源交互、价值共创3类核心能力，其功能架构如图4-7所示。在可信管控层面，可信数据空间通过全要素接入认证、全过程动态管控和全场景存证溯源来形成信任管控流；在资源交互层面，通过技术打通从数据接入、数据发布、数据发现、数据转换、数据交付等流程，建立数据资源流；在价值共创层面，通过数据运营方、数据托管方和数据开发方之间的协同合作，形成供需撮合、授权托管、委托/联合开发等共创机制，构建服务价值流。

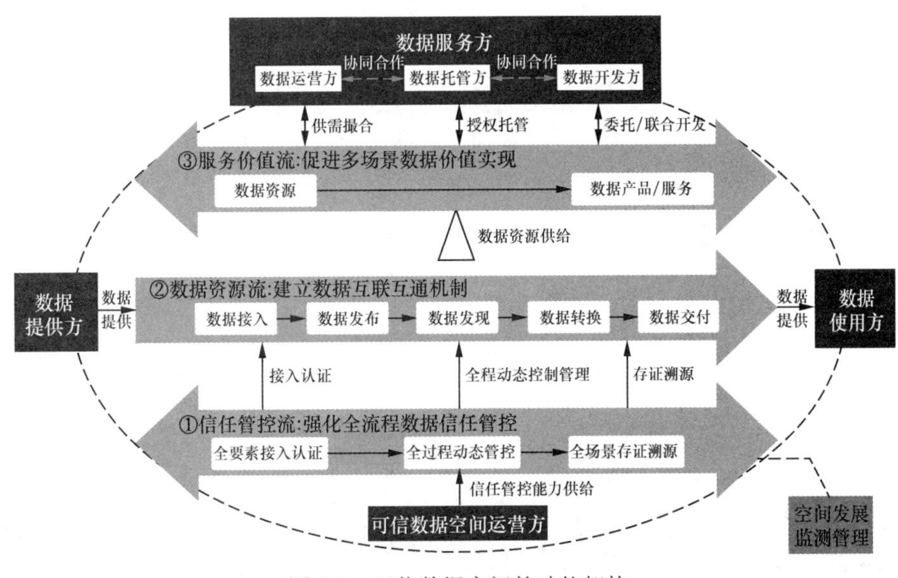

图4-7 可信数据空间的功能架构

1. 可信数据空间的功能

可信数据空间的核心功能是解决当前数据流通的如下3个问题。

- 信任机制缺失问题：即参与数据流通的各方缺少信任机制或提供方担心数据滥用、泄露和篡改风险，因此导致各方不敢共享数据。
- 价值牵引缺失问题：由于参与数据流通的各主体缺少高价值的共性应用场景牵引，不能明确和量化数据共享带来的价值增益，因此不愿共享数据。
- 数据流通不通畅问题：由于各机构间数据模型不统一，数据管理要求不一致，以及数据业务语义差异较大，因此导致跨组织的数据流通在技术上有很大的难度。

为了解决数据空间的信任机制缺失的问题，数据空间在技术上需要保证所有参与方经过的审核都是可信的，所有用于数据研发的工具都是审核过的，此外跨主体的数据都是按照数字合约的规定使用，全过程的使用行为都有存证并可审计与追溯。

为了解决价值牵引缺失问题，国家数据局的规划有以下3个重点方向。

- 推动行业龙头企业和国有企业建设可信数据空间，这些产业链中的链主企业能够打通产业链端到端的数据，通过数字化提升产业链的业务协同与价值创造。
- 重点培育行业可信数据空间，依托行业的共性需求来牵引数据空间的建设，例如用于创新药物研发的医疗行业数据空间、促进新能源汽车行业产业链协同与ESG服务的汽车行业数据空间、围绕科研创新协同的科学实验数据空间。
- 鼓励创建诚实可信的数据空间，推动公共数据、企业数据和个人数据融合的应用，围绕着城市全域的数字化转型来打造一系列可复制的数字化应用。

为了解决数据流通不通畅问题，技术上可以结合跨域使用控制技术、数据标识、数据资源目录、数据沙箱、隐私技术等技术，打造物理上能够让数据需求方的开发人员灵活使用的开发环境。可以在数据资源目录中按需发现和申请数据资源，能够基于数据空间内提供的工具开发有业务需求的新的数据产品。

数据空间的功能框架参考如图4-8所示，经过实践初步验证能够解决数据流通不通畅问题。在可信的数据空间内，运营方为数据供需双方提供数据流通的中间服务。

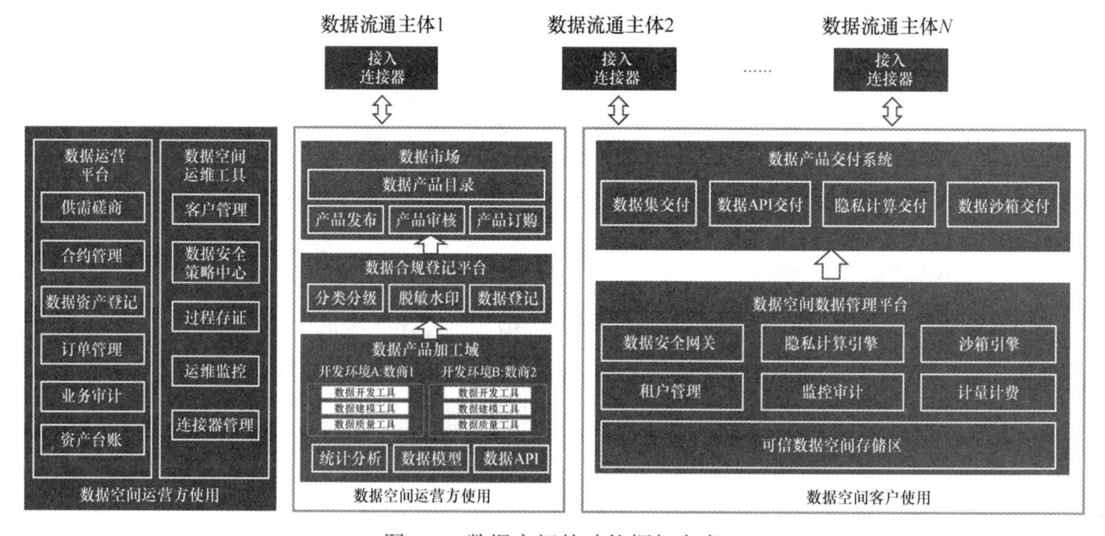

图4-8　数据空间的功能框架参考

这个功能框架为数据空间运营方提供了多个管理和运营工具，主要包括如下5个。

- 数据运营平台：主要负责与业务运营相关的流程与功能支撑，包括供需磋商的流程支持，数据产品相关的采购合约管理，数据空间内开发的数据产品的数据资产登记，需求方的订单管理，业务审计以及资产台账等。

- 数据空间运维工具：数据安全策略中心用于实施细粒度的数据跨域使用控制，过程存证可用于对数据空间内的行为进行全程审计和溯源，连接器管理用于配置允许哪些外部消费者可以接入数据空间。
- 数据产品加工域：运营方技术人员为数据需求方提供数据资源初步加工需要的配套工具，包括数据开发工具、数据建模工具、数据质量工具等。
- 数据合规登记平台：数据资源在提供给需求方之前需要按照行业法律法规做好必要的合规与审核，满足监管要求后才可以登记到数据市场。
- 数据市场：可以给数据需求方提供数据产品目录，运营方将合规的数据产品登记到该目录上，数据使用方能够方便地发现和理解相关数据资源。

面向数据的使用方，数据空间需要提供一系列的开发与运维能力，满足数据产品支撑使用方的业务能力，包括在线业务的不间断数据服务能力。数据空间的核心技术目标是让数据需求方的开发者开发出有价值的数据产品，可以是数据 API 或隐私计算模型等。需要强调的是，数据产品产生价值的关键是能够支撑在线的生产业务，因此数据空间内需要为数据需求方提供 7×24 小时稳定运行的数据服务必要的技术栈，并能够满足业务需求的弹性、可扩展性和安全要求，提供高性能数据网关、数据库和安全软件，隐私计算类软件也需要具有业务需要的性能和 SLA 保障。因此数据空间需要为数据需求方提供体系化的 PaaS 功能。在图 4-8 中，数据空间包括数据产品交付系统，这是数据使用方主要使用的环境，按照使用场景不同，使用方可以开启低资源消耗的、用于产品研发的实验环境，以及保证业务高性能的、用于对接生产业务的数据产品的生产环境。数据空间数据管理平台包括一系列的数据开发工具和存储计算引擎，可信数据空间存储区用于开发者的数据存储。数据空间内可参与计算的数据在物理上不一定会集中，大部分可能会采用分布式架构，参与方管理自有的数据，通过安全计算等方式来实现数据共享。

2．数据沙箱

数据沙箱是一个保障数据不出域的安全技术，为数据需求方提供一套封闭的数据开发环境，通过数据库安全、数据内容安全、基础设施安全全方位保障数据可入不可出，数据提供方将数据在数据沙箱里有限地开放，实现数据在合规合法的条件下安全共享。数据沙箱如图 4-9 所示，数据提供方在数据市场发布数据产品后，数据需求方就可以提出申请，申请通过后在数据沙箱中创建沙箱空间，数据市场会将需求方申请的数据产品及配套的细粒度安全策略下发到沙箱空间。需求方可以在沙箱空间中做数据开发。为了保证数据开发过程中数据不出域从而避免数据泄露和滥用问题，数据沙箱需要提供一系列的技术功能和安全。

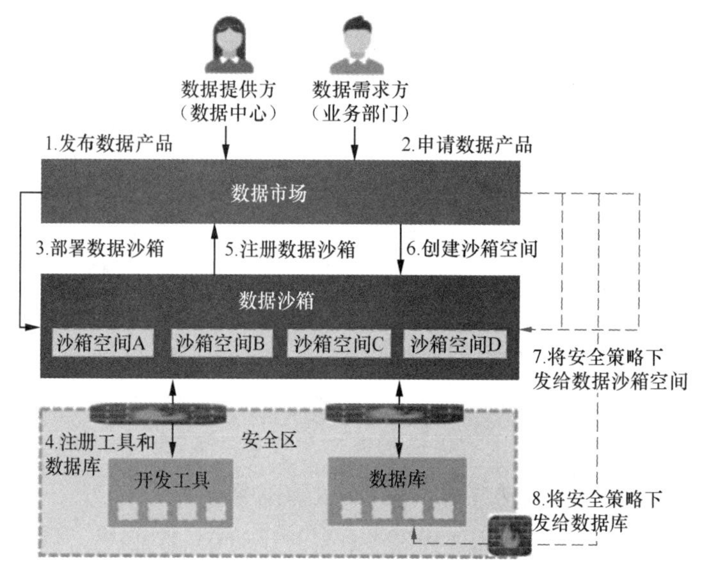

图 4-9　数据沙箱

数据沙箱的技术功能要求如表 4-1 所示。

表 4-1　数据沙箱的技术功能要求

核心需求	技术功能要求
数据可入不可出	根据数据安全策略实现静态与动态脱敏，实现数据访问控制，可定期清理回收数据
多维隔离	根据用户对不同安全隔离性的要求，可提供租户隔离、数据沙箱隔离、沙箱空间隔离这 3 种隔离能力
数据开发能力	提供 SQL 开发、编程式建模、可视化这三大分析能力，可根据用户实际需求自定义所需的数据开发分析工具
数据安全	支持多种部署方式，满足不同安全分类分级场景

3．数据连接器

数据连接器是数据空间的一个重要组成部分，它是以安全便捷、广泛介入、互联互通为原则，用于打通部署方与数据空间之间的数据通道。如果部署在数据提供方，那么主要用于提供方管理可发布的数据资源和发布数据产品；如果部署在数据使用方，主要用于安全地获取数据资源。数据连接器可以是软件，也可以是软硬结合的设施。

由于一个企业在业务上需要跟多个数据空间合作，需要通过数据连接器来对接，甚至是和其他企业的数据连接器互通，因此需要各个数据空间和数据连接器之间能够统一连接的协议和标准。除了互通协议以外，数据连接器还需要具备数据发现、跨域数据访问控制等功能，以及数据产品开发、基于数据合约的用量控制、计量计费等功能，甚至可以直接在连接器中部署开发工具或隐私计算模块，方便需求方的开发人员直接做数据探索。

对于价值密度高或相对敏感的数据，在云上即使做脱敏后的数据资源开放的数据安全控制有一定的技术难度，数据提供方或需求方可以采用基于数据流通一体机的数据连接器来接入数据空间，如图 4-10 所示。这个方式在我国更容易被接受，一体机由数据空间运营方负责管理和运营，部署在数据需求方的数据中心内，并且数据需求方只有相应的数据使用权。一体机内提供了完整的数据资源的发布与下发流程，做好了细粒度权限控制、跨域管控等安全设置，提供了数据建模工具、隐私计算等开发软件，因此数据和开发工具对数据供需双方都是可信的。这个方式实现了数据所有方的跨域安全管控，而使用方也不需要承担数据合规的成本，可以专注于应用化探索。

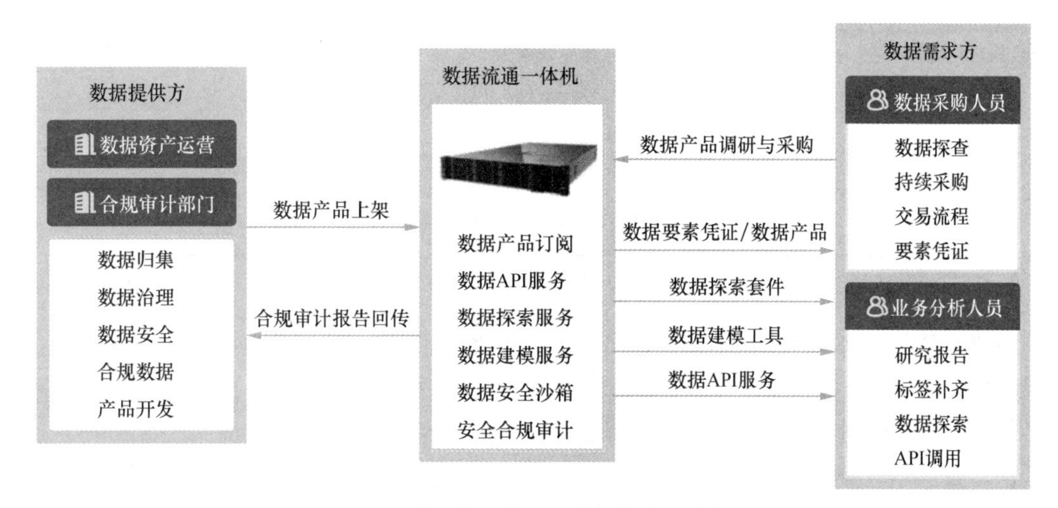

图 4-10　基于数据流通一体机的数据连接器

4.3.2 其他技术路径

1. 隐私保护计算

隐私保护计算是指在保证数据提供方不泄露原始数据的前提下，对数据进行分析计算的一类信息技术，保障数据在产生、存储、计算、应用、销毁等数据流转全过程的各个环节中“可用不可见”。隐私保护计算的常用技术方案有安全多方计算、联邦学习、可信执行环境、密态计算等。常用的底层技术有混淆电路、不经意传输、秘密分享、同态加密等。

隐私保护计算作为众多学科的交叉融合技术，目前的技术方向包括多方安全计算、联邦学习技术和可信执行环境技术。除了这三大技术方向，同态加密、差分隐私等技术也被广泛采用，这些技术或融入上述方向中作为方案的一部分，或被独立采用。隐私保护计算的技术对比如表 4-2 所示。

表 4-2　隐私保护计算的技术对比

<table>
<tr><th>技术方向</th><th>技术</th><th>案例场景</th></tr>
<tr><td rowspan="2">多方安全计算技术</td><td>不经意传输</td><td rowspan="2">数据融合查询，例如联合白 / 黑名单查询，敏感信息联合数据统计
供应链和上下游统计分析</td></tr>
<tr><td>秘密分享</td></tr>
<tr><td>联邦学习技术</td><td>联邦学习</td><td>企业内跨部门联合业务智能分析
跨地域 / 跨国业务智能分析（合规、画像等）
营销场景中的联合获客、联合反欺诈
小微信贷反欺诈
政务开放中数据资源定向使用</td></tr>
<tr><td>可信执行环境技术</td><td>可信执行环境</td><td>隐私身份信息的认证比对
数据资产所有权保护
智能合约的隐私保护和链上数据机密计算</td></tr>
<tr><td rowspan="2">其他</td><td>差分隐私</td><td>客户群体画像
去标识化（敏感 ID）业务：对个人使用习惯、偏好、地址等做统计分析</td></tr>
<tr><td>同态加密</td><td>通用技术，多用于联邦学习等场景</td></tr>
</table>

2．数场

按照《国家数据基础设施建设指引》的定义，数场是依托开放性网络、算力和隐私保护计算、区块链等各类关联功能设施，面向数据要素提供线上线下资源登记、供需匹配、交易流通、开发利用、存证溯源等功能，支持多场景应用的一种综合性数据流通利用设施。数场以高效流通、价值释放、繁荣生态为目标，具备实现数据可见、可达、可用、可控、可追溯等能力，具有开放性、融合性、扩展性等特点。

数场从点、线、面、场、安全 5 个维度构建标准化技术框架，如图 4-11 所示。点是数据主体进入数场的接入点。线是数场内连接各主体、各平台的数据高速传输网，实现数场内各主体之间的互联互通。面是数场中数据主体、传输网络的集合，是实现数据大规模流通、高效安全利用的核心。由点到线、由线到面构成数场基础设施。场是基于数场基础设施构建的数据应用、场景化创新，以及相关能力、流程、规范的统称。安全是覆盖点、线、面、场的动态全流程保护措施。数场在技术架构上包括接入点、功能平台、管理平台、安全保障、网络传输等基础服务平台。

3．数联网

数联网技术在 2023 年由中国移动发布，它能够连接数据提供方、数据需求方、数据交易提供方等主体，在保证数据安全合规使用的前提下，一键接入网络，为数据产品流通提供“物流”服务。数联网的核心还是一张网，可以让数据就近接入，提供数据流通专属算力网络，支持数据审计、存证溯源等安全保障。

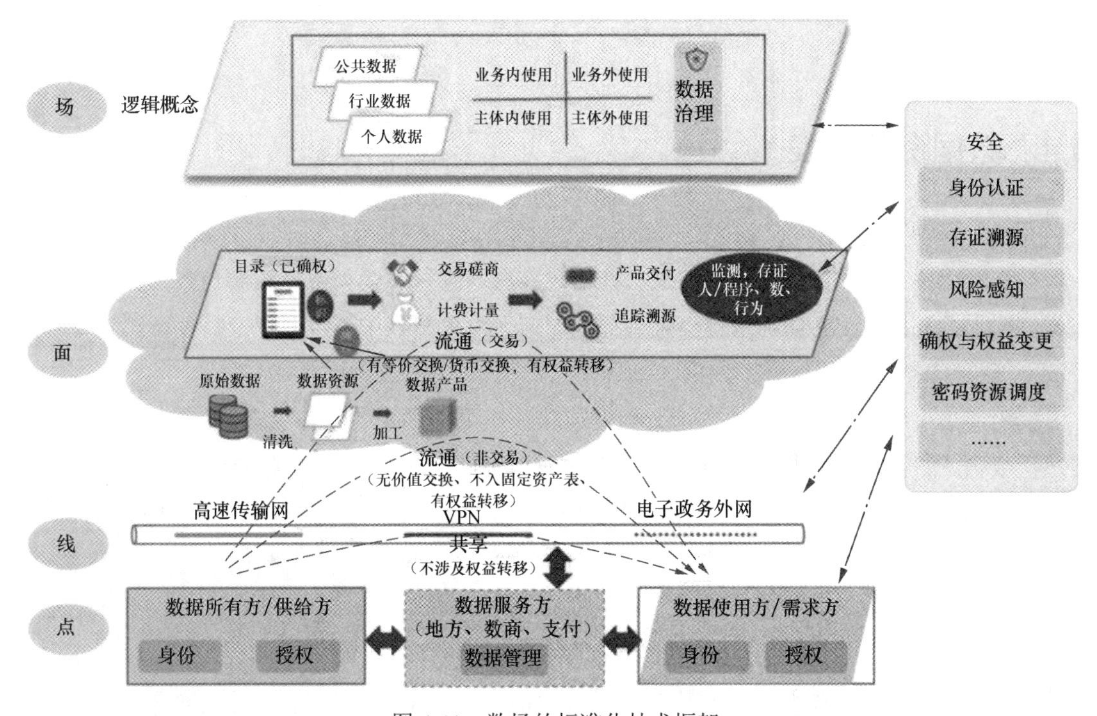

图 4-11 数场的标准化技术框架

按照《国家数据基础设施建设指引》的定义，数联网由数据流通接入终端、数据流通网络、数据流通服务平台构成，提供一点接入、广泛连接、标准交付、安全可信、合规监管、开放兼容的数据流通服务。

4. 数据元件

按照《国家数据基础设施建设指引》的定义，数据元件提供统一标准、自主可控、安全可靠、全程监管的数据存储和加工服务，支持采用标准化工序完成数据产品规模化加工、生产和再利用，适用于大规模数据加工和生产场景。数据元件作为连接数据供需两端的“中间态”，将原始数据与数据应用“解耦”，基于数据元件相关组件，实现从数据归集到数据元件加工交易全生命周期的数据要素开发和管控。数据元件是由中国电子信息产业集团提出并打造的技术生态。

5. 区块链

区块链是分布式网络、加密技术、智能合约等多种技术集成的新型数据库软件，具有多中心化、共识可信、不可篡改、可追溯等特性，主要用于解决数据流通过程中的信任和安全问题。利用区块链技术，可以建立统一的数据凭证和交易凭证结构，确保数据的可适溯性和信任性。在数据流通和共享过程中，区块链的不可篡改性和可追溯性提高了数据的信任度，降低了数据造假和欺诈的风险。在数据跨境流动中，区块链可以提供安全可信的数据传输和监管机制，促进国际数据合作和交流。

4.4　数据资产入表

2023 年 8 月 1 日，财政部正式发布了《企业数据资源相关会计处理暂行规定》，规范了企业数据资源相关会计处理，强化了相关会计信息披露。它针对诸如数据资源是否可作为资产入账、数据资源及相关交易如何进行会计处理，如何在财务报表中列示，以及需要做出何种程度的披露等业界关注的问题进行了规范。

按照清华大学汤柯教授主编的《数据资产化》一书中的描述，数据、数据资源、数据资产和可入表的数据资产的包含关系如图 4-12 所示。从经济视角看，可以作为数据资源的数据具有使用价值，数据资产产生了具有经济或社会价值的数据资源，而可入表的数据资产通常可以为企业创造或者预期创造经济收入。

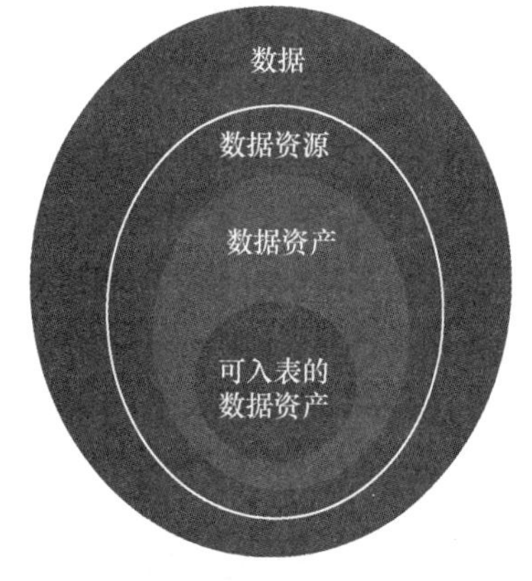

图 4-12　数据、数据资源、数据资产和可入表的数据资产的关系

目前对于外购的数据资产，其成本计量较为清晰。对于自主构建的数据资产，可以将数据资产的成本按照其生命周期的不同阶段进行归集。在综合考虑数据规划、数据采集、数据传输、数据汇聚、数据开发、运营维护、存储及数据安全保护等阶段的工作后，可以根据不同阶段对数据资产的成本项目进行清晰的归集。因此，若数据从产生到达到最终可出售状态的全周期中各阶段的成本均可以归集、计量，那么数据资产就符合以存货确认计量的条件。

4.4.1　数据资产的确认

根据《企业数据资源相关会计处理暂行规定》并参照资产确认条件，将一项数据资源确认为数据资产，需要其符合数据资产的定义，并同时满足以下两个条件。

- 该数据资源有关的经济利益很可能流入企业。按照存货的形成方式，在存货数据资源的模式下，可在完成客户需求后向客户提供服务产品及对应的数据，按合同约定的方式实现并确认服务收入，为企业带来收益，其流转周期较短，一般为一个营业周期。无形资产即企业自用的数据资源，形成方式可以是外购或内部研发，内部研发的方式可以是由数据管理中心加工处理，进而产生不同的数据产品并能够应用于不同场景，为企业带来收益。

- 该数据资源的成本或者价值能够可靠地计量。在存货数据资源的模式下，相关数据资源的系统设计及建设期的各项成本均有记录，如采购合同、发票、运营人员的薪资或运营外包的费用、物联网平台、云存储资源、数据库等基础公共资源的摊销费用、AI算法采购费用，以及公司公共管理成本摊销等，均可以可靠计量，并计入存货成本，随收入确认时进行结转。

无形资产目前参照《企业会计准则第 6 号——无形资产》核算，在不同阶段将其成本归集，研究阶段在“研发支出—费用化支出”科目归集支出，达到资本化条件时通过“研发支出—资本化支出”科目归集开发阶段的支出，待研发项目资本化结束时，资本化的支出转为无形资产。

对于外购的数据资源形成的无形资产的成本进行确认时，现行准则规定，外购无形资产的初始入账成本不包括无形资产达到预定用途之后所产生的支出，也不包括与无形资产开发有关但并非必不可少的偶发性经营支出，此外，在取得无形资产类数据资源时，企业应该进行分析并判断其预期使用寿命，然后在该使用寿命范围内采用适当的系统摊销方法。

对于内部研发的数据资源形成的无形资产的成本进行确认时，需要参考《企业会计准则第 6 号——无形资产》应用指南中提到的相关条件，其重点总结如下。

- 从技术上来讲，完成该无形资产以使其能够使用或出售具有可行性。
- 具有完成该无形资产并使用或出售的意图，项目中积累的数据产品已经与外部客户签订相关合同或意向协议，已经明确具体的应用场景，或者数据产品具有清晰的客户画像分析和客户使用价值说明。
- 数据资产存在市场。企业应当对运用该数据资产的市场情况进行详细调研，以证明该资产未来形成的产品存在市场并能够带来经济利益，或能够证明市场上存在对该无形资产的需求。
- 有足够的技术、财务资源和其他资源支持，以完成该无形资产的开发，并有能力使用或出售该无形资产。
- 归属于该无形资产开发阶段的支出能够可靠计量，有完善的成本费用的日常核算制度，以确保准确核算与开发支出相关的成本费用。

在企业中，并非所有的数据资源都符合会计意义上对数据资产的定义，也并非所有的数据资产都能够在资产负债表中确认。数据资源同时满足以下 5 个条件，才能在资产负债表内被确认为一项数据资产。

- 数据资源是由企业过去的交易或事项形成的。在现行的会计准则中，该条件是时间维度的一项规定，也就是说在该限定条件下，企业预期在未来发生的交易或事项不形成企业的资产。数据资源的来源包括合法授权采集、自主生产和通过交易获取等，数据资源形成的同时就已经确定了来源的形式，不需要企业付出额外的时间进行判断，因此判断数据资源是否由过去的交易或事项形成比较容易。
- 数据资源是由企业拥有或控制的。根据《企业会计准则——基本准则》的定义，企业拥有或控制是指企业享有某项资源的所有权，或者虽然不享有某项资源的所有权，但该资源能够被企业所控制。在实践中，企业具备数据资源的使用权或数据产品的经营权并获得与之相关的经济流入将成为未来数据要素市场的主要趋势。因此，对企业而言在论证是否拥有或控制某项数据资源时，重点应关注企业是否能主导数据资源的某项权利（如使用权）并从控制与之相关的经济利益的流入。
- 预期会给企业带来经济利益。在企业会计准则对资产的定义中，预期会给企业带来经济利益更多是强调该项资源具有产生经济利益的潜力或者可能性，并不强调相关经济利益的流入。数据资源能够为企业创造价值已经成为共识，数据资源的价值创造依赖其应用场景，因此企业在判断数据资源是否有产生经济利益的潜力时，需要对数据资源的持有目的、形成方式、业务模式，以及与数据资源有关的经济利益的预期消耗方式等有相对清晰的认识。
- 相关的经济利益很可能流入企业。企业会计准则有关资产确认的条件之一：相关经济利益很可能流入企业，但是数据资源是否能给企业带来经济利益的论证往往较为困难，例如预计使用寿命内各种经济因素的影响很难有明确的证据支持。对于企业内部产生的数据资源，关于“很可能”的认定标准将成为数据资源“入表”过程中的一个主要挑战。企业需要探索建立数据资源价值发现和提升的机制，合理论证数据资源的预期经济利益的实现方式和可能性。
- 成本或者价值能够可靠地计量。会计意义上的成本或价值能否可靠计量依赖于对相关的成本是否有准确的记录和单据的支撑，以及相关的成本能否合理地归集和分摊。对数据资源而言，成本或价值能否可靠计量很大程度上依赖于对数据资产的形成过程中产生的各项成本投入是否清晰，各项成本投入应该如何归属，以及与数据资产相关的成本应该如何归集和分摊。

4.4.2 数据资产的会计计量

参考《企业会计准则第6号——无形资产》，无形资产应当按照成本进行初始计量。对于确认为无形资产的数据资产，其成本构成可分为外购形成的无形资产及自研形成的无形资产。

1．外购形成的无形资产的成本构成

企业通过外购方式取得确认为无形资产的数据资源，其成本包括购买价款、相关税费，直接归属于使该项无形资产达到预定用途所发生的数据脱敏、清洗、标注、整合、分析、可视化等加工过程所产生的有关支出，以及数据权属鉴证、质量评估、登记结算、安全管理等费用。

2．自研形成的无形资产的成本构成

企业内部数据资源研究开发项目的支出，应当区分研究阶段支出与开发阶段支出。对于研究阶段的支出，应当于产生时计入当期损益。对于开发阶段的支出，满足《企业会计准则第6号——无形资产》第九条规定的有关条件的，才能确认为无形资产。对于企业来说，数据资产在形成过程中通常经过数据规划、数据采集、数据整合、数据存储、数据开发、数据运营、数据安全运营等过程，针对数据资产形成过程中发生的成本，可进行资本化或费用化处理。其中，数据资产资本化的成本如表4-3所示。

表4-3 数据资产资本化的成本

阶段	资本化的成本
数据规划阶段	前期调研产生的人工、会议及咨询费用等
数据采集阶段	采集过程中的人工投入、购买外部数据的投入、购买设备的费用、设备安装和维护的费用等
数据整合阶段	投入的计算资源、人力资源、接入费用和链路费用等
数据存储阶段	数据存储相关的费用
数据开发阶段	信息资源整理、清洗、挖掘、分析和重构等费用
数据运营阶段	数据质量治理、加工、备份、迁移和应急处置等费用
数据安全运营阶段	保障数据安全投入的等保认证、安全产品等费用

4.4.3 数据资源入表管理平台

数据资源入表管理平台是一个新型管理软件，为需要数据资源入表的企业提供数据资源价值管理服务。由于很多企业希望入表的系统不一定经过体系化的数据治理，很可能需要从数据系统的原始数据资源开始，先做基础的数据治理将数据资源变成资产，然后按照资产入表的要求执行后续入表操作。这也是为什么一般叫作“数据资源”入表管理平台，而不是“数据资产”入表管理平台。

为帮助企业在数据资源初始计量和后续计量的过程中实现降本增效，保障数据资源合规入表，数据资源入表管理平台的功能架构包括数据资产规划、成本归集、数据资产台账、披露报表生成等模块，以及资产估值、合规审查、审计档案、数据看板、系统配置等增值服务，如

图 4-13 所示。下面逐一介绍 7 个关键模块。

数据资产规划
资产规划　数据关联
人员关联　资产成本
资产化流程管理

成本归集
人工成本　非人工成本
成本分摊　成本导出
成本生命周期管理

数据资产台账
资产摊销
资产减值
资产处置

披露报表生成
无形资产披露
存货披露
自愿披露

资产估值
估值算法
估值任务
估值报告

合规审查
合规知识库
合规测评报告
律师管理后台

审计档案
审计检查点
审计文件管理
审计文件导出

数据看板
资产统计
成本分析
数据录入

系统配置
部门配置　项目配置
工序管理　费用类型管理
数据录入　多租户管理

图 4-13　数据资源入表管理平台的功能架构

- 数据资产规划模块用于规划可以入表的数据资产的内容，包括数据资产的总体规划、业务与数据资源的关联、与所属团队和人员的关联等工作，与相关团队确认相关资产成本是否满足入表条件，以及配套的资产化流程管理。
- 成本归集模块是数据资产入表的关键功能模块，一般用于测算拟入表数据资产的成本。针对企业计划入表的外购和自研的数据资产，平台需要提供流程化的方式来归集人工成本与非人工成本，落实成本分摊的策略，支持成本导出以用于后续审计及企业内核算，并做好成本生命周期管理。
- 数据资产台账模块需要提供流程化的管理功能，包括资产摊销、资产减值和资产处置。
- 披露报表生成模块主要协助企业完善与信息披露相关的工作。对于上市企业，数据资产的披露报表生成工作非常重要，包括无形资产披露、存货披露和自愿披露等。
- 资产估值模块可以帮助企业估算相关数据资产的价值。企业数据资产估值可以采用成本法、市场法等策略，如果数据资产规模比较大，可以采用模型和算法来做资产估值。一个好的数据资源入表管理平台可以为用户提供不同的估值算法，并提供自动化的估值任务来定期运行，生成估值报告供评估团队选择。
- 合规审查模块也是非常重要的内容，哪些数据可以合规入表需要根据行业的规定和企业内部规章制度决定，建立一个合规知识库能加速这个过程，最终通过技术手段产生合规评测报告，通过律师管理后台提供给外部律师，方便律师来进一步评估。
- 审计档案模块是对入表资产所有操作合规性的重要保障，主要由企业内控人员或第三方审计师使用。

可入表的数据资产需要有技术性功能来保障管理流程的高效、持续性和安全，这些功能包括对数据资产的识别、数据资产的安全保护与独立存储，以及数据资产的登记与追溯。

（1）数据资产的识别。资产识别与标识类保障包括为经营管理构建的内部数据资产平台，基于该平台可以有效识别出某项目级别的可入账数据资产，尤其是企业的商业秘密、行业重要数据和个人数据不可作为入表的数据资产，这些都需要技术手段来保障。因此，企业可以通过自动化的分类分级技术来建立数据资产目录，由各部门来确认相关数据是否可以满足相关的合规性要求。

从技术上看，数据资产平台的核心能力主要包括数据资产的识别和数据资产的目录体系。

数据资产的识别主要是从技术上将研发生产侧的数据资源与业务价值串联，并按照财务的项目管理要求做类别区分。由于企业内的数据资源繁多，并且持续生成、每日变化，因此需要足够的技术实现高效、准确的资产识别能力。数据资产的目录体系是将数据资产按照企业组织架构或者业务架构的目录层级挂载后形成的目录体系，形成一个自上而下的数据目录，可以方便数据的梳理以及体系化的管理。

（2）数据资产的安全保护与独立存储。安全保护与独立存储的功能主要为满足对可审计性和隔离性的要求，为数据资产的管理提供安全防护手段和独立存储的能力。

数据资产的隔离是指将数据资产与其他数据或系统进行物理、逻辑和网络上的分离，并通过数据加密和操作审计的方式确保数据的安全性、完整性和可用性。隔离的目的是防范未经授权的访问、数据泄露、数据篡改等安全威胁，也可以提高数据管理的效率和灵活性。

需入表的数据资产存储在单独的服务器上，为审计、会计、税务等非技术人员提供单独的操作管理能力，并降低数据被非法访问或篡改的概率。通过网络安全策略和防火墙，可将数据资产的存储区域与其他网络区域隔离，从而防止未经授权的访问。基于数据库加密技术，可对数据进行加密存储，保证数据不被非法访问。

（3）数据资产的登记与追溯。数据资产的登记与追溯主要为了保证资产登记的不可篡改及追溯的能力，即使数据经过多次复制及传播，仍然能够保证数据资产本身的完备性、可追溯等特性。数据登记中的区块链存证技术目前应用较为广泛，它是一种基于分布式账本的数据存储和传输技术，主要特点包括去中心化、安全性和不可篡改性。区块链技术用于数据产权的登记和追溯，可以确保数据的唯一性和不可篡改性。

第 5 章

数据底座的技术与实践

发展数字经济需筑牢“三大基石”：数据要素市场的建立、数字治理体系的构建、数据技术体系的演进。

——梅宏，中国科学院院士

5.1 数据底座的架构要求

企业启动业务数字化的战略后，首先需要解决的问题是如何规范、高效地收集各类业务过程依赖及产生的数据；其次是如何在科学的框架内，由浅至深地逐步加以开发和利用。在这个阶段，企业内部很容易达成一致，只需要规划一个统一的数据基础平台作为数据底座，将企业内散落在各处的数据汇集起来，并提供对这些数据做进一步探索的能力。在物理上，企业需要借助这个数据底座来支撑海量且持续增长的数据存储，并提供数据分析和计算能力，有了这些基础后，数据团队就可以将企业内的数据持续汇集进来，再完成数据治理和数据业务开发等工作。

5.1.1 数据底座的能力要求

随着大数据技术的融合发展，数据底座的边界不断扩展，内涵也发生了变化，逐步形成了五大能力要求，如图 5-1 所示。

- 数据多源异构：数据底座能够整合和集成多源异构的海量数据，支持结构化、半结构化、非结构化等各种数据模型，这样即使后期业务有了新的需求，数据底座也能够即时地完成数据接入、整合和最终的服务，在技术上也能够落地“应存尽存、能收则收”。

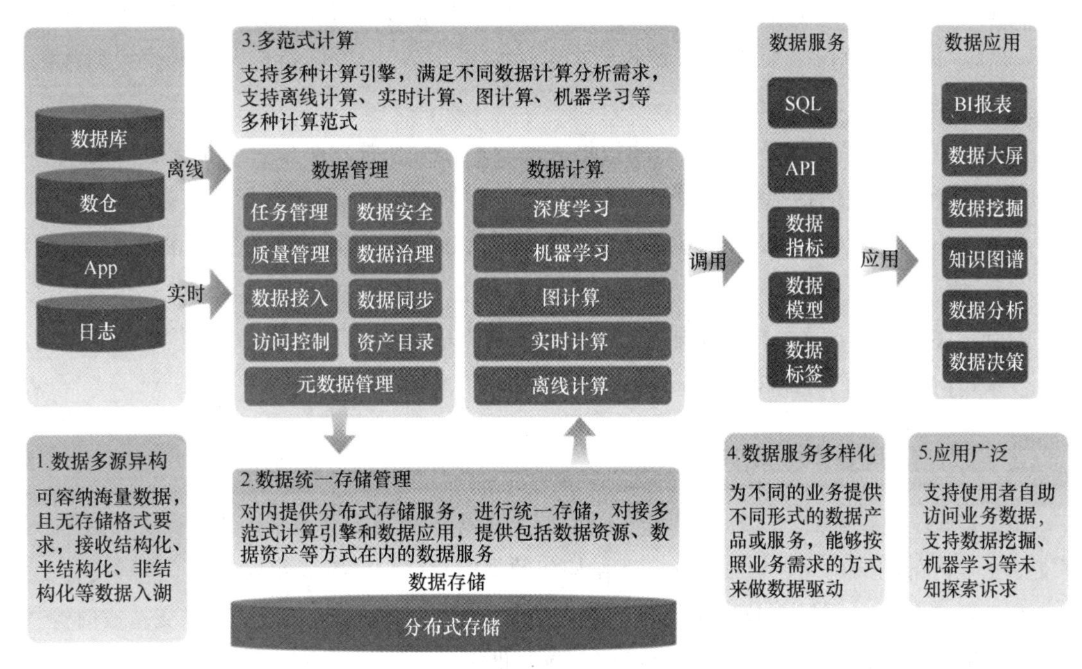

图 5-1 数据底座的能力要求

- 数据统一存储管理：随着分布式存储技术的快速发展，提供统一的数据存储服务已经成为业内的共识，在实现方式上可以是物理上的统一（所有数据通过物理方式复制到企业数据底座上）或逻辑上的统一（部分数据仍然在其他数据存储中，但可以通过元数据管理、数据联邦等方式实现逻辑的存储管理）。统一的数据存储和管理从根本上实现了“数据孤岛”的打通，往上对接各种计算引擎和数据管理工具，从而为后续的数据资产化和服务化打好基础。
- 多范式计算：数据资源自身能够提供的价值有限，而通过多维度的碰撞、关联分析或智能化学习后，隐藏在数据里面的离散价值就可以被发现和挖掘出来，从而将数据变成有价值的资产。由于支撑业务的多样性，企业级数据底座需要支持多种计算引擎，满足不同数据计算分析需求，支持离线计算、实时计算、图计算、机器学习等多种计算范式，让不同的开发者和分析师可以按照他们的技能领域和业务范畴来选择合适的计算工具或引擎，让数据被真正地开发和利用起来。
- 数据服务多样化：数据服务是衔接数据底座和业务之间的关键要素，或者说是数据底座为业务和组织生产的关键产品。企业的产品是企业实现经营性目标的核心交付方式，也是与用户建立黏性的关键介质；数据底座上的各种数据服务是保证数据湖成功的关键要素，要做到质量高、品类丰富、安全合规和服务方式多样化，可支撑各种业务领域。目前企业内主要的数据服务形式包括 SQL、API、数据指标、数据模型和数据标签等。

- 应用广泛：目前各个行业的企业数据应用发展如火如荼，衡量一个数据底座的成功与否，其最主要的指标应该是该数据底座成功支撑的数据应用的数量和业务效果。

数据底座的架构对能够支撑的业务能力至关重要，过去 10 多年来大数据技术快速发展，涌现了多种不同的技术架构和一些明星产品和技术，例如 Hadoop 技术体系、流批一体、存算分离、湖仓一体架构等。这些技术在某些方面推动了数据底座的发展，不过由于技术复杂度问题和过度宣传问题，入门者比较难有充分的、客观理性的全面认识。

5.1.2　数据底座的核心功能

在数据底座建设方面，一般采用基于 Hadoop 大数据平台或云存储来构建企业级数据湖，能够支撑企业内部的结构化、半结构化、非结构化数据的存储与分析。此外，为了能够支撑更多的实时性数字业务，一般在数据湖的建设过程中就会同步建设计算能力层，以支持实时计算、离线数据批处理计算和高并发的在线分析与查询类业务。

在企业建设数据底座的阶段，企业的技术团队需要建设的核心功能主要包括数据整合与开发、平台运维与安全管理。

数据整合与开发指的是将企业内部的数据通过自动化的手段汇集到数据湖中，其中包含一些数据开发工作（如不同数据库的类型转换、必要的数据补全等），让数据湖中积累出可用的数据。数据整合的方式可以包括离线（如 T+1）、准实时（分钟级）与实时（秒级），相应的技术难度、可接入的数据库类型等也会不同，要求的支撑工具和功能也会有较大差异。

数据底座的存储与计算基础层功能要求如图 5-2 所示。

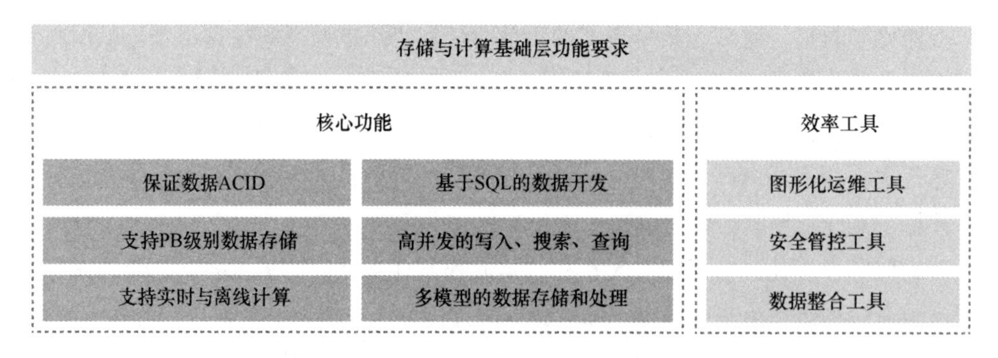

图 5-2　存储与计算基础层的功能要求

- 多模型的数据存储和处理是数据底座的核心功能之一。由于企业的各个业务会生成不同类型的数据，除了关系数据库中存储的结构化数据，还有大量的非结构化数据（如运营管理类应用产生的文档、票据和合同数据，制造管理应用积累的时序数据，交通运输类应用产生的时空位置类数据等），因此存储平台需要支持结构化数据和多种非结构数据的处理。
- 在可处理的数据量级上，企业要充分预估未来可能接入的数据量级，尤其是对一线业务单位可能生成的大量制造流程数据、监控管理数据等做好容量规划，因此数据底座对存储与计算基础层的数据容量的要求是要有很强的扩展性，最高可以支持 PB 级数据存储。
- 在数据整合层面，存储与计算基础层需要支持对数据的高并发写入、搜索、查询等，并且支持基于 SQL 的数据开发，这样就可以很好地使用企业内部已有的数据工具。
- 存储与计算基础层需要支持对数据的高并发的事务操作，保证数据 ACID，从而具备支撑重要业务的技术基础。支持 ACID 对数据的准确性和一致性有非常重要的作用，该技术可以提高数据整合过程中多数据源加工后的数据的正确性，避免整合过程中允许错误发生后再补救质量问题的传统流程，能够极大地提高数据开发的效率。商业大数据平台（如星环 TDH）在 2016 年就开始支持该能力并在金融行业大规模落地，而开源大数据技术平台（如 Delta Lake、Apache Hudi 等）近年来都支持 ACID。
- 在计算能力方面，需要能够对数据做批处理的碰撞分析，支持实时与离线计算。其中，实时的写入或计算，用于满足偏实时类业务的数据处理需求。存储与计算基础层需支持离线计算，以完成对数据仓库等关键数据分析系统的离线批量数据计算和数据整合，以支持日均百万级复杂离线任务的计算需求，同时保证数据加工过程的准确性。

平台运维和安全管理是为了保证数据湖的业务连续性和安全性，由于一般数据湖采用分布式架构的基础软件，与传统集中式数据库有较大的运维管理差异，因此企业相关团队需要建立分布式系统的运维管理能力，包括高可用、集群扩缩容、监控告警、权限管理、全局审计等相关的运维管理能力。配套的效率工具的目标在于加速企业的技术能力建设过程。效率工具如图 5-2 的右侧部分所示，存储与计算基础层需要提供便捷的数据整合工具，能够将业务数据库对的底层数据库中的数据整合到数据平台，最好能够支持离线与实时的混合方式。而对运维和安全管理团队来说，图形化运维工具和安全管控工具也是必需的，前者可以让运维者基于图形化页面来做平台内服务的配置管理、服务启停、存储扩缩容、计算弹性调整等运维操作，而后者可以让安全管理人员来设置合理的系统访问控制策略，配置数据库表的权限，以及对数据的审计操作等。

5.2 分布式存储技术

分布式存储技术主要用于满足海量数据存储和计算的需求，目前业内有很多分布式存储系统，包括商业软件和开源技术。这些采用分布式存储技术打造的系统有相同的目标，主要包括如下几点。

- 可扩展性：这是分布式存储的最基本的功能要求，能够实现PB级甚至是EB级别的数据存储和检索，一些存储引擎甚至还提供一定的计算能力。由于数据底座是为了未来数十年的企业数据业务发展而设计的基础层，因此平台一定是随着业务持续演进的，平台无论是在横向、纵向的可扩展性方面，还是架构本身的可扩展性上都需要具有较高的线性能力。横向的可扩展性指的是可以通过增加服务器数量来提升处理能力，纵向的可扩展性指的是可以通过单台服务器的资源提升来带动性能提升。架构本身的可扩展性指的是未来有更强的计算存储设备后，平台可以增加新类型的存储与处理能力，以满足新业务的需要。
- 更多的数据模型支持：企业内部的数据业务本身具有多样性，支撑业务的数据类型也就具备多样性。大模型技术的出现，更加直接地增加了企业对数据底座支持多种数据模型的需求，例如企业内的规章制度、行业标准、产品说明文档等都是大模型的关键语料，如何为这类数据提供高效的存储和处理能力，对大模型的训练效果有着非常直接的影响。因此，企业级数据底座就需要对多模型数据有很好的支撑能力，包括存储、计算、查询和生命周期管理等能力。
- 高可用与灾备：企业的数据存储需要保证在各种条件下都能够正常提供服务，避免发生业务停滞。很多分布式存储技术都采用一致性协议和多副本的方式来提供可用性，部分存储技术提供了跨数据中心的灾备技术来满足更高等级要求的场景需要。

分布式存储技术是相对集中式存储技术来说的，在大数据技术被广泛使用之前，企业级的存储设备都是集中式存储，整个数据中心的存储集中在专门的存储阵列系统中，如EMC的机柜式存储。集中式存储多是采用专用的软硬件一体机的方案，相对成本比较高。机柜中有专门的控制器用于业务端访问，底层将所有的磁盘抽象为资源池，再抽象给上层业务使用。这个控制器是所有数据链路的入口，在分布式计算技术中，如果大量的计算都涉及比较高的I/O需求，那么这个入口就会成为性能瓶颈点。

解决这个问题的方法就是将存储系统的元数据和物理文件分开，其中存储的元数据服务全局只有一个，记录某些文件的唯一标识以及其实际存储位置（例如某服务器上某个磁盘的文件目录），而每台物理服务器上有多个服务提供物理数据的读写任务，这样每次应用要去读写一个数据时，首先会查询这个元数据服务获取需要读写文件的物理地址，再往对应物理服务器上对应的存储读写服务发出数据读写请求。由于每台服务器上有多个提供数据读写的服务，不再有读写瓶颈问题，而且元数据服务只需要提供文件唯一标识到物理位置的映射，因此业务逻辑简单，也没有性能问题。

Google File System 是第一个用于大规模生产的分布式存储系统，为上层应用系统直接提供文件系统的接口，推动了从集中式存储到分布式存储的演进，让分布式存储服务运行在廉价的服务器上，并提供灾难冗余、存储弹性伸缩等能力。谷歌的分布式存储的原理是通过文件服务层将每台服务器上的磁盘设备统一管理和使用起来，通过软件的方式来实现可靠性和资源池化，而无须将所有的存储集中起来并通过硬件方式服务。此后 HDFS 参考该架构实现了第一个开源的分布式存储，并被企业大量使用，推动开源社区迅速完善该技术，逐渐成为私有化场景下分布式存储的一个事实标准。另外一类通用的分布式存储是对象存储，它也是提供文件服务接口但是一般兼容的 AWS 的 OSS 协议。这两类元数据管理方式有较大的不同，适用的场景也不同，例如 HDFS 适合文件数量相对有限（例如总文件数量在 1 亿内）但文件读写性能要求高的场景，而对象存储对文件数量上限没有太多限制，但文件读写性能相对要低一些。

还有一种类别的分布式存储，对上层提供的是比文件系统接口更低一层的设备块接口，主要为云虚拟机提供云盘等服务，而虚拟机中的操作系统来提供文件系统接口。有些业务一开始不一定有特别多的数据，但是随着业务发展需要其存储有很强的扩展性，这类业务就比较适合用块设备的存储，尤其是数据库。

从抽象的视角来看，一个分布式存储系统就是建立一个从访问路径（文件路径、块地址或对象哈希值）到实际数据的映射关系，并且可以支持读写，只不过这些数据是分布在不同服务器的不同硬盘上。由于分布式存储系统本身就是要解决海量数据的存储和处理问题，相关的管理功能要求也比较高，例如如何避免数据倾斜导致的不同服务器负载差异较大、如何有效减少冷数据的资源消耗等。另外，作为底层软件，分布式存储的管理系统还必须做好资源协调、容错性和可扩展性保障等。分布式存储技术的关键功能总结起来，包括以下 4 点：

- 快速找到元数据和物理数据文件，并提供高吞吐的数据读写能力，尽可能地实现数据本地化计算，以保证系统的性能；
- 存储的高可用性，基于分布式一致性协议来保障高可用；
- 存储系统提供数据压缩与数据去重等技术，保证海量数据存储的经济性；
- 存储的管理系统需要提供体系化的运维功能，包括数据文件和元数据的重分布、读写策略的微调、物理节点的扩缩容、部分文件的上下线等。

如果分布式存储技术要用于企业市场的生产落地，那么保障安全性是必备的基础功能之一，包括用户授权、访问控制列表、数据链路加密、密钥管理和透明加密等。Kerberos 和 LDAP 是比较常见用户分布式存储的网络授权协议，透明加密技术可以保证第三方无法从磁盘直接获取数据。目前一些开源的存储项目的安全功能实现不够完善，或者是以商业化插件的方式来提供，这导致网络上存在大量的未做有效的安全防护的存储集群，造成大量的数据泄露事件，成为近年来网络安全的重灾区。下面将介绍几个主流的分布式存储系统和技术。

5.2.1 分布式文件存储HDFS

2006年，道格·卡廷（Doug Cutting）发布了HDFS的第一个版本，这个版本是运行在通用硬件上的分布式文件系统。它提供了一个具有高度容错性和高吞吐量的海量数据存储解决方案。HDFS的推出在当时提供了一个低成本、高可扩展的数据存储方案，尤其能满足互联网行业的海量用户访问日志的存储和检索需求，因此一经推出就受到了互联网行业的欢迎。以Yahoo为代表的互联网企业快速构建了基于HDFS的企业数据仓库，加速了Hadoop在互联网行业内的快速落地（后来这个Yahoo团队独立出来并创立了Hortonworks）。此后经过3～4年的快速发展，海外的大型企业都开始使用HDFS，各种新型应用场景开始出现并创造了较大的业务价值。从2009年开始，我国的Hadoop应用开始出现，并最先在电信运营商和互联网行业落地。作为Hadoop体系的最成功的项目，HDFS已经在各种大型在线服务和数据存储系统中得到广泛应用。

HDFS通过一个高效的分布式算法，将数据的访问和存储分布在大量服务器之中，在可靠地多备份存储的同时还能将访问分布在集群中的各个服务器之上。在构架设计上，NameNode管理元数据，包括文件目录树、文件→块（Block）映射、块→数据服务器映射表等。DataNode负责存储数据和响应数据读写请求；客户端与NameNode交互进行文件创建、删除、寻址等操作，之后直接与DataNode交互进行文件I/O。

HDFS通过副本机制保证数据的存储安全与高可靠，其逻辑架构如图5-3所示，默认配置为3个副本，每个数据块分布在不同的服务器之上。在用户访问时，HDFS将会通过计算使用离网络最近的和访问量最小的服务器给用户提供访问。HDFS支持文件的创建、删除、读取与追加，对于一个较大的文件，HDFS将文件的不同部分存放于不同服务器之上。在访问大型文件时，系统可以从服务器阵列中的多个服务器并行读入，增加了大文件读入的访问带宽。这样，HDFS可以通过分布式计算的算法，将数据访问均摊到服务器阵列中的每个服务器的多个数据副本之上，单个硬盘或服务器的吞吐量限制都可以突破，提供了极高的数据吞吐量。

受限于当时的需求背景和硬件水平，HDFS有两个明显的架构问题，随着技术和需求的演进而逐渐成为瓶颈。

- 通过NameNode来管理元数据带来的服务高可用问题，在Hadoop 1.0时代这是最大的架构问题，不过在2013年Hadoop 2.0中通过Master-Slave的方式得以解决。

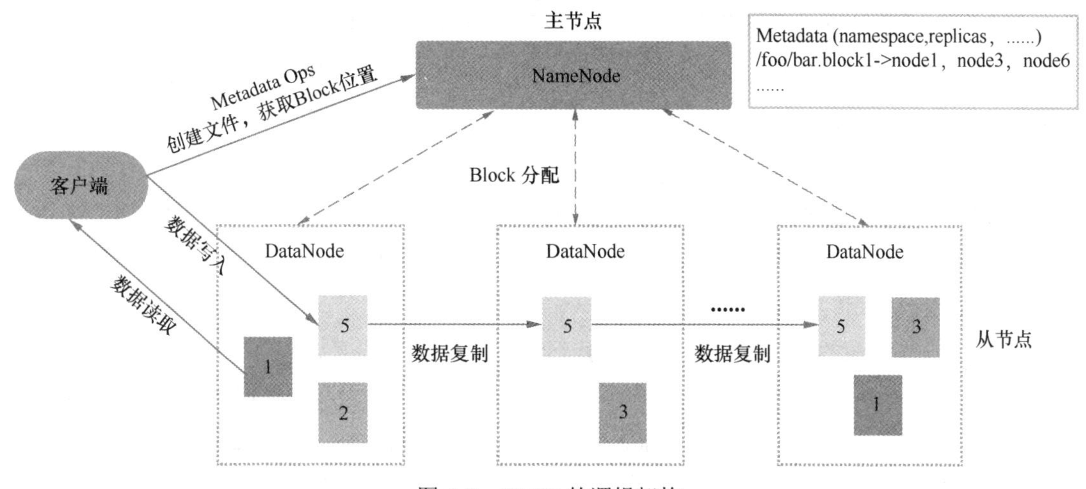

图 5-3　HDFS 的逻辑架构

- 每个存储的文件都必须在 NameNode 的内存中维护一个描述符，这会占据内存空间，当文件数据量太大时就会受限于单个 NameNode 的内存空间从而导致性能瓶颈（一般单个集群文件数量在亿级别以上时）；在 2017 年推出的 Hadoop 2.9 中增加了 HDFS Router Federation 功能，通过不同的 NameService 处理挂载在 HDFS 不同目录中的文件的方式缓解了这个问题。

存储成本问题对于大型 HDFS 集群是个更大的问题，HDFS 的三副本策略保证了性能和存储成本的均衡，适合于热数据和温数据的存储和处理，但对冷数据存储来说成本偏高，尤其与对象存储类的解决方案相比。直到 2019 年，Hadoop 3.0 才推出了 Erasure Code 技术，但由于推出时间较晚和技术成熟度不足等原因，目前并没有大规模落地。

2012 年，我国重点行业的中大型企业开始了大数据的布局。到 2019 年，金融、电信运营商、能源等重要行业的大部分企业都已经构建了基于 HDFS 的数据存储系统，推动了一批重点的数字化应用的推广。各个云平台推出的 EMR 类产品（如 Google Dataproc、阿里云 EMR 等）提供HDFS存储服务。HDFS在我国目前是非常重要的数据存储技术，有比较体系化的应用生态，预计 HDFS 落地到生产的集群数量在万级别。

5.2.2　对象存储Ceph

对象存储的设计目标是处理海量非结构化数据（如邮件、图谱、视频、音频和其他多媒体文件）的存储问题，并在社交、移动等应用中大量被使用，此外也大量被用于数据备份和灾备场景。对象存储一般提供基于 S3 协议的开发接口，提供了一整套的 RESTful API，可以让应用通过HTTP PUT或GET命令来操作数据对象，每个对象有一个自己的访问地址。与HDFS等文件类存储采用目录结构或多层级树形结构不同，对象存储在物理存储上一般采用扁平的数据存储结构，每个对象都是一个包括元数据、数据和唯一标识的完备数据描述，这样应用可以找到并访问这个数据对象，存储的管理相对简单，尤其是大部分应用场景下数据对象都存储在远端的云服务器上。对象存储管理软件会将所有的硬盘资源抽象为一个存储池，用于数据的物理存储。相对于文件类存储，对象存储的成本更低，但数据分析的性能不佳，需要配套各种分析的缓存技术才能提供比较好的数据分析性能。

Ceph是一个开源的对象存储项目，诞生于2004年，提供对象、块和文件存储，其中对象存储功能在业内非常受欢迎，在我国已经有多个私有化云平台的对象存储落地案例。在Ceph存储集群服务端架构中，核心组件有Monitor服务、OSD（Object Storage Daemons，对象存储守护进程）服务和Manager服务等。其中Monitor服务用于维护存储系统的硬件逻辑关系，主要是服务器和硬盘等在线信息。OSD服务用于实现对磁盘的管理并实现真正的数据读写，通常一个磁盘对应一个OSD服务。

由于一个分布式存储集群管理的对象数量非常多，可能是百万级甚至是千万级以上，因此OSD的数量也会比较多，为了有较高的管理效率，Ceph引入了Pool、Placement Groups（PG）、对象这3级逻辑。PG是一个资源池的子集，负责数据对象的组织和位置映射，一个PG负责组织一批对象（数据在千级以上）。同时，一个PG会被映射到多个OSD，也就是由多个OSD来负责其组织的对象的存储和查询，而每个OSD都会承载大量的PG，因此PG和OSD之间是多对多的映射关系。

当用户要将数据存储到Ceph集群时，存储数据会被分割成多个对象（Ceph的最小存储单元），每个对象都有一个唯一标识，且每个对象的大小是可以配置的，默认为4 MB。Ceph通过自创的CRUSH算法，将若干个对象映射到PG上，形成对象与PG的逻辑组合，并根据PG所在的Pool的副本数将数据复制到多个OSD上，保证数据的高可用。

在集群的可扩展性上，Ceph几乎可以做到线性扩展，这也是其在行业内得到大量应用的一个非常重要的原因。

值得关注的是，Ceph客户端所有的读写操作都需要经过代理节点，一旦集群并发量较大，代理节点就容易成为单点瓶颈。在数据的一致性方面，Ceph只能支持数据的最终一致性。

5.2.3　宽表存储HBase

宽表存储（Wide Column Store）也是一种面向垂直场景设计的分布式存储系统，在业务上解决两个技术难题，一是为海量数据提供低延时、高并发的检索功能，类似数据库提供的按照索引检索能力，例如可以在 1 s 内检索超过百亿数据行的数据表，这在互联网业务中按照用户的身份标识来查询用户更多信息和历史记录等场景中非常有用；二是能够按照业务的需求对数据表的结构（Schema）做修改，数据表的字段数量可以没有上限，这个功能对数据特征工程非常有用，应用程序通过人工或者算法对用户或产品行为增加新的数据特征（也就为数据表增加字段），从而形成大宽表，并为后续系统提供服务，这也是这个存储系统叫作宽表存储的一个重要原因。

早期的宽表存储代表是 Google 的 Bigtable，在论文 *Bigtable: A Distributed Storage System for Structured Data* 中的定义为：

A Bigtable is a sparse, distributed, persistent multidimensional sorted map. The map is indexed by a row key, column key, and a timestamp; each value in the map is an uninterpreted array of bytes.

Bigtable 会把数据存储在若干个表中，表中的每个数据单元的形式如下：每个数据单元内的数据包括 RowKey（行键）和数据字段，RowKey 使用行、列和时间戳这 3 个维度进行定位。在存储数据时，Bigtable 会按照数据单元的 RowKey 对数据表进行字典排序，并且将一个数据单元按行切分成若干个相邻的 Tablet（每个 Tablet 的大小一般是 100 ～ 200 MB），并将 Tablet 分配到不同的 Tablet Server 上存储。一个 Tablet Server 是一个独立的进程或服务，提供独立的数据读写服务，一般会管理若干个 Tablet 的数据，一般情况下管理的 Tablet 的数量为 10 ～ 1000 个，具体取决于并发性能情况。数据表中的不同数据单元可以保存同一份数据的多个版本，以时间戳进行区分，为数据写入的当前时间（单位为微秒），也可由应用自行设定。在数据检索的时候，Bigtable 会按照时间戳降序进行排序，如此一来最新的数据便会被首先读取。当然应用程序也可以通过指定时间戳来选择早期版本的数据。对于海量数据的高并发检索的应用需求，架构师可以先根据应用的特点为数据表选择合适的 RowKey，根据应用会使用的数据量来决定如何切分 Tablet 的大小，从而决定了总的 Tablet 数量，再根据 Tablet 数量和应用的并发要求确定 Tablet Server 的数量。按照这个要求规划 Bigtable 集群，就能够较好地满足高并发场景下的数据检索与查询应用的需求。对于高并发数据写入类应用，尤其是互联网访问日志的快速写入，架构师可巧妙地设计 RowKey，从而将日志相对均匀地写入不同的 Tablet Server，保证整个系统的写入高吞吐。由于 Tablet Server 有很多个，每个都能提供独立的读写通道，因此只要对数据表应用的操作符合这个架构设计，高吞吐、低延时的数据写入、检索查询问题能够得到很好的解决。

由于 Bigtable 满足了海量数据场景下并发检索与查询、高速互联网日志写入等核心业务场景需求，工业界受其启发开发了一些项目，如 HBase、Cassandra 等。和关系数据库严格约束数据表的 Schema 的方式不同，宽表存储可以无 Schema 限制，表的字段可以自由扩展，可以按需对数据表增加新的字段，一个数据表可以有无穷多的数据列，并且每行可以有不同数量的数据列，也允许每行有很多的空值。在真实的业务场景中，一些大宽表的字段数量可能达到上万个，而且很多是由机器学习程序生成的标签字段，非常多的数据行对应的这些字段都是空值，整体上看这些数据表就是一个超级大的稀疏矩阵。因此，宽表存储都放弃了对数据表的各种关系约束，以满足这些新型业务场景对灵活 Schema 的要求。

HBase 的数据模型与 Bigtable 比较相似，包括数据表、数据行、RowKey、列、列族、数据单元、时间戳。数据表是 HBase 中数据的组织形式，和传统数据库中表的意义类似，与关系数据库不同的是 HBase 数据表能够存储和读取同一个数据单元的多个版本记录。列是数据库中单独的数据项，每一个列包含一种类型的数据。列族是一个或多个 HBase 表中相近类型列的聚合，是一个高效的优化。HBase 将同一个列族的数据放在一个文件中存储，可以起到类似于垂直分区的作用，查询时只需要打开被查询的几个字段对应的文件，无须打开并扫描所有文件，这样能减少不必要的扫描，提高查询速度。使用 HBase 的应用可能创建的数据表有 1000 个列，我们可以将与访问行为相关的 10 个列创建为一个列族，将与购买行为相关的 10 个列也创建为一个列族，这样物理上这个数据表在磁盘中会将访问行为的数据放在同一个文件中，将购买行为的数据放在同一个文件中，每次访问只需要打开对应的文件。如果不做列族切分，那么磁盘中的文件就有 1000 个列，访问同样的数据需要的 I/O 操作约为列族切分的 100 倍。

HBase 的 Region 如图 5-4 所示，在 HBase 中，一个 HBase 集群在物理拓扑上又可以部署在多个物理服务器上，每台服务器上可以部署多个 Region Server（区域服务器）。一个数据表按照 RowKey 被切分为多个 Region，每个 Region 按照某种算法被划分给某个 Region Server 来管理，海量的数据按照 Region 切分并分布于集群各个节点上的 Region Server。如果集群要扩容，增加 Region 的数量就可以，然后重新将新加入的 Region 划分给某个 Region Server。每个 Region 内存储的数据包括表的 RowKey（图中的 Key）和数据列，采用时间戳作为隐式的版本管理列。

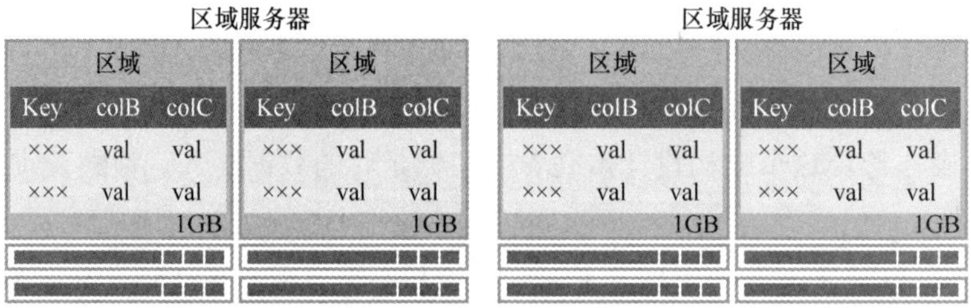

图 5-4　HBase 的 Region

在技术架构层面，HBase 通过采用基于 LSM 树（Log-Structured-Merge-Tree）的存储系统以保证稳定的数据写入速度，同时利用其日志管理机制以及 HDFS 多副本机制确保数据库容错能力，相对于 RDBMS 常采用的 B+ 树有更高的写入速度。由于磁盘随机 I/O 的速度比顺序 I/O 的速度慢指数级，所以数据库的存储设计都尽量避免磁盘随机 I/O。虽然 B+ 树会将同一个节点尽量存储在一个分页上，但是这样只在相对较小数据量的情况有效，大量随机数据写入时节点会趋于分裂，磁盘随机读写概率提升。为了保证写入速度，LSM 树先写在内存，然后按顺序批量落入磁盘。顺序写入设计使 LSM 树相对于 B+ 树有更好的海量数据写入性能，但是读取的时候需要写入合并内存数据和磁盘的历史数据，因此读取性能有一定牺牲。但同时，LSM 树也可以通过将小集合并成大集合（合并），以及 Bloom Filter 等方式提高一定的读取速度。

5.2.4 文档搜索引擎Elasticsearch

Elasticsearch 是一个分布式的文档搜索引擎，可用于搜索各种文档，也支持复杂的条件查询和聚合操作，可以快速完成大数据量上的分组统计和排序等计算操作。Elasticsearch 支持高并发检索，单个实例的 Elasticsearch 可以支持近万的 QPS，另外，Elasticsearch 也有线性可扩展的分布式存储能力。目前 Elasticsearch 在企业内应用的监控运维、日志搜索以及文档搜索等场景应用广泛，ELK（Elasticsearch + Logstash + Kibana）已经成为企业内应用监控运维最受欢迎的技术栈之一。

Elasticsearch 本质上就是一个大的分布式索引，开发者可以对这个索引做任何的模糊检索。在文档存入 Elasticsearch 之前，文档数据需要基于其自带的智能分词工具将文档内容切分为一系列词组后再写入，并完成索引的构建。不过 Elasticsearch 不支持事务管理，也不支持数据回滚，不适合有大量增、删、改操作的场景。另外，Elasticsearch 的数据读写有一定的延时，也就是写入的数据可能要一定时延（一般是秒级）后才能够读出，也不太适合对数据一致性要求比较高的业务场景。

Elasticsearch 基于 Lucene 全文检索服务做了分布式服务，类似于 MPP 数据库基于单机 RDBMS 来实现分布式。Elasticsearch 通过对非结构化文本数据的部分信息进行提取和组织，将其以一定的结构形式（Index，索引）存储，通过在 Index 中对具有一定结构的文本数据进行检索，从而达到搜索速度的提高。

海量的日志存储和检索是 Elasticsearch 最初设计的主要场景，因此它在分布式可扩展性上有着优秀的设计。Elasticsearch 的数据切分如图 5-5 所示，Shard（分片）是独立的、可读写的 Lucene 索引实例，每个 Index（索引）由一个或多个节点上的 Shard 共同组成。Shard 由多个 Segment（段）组成，每个 Segment 是一个完整的倒排索引，可以独立进行搜索操作。如果和 HBase 对比的话，Shard 类似于 HBase Region Server，而 Index 类似于 HBase 数据表。

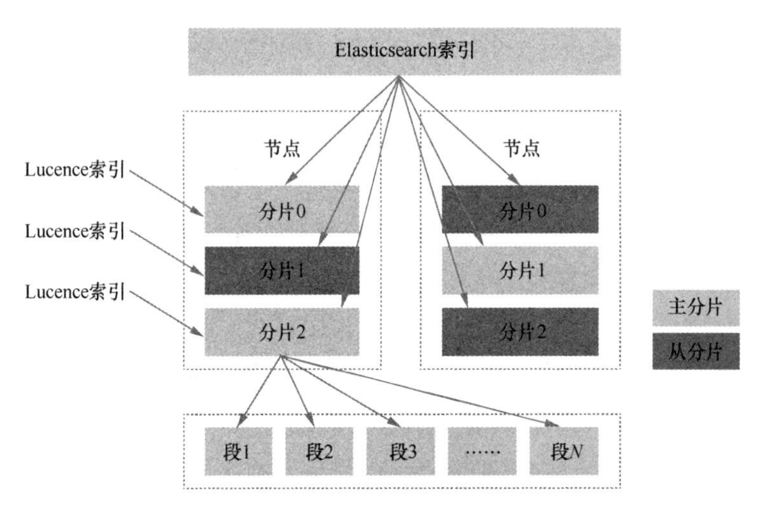

图 5-5 Elasticsearch 的数据切分

在存储的高可用设计上，由于 Elasticsearch 的设计目标不是处理业务数据而是类似日志、文档等数据，因此对故障时的数据恢复的容忍度相对较高。为了简化系统设计，Elasticsearch 采用了主从复制的方式来保障 Shard 的可用性。每个 Shard 服务都有两个实例，分别为 Primary Shard（主分片）和 Replica Shard（从分片），正常工作时由 Primary Shard 为业务层服务，并采用异步的方式将数据同步给 Replica Shard 做备份；在出现故障时由 Replica Shard 提供服务从而保证 Shard 服务的整体可用性。主从复制的方式可能会导致故障切换时部分数据不在 Replica Shard上，不过由于 Elasticsearch 主要处理的日志、文档等数据而不是业务流程数据，这类损失对业务不存在太大影响，因此该方式能够有效地简化系统设计，并让系统的吞吐量更高。

凭借着底层 Lucene 倒排索引技术，Elasticsearch 在查询和搜索文档、日志类数据方面表现非常突出，另外，Elastic 公司的开源工具 Kibana、Logstash 等也非常受开发者欢迎，因此被广泛应用在日志分析、情报分析、知识检索等领域中，一些行业 ISV 和云厂商都基于 Elastic 的技术体系（包括 ELK 和其他产品）构建了行业解决方案。但是在 2020 年，Elastic 改变了 License 的授权模式，限制云厂商直接托管销售 Elasticsearch，业内尝试通过一些其他方式（如 Apache OpenSearch）来绕过相关的 License 限制。

此外，行业里部分 ISV 还会将 Elasticsearch 改造并用于一些综合的分析场景（如舆情分析、情报分析等场景），以及部分关系数据的统计分析场景。由于这些 ISV 将 Elasticsearch 用到一些更加严谨的数据应用场景，而不是日志、运维指标等数据处理场景，下面将介绍 Elasticsearch 架构的不足之处，供读者在选型时做参考。

- 数据写入不支持事务特性，仅能支持数据的最终一致性，所以最好不要用于关键数据的存储的计算和处理。例如，对于日常运维数据可以用 Elasticsearch 统计分析，如果是生产线 MES 的根据数据实时的决策分析，对数据准确性要求高，此时不再建议用 Elasticsearch 来处理。

- 各个分片之间的高可用采用主从复制，在一些故障情况下（如主从服务之间网络故障）可能存在数据脑裂问题，从而导致一些数据状态不对。因此，如果是一些关键数据的处理，不能仅考虑全文索引带来的性能优势，还需要考虑应用对高可用性的要求，如果应用明确要求 RPO 为 0，即业务系统所能容忍的数据丢失量为 0，那么不建议使用 Elasticsearch 作为主要存储。
- Elasticsearch 的安全模块是商业化插件，大量的 Elasticsearch 集群缺少合适的安全防护。

这些架构设计上的不足可给业内其他搜索引擎带来一些改进的方向，尤其是 Elasticsearch 的安全性问题，在我国已经导致数起重大的数据安全泄露事件。

5.3 分布式计算技术

分布式计算技术早期的主要目标是解决大型互联网企业的数据离线计算问题，在海量数据中做复杂的数据碰撞和分析并找到隐藏规律，架构设计的重点是可以单个计算、可以处理的数据量大、计算过程中容错性好，能够随着硬件服务器数量的增加而提升性能。MapReduce 是早期比较知名的分布式计算技术。后来一些大型企业的业务对数据分析的延时要求逐渐变高，离线计算不太能满足要求，业务需要交互式的数据分析，分析延时一般在秒级或分钟级，因此诞生了 Spark 等。近几年实时类数据业务蓬勃发展，如工业制造类的故障检测、银行业的在线风控、智能营销等核心业务场景，因此对平台的实时计算要求逐步提高。

MapReduce 计算框架是第一代被成功用于大规模生产的分布式计算技术，而后 Hadoop 社区实现了这个技术并开源，被业界大量采用。此后旺盛的数据分析需求推动了该领域技术的突破，大量新的计算引擎陆续出现，包括 Spark 等著名的分布式计算引擎。

当一个计算任务过于复杂不能被一台服务器独立完成的时候，就需要引入分布式计算的技术。分布式计算技术将一个大型任务切分为多个更小的任务，将多台计算机通过网络组装起来后，将每个小任务交给一些服务器来独立完成，最终完成这个复杂的计算任务。在分布式计算中，计算任务一般叫作 Job，一个 Job 有多个 Task，每个 Task 可以在服务器上独立运行，一个 Job 被拆分为多少个 Task 就决定了分布式计算的并行度。分布式计算的核心就是要将一个大的计算任务拆分为多个小的 Task，并且让这些 Task 并行起来，还需要尽量减少分布式网络带来的网络和数据 Shuffle 开销。通常情况下，这个分布式系统都是通过局域网连接，各个服务器可能存在异构性，为了保证性能，分布式计算技术需要尽可能地将任务调度到所有的节点上，并且避免“木桶效应”导致的性能差问题。常见的任务并行算法主要包括数据并行模型、任务依赖图模型、流水线模型和混合模型。

（1）数据并行模型：数据并行模型是较简单的计算模型，多个计算机进程参与整体的计算，每个任务可能运行在不同的服务器上。每个进程处理的计算任务是相同的，但是每个进程分配到的是对不同数据的计算。如图 5-6 所示，每个计算进程都是对输入的数组 B 做一个乘法运算（乘 delta），并输出结果数据 A，但是进程 1 的计算任务只负责第 1 ～第 25 个元素，进程 2 的计算任务只负责第 26 ～第 50 个元素，以此类推，每个进程完成计算任务后再汇总出计算结果。在真实的大数据计算场景中，数组中的元素数量可能是几十亿甚至几千亿个，而计算进程数量可能是几千个，因此如何有效地做数据分区是决定整个模型的效率的关键。图 5-6 中每个进程的输入数据比较均匀，但真实情况下不同的进程分配到的数据集差异很大。例如，按照城市来计算年龄分布特征，负责计算北京、上海等城市的计算进程需要处理几千万条数据的计算任务，而负责较小城市的计算进程只需要处理百万级数据，这就是分布式计算中常见的数据倾斜问题。这个算法还有另外一个问题，如果一个计算任务可能需要多轮迭代，那么每轮计算都需要等待前面一轮完全结束并且将结果聚合后才能够开始，而如果前一轮计算中有一个长尾的计算进程，那么其他任务就必须空等待那个计算任务结束，因此大部分的计算资源都浪费了，而这类问题在真实生产中又非常普遍，因此诞生了其他的并行计算模型。

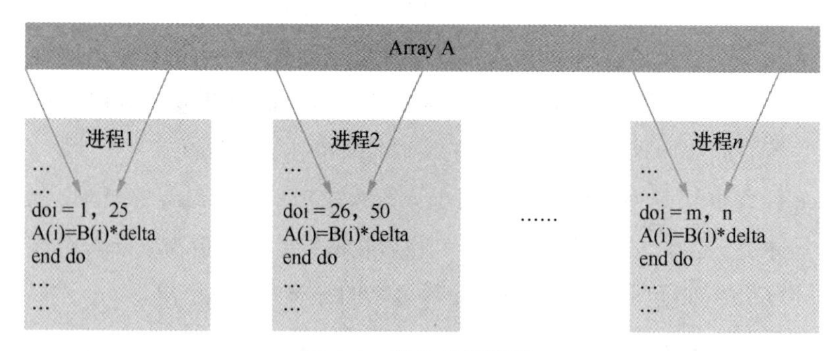

图 5-6　数据并行模型

（2）任务依赖图模型：计算平台将一个复杂的计算服务拆分为多个 Task，并且按照 Task 之间的依赖关系生成一个依赖图，如图 5-7 所示，每个节点是一个 Task，每条有方向的边代表依赖关系，圆圈中的数字代表这个 Task 要处理多少个单位的数据量。Task 1 ～ Task 4 可以同时执行，并行度为 4，也就是可以同时有 4 个节点在执行任务。Task 5 只需要 Task 1 和 Task 2 计算完成后就可以开始，Task 6需要等待Task 3和Task 4完成，Task 5和Task 6完全不需要互相等待，而Task 7需要等待Task 5和Task 6完成后才能开始计算。每个服务器处理哪些Task是由算法来决定，如在MapReduce和Spark中，都采用了这个模型，并且都是根据数据在哪个节点上来决定对应的计算任务在哪个服务器上启动。与数据并行模式相比，每个进程相对独立，不需要等待同一层级的其他进程的计算任务同步结束，因此CPU等计算资源可以一直被下一层级的计算任务使用，无须等待。此外，每个Task的并行度都是可以单独设置的，例如Task 1和Task 2可以使用4个CPU Core，而Task 6可以动态使用8个CPU Core，这样可以根据每个Task的特点来设置计算资源，从而让整体的计算效率更高。

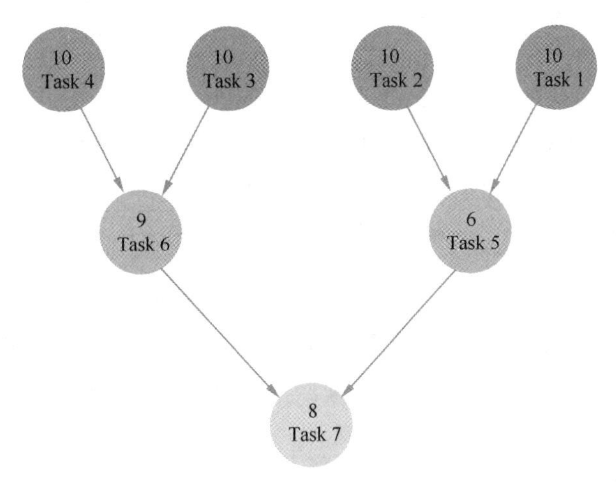

图5-7 依赖图模型

（3）流水线模型（Pipelining Model，又称数据管道模型）：在这个模式下，数据计算任务被分解成一系列连续的阶段，每个阶段由不同的操作符来执行，这些操作符以流水线的方式连接在一起。每个流水线分为几个Stage，每个Stage都有一些数据计算任务，并且将计算结果传给下个Stage，两个Stage之间的交互模式可以采用Push模式，也可以采用Pull模式。每个Stage切分为多个计算任务，多个相连的Stage上的计算任务就组成了一个生产者-消费者模型。每个阶段的任务一般是按照数据特点或某些哈希算法静态切分的。在流水线模型中，数据计算的执行不是等待整个查询计划完成后才开始返回结果，而是当数据由一个操作符产生后，立即被传送到下一个操作符进行处理，如此连续进行。这样可以大大减少查询的响应时间，因为数据不需要等待整个查询计划的完成就可以开始流动和处理。由于数据是连续流动的，流水线模型可以实现低延迟的查询响应。这对于实时查询和交互式应用非常重要。因此，主要设计目标是交互式分析场景的计算引擎或分析数据库，包括Presto、DuckDB都采用了流水线模型。

（4）混合模型：采用以上多个模型组合为一个新的计算模型。例如 Spark 就采用任务依赖图模型和流水线模型混合的方式。

通过以上内容可以理解，为什么不同的分布式计算引擎会因为设定的目标场景的差异而在细节上采用不同的并行模型。除了这些细节的并行模型差异外，还要看看一个分布式计算框架需要的通用能力。为了保证能够适应多种场景，一个优秀的分布式计算引擎需要满足较高的架构要求，如表 5-1 所示。

表 5-1 分布式计算引擎的架构要求

架构要求	描述
透明性	无论分布式的系统有多大的集群规模，在开发和使用上应该像是一个单一系统，不需要开发者感知其复杂性
可扩展性	计算能力能够随着服务器节点的增加而线性增长
异构能力	能够屏蔽底层软硬件的异构性，能够在不同的系统环境下运行
容错能力	单个或者少量的服务器阶段宕机不会导致计算引擎停止服务
任务调度能力	可以通过策略将任务调度到给定的计算节点并保证有最大化的性能和资源隔离性
安全性	无论底层网络的拓扑如何变化，分布式计算引擎要保证计算过程中的数据安全性

分布式计算技术按照其业务场景的不同又可以分为离线计算和实时计算，其中离线计算因为被广泛应用于批处理业务，对应的计算框架经常被称作批处理引擎，MapReduce 和 Spark 是其中的重要代表。

5.3.1 MapReduce

MapReduce 主要用于数据批处理。在 MapReduce 出现之前大多是通过 MPP 的方式来增强系统的计算能力，这种方式需要通过复杂而昂贵的硬件来加速计算。而 MapReduce 则是通过分布式计算，只需要价格低廉的硬件就可以实现可扩展的、高并行的计算能力。

一个 MapReduce 程序包含 Map 过程和 Reduce 过程。

- 在 Map 过程中，输入为 (Key,Value) 数据对，主要做过滤、转换、排序等数据操作，并将所有 Key 值相同的 Value 值组合起来。
- 在 Reduce 过程中，解析 Map 过程生成的 (Key,list(value)) 数据，并对数据做聚合、关联等操作，生成最后的数据结果。

如图 5-8 所示，一个 MapReduce 程序（User Program）被提交后，Master 服务负责解析任务并生成执行计划，同时 MapReduce 框架会启动多个 Worker 进程来处理计算任务，一般每台服务器上只运行少数几个 Worker 进程，每个 Worker 只处理一个给定的数据文件或 HDFS 上某个文件的一部分数据（又称 File Split），负责运行发送到该 Worker 上的计算任务，可能是 Map 任务也可能是 Reduce 任务。而 Map和 Reduce 过程之间通过磁盘进行数据交换，即 Map 任务将结果写在本地磁盘的某个目录中，Reduce 任务通过任务定义的地址去读对应文件。如果出现任何错误，Worker 会从上个阶段的磁盘数据开始重新执行相关的任务，保证系统的容错性和鲁棒性。

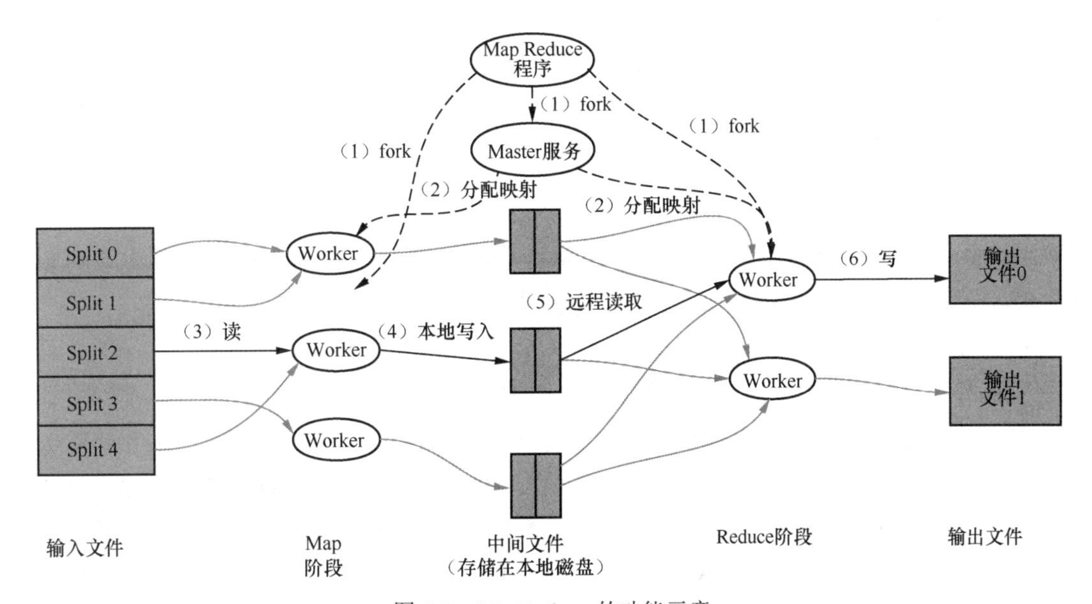

图 5-8 MapReduce 的功能示意

MapReduce 不同的 Worker 之间的数据交互方式比较简单，上阶段 Worker 将中间结果写入磁盘，下阶段 Worker 从磁盘读入数据。由于磁盘本身 I/O 性能不高，这种设计的好处是每个 Worker 都非常简单，后来出现的其他计算引擎都采用基于内存通信在 Worker 之间传输数据，因此基于磁盘的数据交换方式使得 MapReduce 的性能并不是很好，但是由于 Worker 相对处理逻辑简单，计算引擎本身的弹性和可扩展性就更好。在同等规模的硬件和同等量级的数据上，与一些基于关系数据库的 MPP 数据库相比，MapReduce 的分析性能一般会低一个数量级，不过 MapReduce 可以支持的集群规模和数据量级要高几个数量级。2004 年，杰夫 • 迪安（Jeff Dean）的论文 *MapReduce: Simplified Data Processing on Large Clusters* 里提及的相关集群已经是 1800 台服务器的规模，而现在我国单个超过几千台服务器、处理数据量达到 PB 级别的集群达到数百个。

除了可以支持 PB 级别的弹性化数据计算，MapReduce 还有如下两个架构级特性，这些特性也都被后来的一些计算框架（如 Spark 等）继承。

- 简化的编程接口设计，与 MPP 领域流行的 MPI 等编程接口不同，MapReduce 不需要开发者自己处理并行度、数据分布策略等复杂问题，而是需要关注实现 Map 和 Reduce 对应的业务逻辑，从而大大简化开发过程。
- MapReduce 的计算基于（Key, Value）数据对，Value 域可以包含各种类型的数据，如结构化数据或图片、文件类的非结构化数据，因此 MapReduce 框架能够很好地支持非结构化数据的处理。

此外，在容错性方面，由于 MapReduce 的分布式架构设计，在设计之初就设定了硬件故障的常态性，因此其计算模型设计了大量的容错逻辑，如任务心跳、重试、故障检测、重分布、任务黑 / 灰名单、磁盘故障处理等机制，覆盖了 Job、Task 和 Record 级别各个层级的故障处理，从而保证了计算框架的良好容错能力。

而随着企业数据分析类需求的逐渐增加，尤其是偏向交互式分析的管理类数据分析及实时类数据分析成为重要的业务，MapReduce 计算框架也逐渐暴露了如下问题。

- 性能问题。无论是 MapReduce 的启动（一般要数分钟）性能，还是任务本身的计算性能都不足，尤其是在处理中小数据量级的数据任务上与数据库相差太大，不能用于交互式数据分析场景。从 2010 年开始，学术界有大量的论文研究如何优化 MapReduce 性能，也有多个开源框架诞生，但都未能实现性能在量级上的提升，因此这些研究和框架也逐渐淡出了历史。
- 不支持实时计算。这导致 MapReduce 不能满足很多场景（如实时推荐、实时调度、准实时分析等）的需求。随着支持实时计算的框架出现，MapReduce 逐渐淡出了主流应用场景。不过作为分布式计算的第一代技术架构，MapReduce 在分布式计算技术演进的过程中具有重要的历史价值。

这些架构问题很难在原有框架中解决，这也就引出了大数据计算引擎第二代的突出代表技术（如 Spark、Presto 等）。

5.3.2　Spark

Spark 是由加州大学伯克利分校 AMPLab 在 2009 年创建的一个研究项目，希望能够解决大规模的数据处理问题。2012 年，马泰・扎哈里亚（Matei Zaharia）等人在 USENIX 会议上发布了论文 *Resilient Distributed Datasets: A Fault-Tolerant Abstraction for In-Memory Cluster Computing*，提出了基于分布式内存的数据结构 RDD 以及其在 Spark 系统中的使用，随后第一个正式版本 Spark 0.6 发布，在工业界获得显著的关注。2014 年，Spark 成为 Apache 基金会的顶级项目，此后陆续发布了 Spark 1.0 及 Spark SQL 等新项目，可以让数据工程人员使用 Spark 做快速的基于 SQL

的数据批处理。这些版本和新开源项目让 Spark 在我国获得非常大的影响力，大量企业开始尝试用 Spark 代替 MapReduce 作为大数据系统的计算引擎，以及使用 Spark SQL 取代 Hive 来做数据任务的开发，星环科技的大数据平台 TDH 在 2014 年开始用 Spark 取代 MapReduce。2016 年，Spark 推出了 DataFrame 接口，从而能够更好地对接 Python、R 语言等数据科学分析的生态圈，更多的数据科学人员开始使用 Spark 做数据的探索分析。为了更好地支持实时计算，2017 年，Spark 推出了 Structured Streaming 技术，大大提高了实时流计算的能力。与此同时，Spark 内核本身的稳定性和性能也逐步提升，大型生产项目落地也越来越多，到 2018 年已经基本取代 MapReduce，成为大数据计算引擎的首选技术。

Spark 能够超越其他技术成为行业内大数据处理的首选计算技术，主要有如下几个重要的技术创新。

- 基于内存的计算：Spark 尽量通过内存做数据的计算或在计算任务之间交互数据，集群有多个 Executor 服务负责任务的实际计算，Executor 上运行控制节点下发的计算任务，每个任务包含由一系列处理算子组成的执行依赖任务图。Executor 启动某个计算任务后，每个处理算子（如 group by、count 等）会优先在内存中存储数据，只有在内存不足的时候才会使用磁盘，这样单个数据处理的算子性能就比较高。另外，多个任务之间做数据交互时，每个 Executor 的 BlockManager 存储模块使用内存存储中间数据，而不用写入 HDFS 文件，并通过独立的 Shuffle 算子在 Executor 之间传输数据，结果数据也缓存在 BlockManager 中。这样大部分的数据交互都基于内存操作，性能相较 MapReduce 有很大提升，避免了 MapReduce 架构强依赖慢 I/O 的磁盘文件做数据交互带来的性能问题。
- 细粒度的任务容错设计：在计算任务的容错性方面，MapReduce 的任务在计算失败后，需要重新启动这个任务阶段的所有 Map 任务；Spark 采用 Lazy evaluation 的计算模型和基于 DAG 的执行模式，在某个任务出现故障时，只需要通过 DAG 找到这个任务依赖的前项任务并重新运行这些前项任务就可以恢复数据，而不需要运行其他的非相关的 Map 任务。这个容错设计在复杂计算时非常有用，在 PB 级数据的数据处理项目中，一个统计项目可能会启动上万个并行任务来处理，因为数据倾斜问题部分任务可能无法完成计算而需要多次重试才能成功，在 MapReduce 框架下，这些任务出错后需要重新启动其他的数千个任务才能继续运行，浪费的计算资源很多，而在 Spark 下，只需要重新启动这个出错任务依赖的前序几个任务就可以重新恢复计算，效率会提升很多。
- 向量化计算引擎：每个任务处理算子的计算效率是计算引擎的关键，Spark 的 Tungsten 项目提供了向量化处理能力，即处理算子每次处理多行数据而不是一行数据，这节省了计算框架本身的开销，降低了虚函数调用带来的各种性能损失。

在2015年前后，大数据的分析和处理本身还是比较复杂的，开发者都依赖这些底层API做复杂的数据处理工作。RDD这类抽象带来的最大好处是可以向底层屏蔽了数据库、文件等细节，可以直接从这些数据源生成RDD的抽象，这就意味着Spark可以用于处理各种各样的数据源（包括数据库、文件等）。RDD往上抽象出了标准的操作算子，这样上层软件可以介于这些底层接口来提供上层的计算功能，优秀的接口抽象是基础软件的必备前提。为了降低直接使用Spark Core提供RDD API来写程序处理数据的难度，Spark提供了几个上层组件给开发者，主要包括提供SQL开发接口的用于数据批处理的Spark SQL、提供API的用于实时数据计算的Spark Streaming，以及基于Data Frame接口能够与Python、R语言数据挖掘工具链融合的Spark MLlib。

（1）Spark SQL是基于Spark引擎使用SQL来做统计分析的模块，因为有较好的SQL兼容性，对普通数据开发者来说使用比较简单。由于此时大量生产集群采用HDFS做数据存储，将Hive作为数据开发和处理的入口，SparkSQL在设计上就选择与这个技术架构融合。

- Spark SQL选择与Hive的元数据模块兼容，开发者可以直接用Spark SQL来分析Hive中的数据表，比起直接使用Hive做分析（计算引擎使用MapReduce），能够大幅度提高性能。
- Spark SQL陆续增加了对JSON等各种外部数据源的支持，并提供了一个标准化的数据源API。数据源API给Spark SQL提供了访问结构化数据的可插拔机制，各种数据源可以被简便地进行数据转换并接入Spark平台进行计算。
- 由API提供的优化器，在大多数情况下，可以将过滤和列修剪下推到数据源，从而极大地减少了待处理的数据量，能够显著提高Spark的工作效率。

通过这些架构上的创新，Spark SQL可以有效地分析多样化的数据，包括Hadoop、Alluxio、各种云存储，以及一些外部数据库。

（2）Spark Streaming是面向实时计算场景推出的组件。其基本原理是基于Spark Core实现了可扩展、高吞吐和容错的实时数据流处理，将流式计算分解成一系列短小的批处理作业。在实现层面，Spark Streaming组件把输入数据按照micro batch size分成一段一段的数据，每一段数据都转换成Spark中的RDD，然后将Spark Streaming中对DStream的转换操作变为Spark中对RDD的转换操作，将RDD经过操作变成中间结果保存在内存中。micro batch size的大小，可通过trigger interval控制。例如，设置trigger interval为500 ms意味着，每500 ms系统会启动一个任务来计算过去500 ms内到达的数据。

由于Spark Streaming采用了微批的处理方式，系统本身的吞吐量比较高，但是从应用的视角来看，数据从发生到计算的延时在500 ms甚至以上，如果一个复杂逻辑涉及多个流上的复杂运算，这个延时将会进一步放大，因此对一些延时敏感度比较高的应用，Spark Streaming的延时过高问题较为突出。2018年，Spark 2.x推出了Structured Streaming组件来解决延时高的问题，该架构最核心的升级是不再将数据按照 batch 来处理，而是每个接收到的数据都会触发计算操作并追加到 Data Stream 中，紧接着新追加的记录就会被相应的流应用处理并更新到结果表中。此后社区增加了对数据乱序问题的处理、通过 checkpoint 机制保证 at least once 语义等关键的流计算功能符合要求，逐步贴近了生产需求。

（3）Spark MLlib。数据科学家是大数据处理技术的关键用户群体，基于 Python、R 语言做数据挖掘比较受欢迎。直接让数据科学家基于 Spark Core 的 RDD API 做数据开发难度较大，因此 Spark 社区推出 MLlib 组件，它包括常用的机器学习算法的分布式实现，同时提供 Data Frame 接口可以很方便地整合到 Python 的一些代码库中。这样的好处是数据科学家只需要稍微修改 Python 代码（引用 Spark MLlib 相关的 library）就可以将之前在单台计算机上运行的数据挖掘程序变成可以在集群上处理大规模数据的 Spark 程序，使得数据科学家不需要掌握太多数据处理的底层知识就可以处理海量数据集，因此很快被数据科学家社区接受。

Spark MLlib 还包括数据类型、数学统计计算库和算法评测功能，机器学习算法包括分类、回归、聚类、协同过滤、降维等。除了大量的分布式机器学习算法，MLlib 中还提供了包括特征提取、特征转换、特征选择等用于数据特征工程的一些代码库，这些都是数据科学家日常工作常用的功能。

5.3.3 Presto

Presto 项目是 Meta 公司（前 Facebook）为了其数据仓库上支持交互式分析查询的项目而发起的。在构建 Presto 之前，Facebook 使用的是 Hive、计算引擎使用 MapReduce，由于计算性能问题，其企业内部交互式分析需求无法满足。2012 年，Facebook 数据基础设施团队创建了 Presto 项目，并于 2013 年发布了第一个版本，和 Spark 类似，也采用了基于内存的计算模型和分布式计算架构，因此能够支持其公司内部交互式查询系统在 PB 级海量数据上快速运行交互式数据分析。如今，Presto 已成为在 Hadoop 上进行交互式查询的主要选择，获得了来自 Meta 和其他组织的大量贡献。Meta 版本的 Presto 以解决企业内部需求功能为主，也叫 Presto DB。后来，Presto 项目的几个成员创建了更通用的 Presto 分支并取名为 Presto SQL，此后为了更好地与 Meta 的 Presto 进行区分，Presto SQL 将名字改为 Trino。

Presto 和 Trino 都只是分布式计算引擎，本身并没有数据存储的能力。Presto 的业务查询流程如图 5-9 所示，在物理架构上，Presto 主要分为 Coordinator（协调器）和 Worker（工作节点），其中 Coordinator 主要负责 SQL 解析、查询优化、执行计划生成并将 Task 调度至 Worker 节点，而 Worker 主要负责从远端数据存储中拉取数据并执行计算 Task。Presto 采用了流水线模型，执行计划会被分解成多个 Stage，每个 Stage 是不需要数据 Shuffle 的计算任务的集合，每个 Stage

包含一组可并行化的 Task，没有互相依赖的 Stage 也可以并行执行，因此可以充分利用分布式计算引擎的并发执行能力来提升性能。一条数据在某个任务计算完成后，会 Push 给下游的 Stage 和任务，这些阶段和任务就像工厂中的流水线，每个阶段完成特定的加工步骤，最终将半成品传递到下一个阶段，直到最终查询结果完成。这种流水线模型还有个好处就是可以交互式地暂停和停止某个计算任务，而无须等待整个计算任务完成。与 Spark 类似，Presto 的数据处理算子也采用了基于内存的计算模式，即数据计算过程中的数据主要缓存在内存中。计算过程中不可避免地出现内存膨胀问题，可能会导致 Worker 节点崩溃，因此 Presto 在内存管理领域做了大量的创新来保障系统的可用性，类似关系数据库的 Buffer Pool 技术。由于 Presto 是基于 Java 语言开发的，JVM 的执行效率不如底层语言，为了解决由此产生的性能问题，Presto 还使用了代码生成（Code Generation）技术来生成底层引擎直接执行的 Bytecode 以提升分析性能。

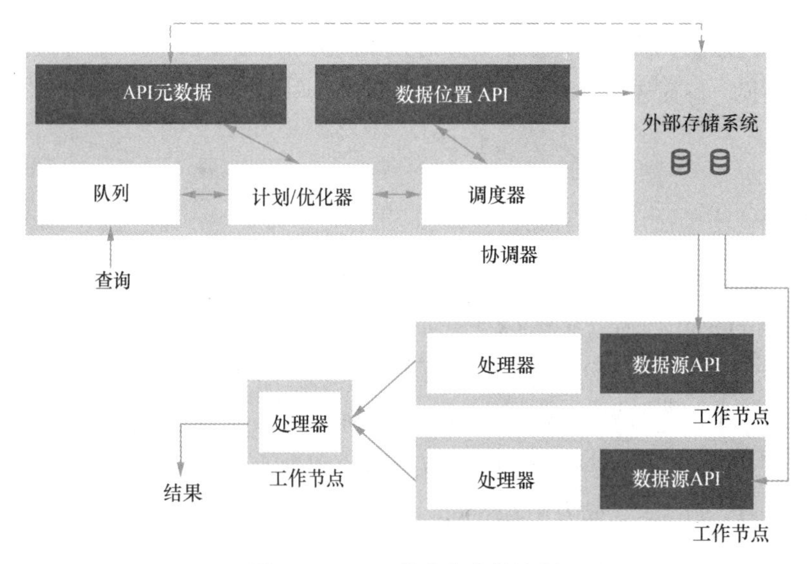

图 5-9 Presto 的业务查询流程

Presto 与 Spark 在定位上的不同导致了它们在架构上的区别。首先，Presto 只定位于解决交互式数据分析场景的性能问题，不涉及实时计算、离线批处理和数据挖掘场景，而 Spark SQL 定位于离线批处理、交互式数据分析、实时计算和数据挖掘场景，因此 Presto 的适用场景更少，架构也相对简单，只需要关注 SQL 的计算性能。其次，离线批处理任务一般是在夜间无人值守的情况下对海量数据批量加工，常用于数据仓库或数据湖的每日构建，而交互式分析是日间对数据探索分析，更类似于数据集市的场景，因此 Presto 对容错性的要求相对要低，更允许用户交互式地暂停或取消某个计算任务。而 Spark 需要自动化地通过 RDD 的容错机制来重试并解决问题，因此 Spark 在对任务的容错性方面有更复杂的设计。

Presto 项目的核心特色是通过一个引擎对多个使用不同底层数据库的数据源进行联邦查询，可以将不同数据源进行统一抽象，由 Presto Server 进行统一的物理执行。因此可以用于统一对企业内多个数据源做统计分析，也就是数据联邦的场景，其优化器针对各类数据库都做了大量的专项优化。Presto 的另一个技术优势是其有非常好的架构和清晰的代码结构，适合用于二次开发的项目，尤其是企业内的交互式分析场景。

在商业化生产落地方面，Presto 的安全和运维工具还有不足，开源社区缺少比较好的功能模块来支撑。因此，如果要实现一个完整的数据联邦分析的体系，还需要二次开发或者引入商业化软件来补充和完善必需的功能。Trino 项目是在充分参考 Presto 项目后发展起来的新计算引擎，目前在社区里很受欢迎。

5.4 分布式资源管理技术

在分布式软件的技术栈中，资源管理技术非常重要，包括数据基础层软件和各种数据应用的部署安装、运行，各个子服务或进程在各个服务器节点上的调度，以及动态生成的数据计算任务的生命周期管理能力等。一般来说，单个服务器上的操作系统负责该服务器上运行的应用程序的资源管理，而分布式存储或计算系统运行在多台服务器上，这些系统（如 MapReduce）本身还会动态地创建或删除计算服务，这些都会导致一些动态的资源管理问题。

下面来看一个简单的场景：Spark 引擎需要动态地启动一批计算任务，因此需要在一些机器上创建一些 Executor 进程。早期的数据平台在资源管理上都采用硬件服务器直接部署的方式，依赖架构师的规划来落实资源管理，例如手动指定在服务器 A 上运行 Spark Executor 1、HDFS NameNode 和 Spark Master，在服务器 B 上运行 Spark Executor 2、HDFS Journal Node 等。这种手动规划的方法可以保证系统正常运行，但有一些缺点，例如夜里在运行数据任务时服务器 B 发生了故障，服务器 B 上的所有服务就会宕机，从而导致整个 Spark 集群故障，必须等到第二天人工修复。

另外，在混合负载的场景下，也就是一个集群中包括 Spark、MapReduce、Presto 等多个计算引擎的情况下，由于每个引擎都有自己的进程需要消耗资源，也并不知道其他计算引擎消耗多少资源，因此它们可能都在某个数据存储比较多的机器上启动工作进程，从而导致服务器之间的负载不均衡，甚至高负载服务器会因过载而宕机。

在数据中心的集群环境中，任何一台服务器上的操作系统都只能看到本服务器的资源和进程情况，无法与其他服务器上的操作系统协同，这些就要求有一个中心化的资源管理服务，它能够统筹管理所有服务器上的资源，建立一个全局的资源管理调度策略，而所有在这个集群内创建或停止资源消耗的服务都由这个资源管理软件来统一管理，才能做到整个集群的合理管理。这个技术路线的深度演进，就是数据中心操作系统（Data Center Operating System，DCOS）软件技术。

YARN 是 Hadoop 项目中的资源管理项目，是一种集中式的资源调度器。它的工作原理比较简单，在 YARN 服务启动时，它会申明占用各个服务器上实现分配的所有 CPU 和内存资源。当 MapReduce 或 Spark 需要启动一系列计算服务时，计算引擎会先向 YARN 申请，例如需要启动 5 个计算服务，每个计算服务需要 10 个 CPU Core 和 30 GB 内存，这个时候 YARN 内部会进行资源调度，从其维护的可用服务器中找到可以启动这 5 个计算服务的目标服务器，然后在对应的服务器上启动一个 Container 包括对应的计算服务，并在其内部资源调度器中标记这些目标服务器上相应的物理资源已经被占用。如果有新的计算任务提交，YARN 再从剩余资源中找到合适的物理资源给新服务，直到没有剩余资源。当任务运行结束，YARN 在目标服务器上启动的 Container 会通知 YARN 调度器，销毁对应的计算服务并让调度器标记该服务器上对应的资源释放，以用于后续新的计算任务。由于 YARN 是 MapReduce 或 Spark 等计算引擎的资源申请入口，因此可以做到对这些引擎消耗计算资源的统一调度。

YARN 的设计目标就是解决 Hadoop 生态软件的资源调度问题，即一些典型的短生命周期的数据处理任务的生命周期管理，即提交数据任务，创建一批的计算服务来计算，完成后销毁这些计算任务。虽然 Spark 在一开始也支持它，但是总体上它的设计目标并不是一个通用的集群操作系统，对 Hadoop 生态之外的软件也并不支持。YARN 不能支持长生命周期的服务（例如长时间运行的数据库服务）的资源管理。另外，YARN 实质上只能对内存资源做限制，因为其本身是运行在用户态，虽然调度接口上做了 CPU 的限制，但是实质上并不能真正限制 CPU 资源，这个问题直到 Hadoop 2.9 才解决。

工业界从 2017 年开始出现一些技术数据中心调度系统，一种方式是基于 Kubernetes 或 Mesosphere 等技术来提供全局的资源管理，被管理的服务采用 Docker 容器封装；另外一种方式是基于公有云的调度系统来管理，被管理的服务采用虚拟机封装。采用哪种交付方式主要取决于企业的业务交付的形式和面向业务的客户情况，资源管理系统在架构上需要具备如下几个能力。

- 多租户能力：多租户指的是一个平台内可以按照不同的业务部门或组织单位划分独立的资源单位，每个资源单位内部署和运行的软件使用不同的 CPU、内存、磁盘等资源，相互隔离，因此不会互相争抢硬件资源，从而保证不同部门应用的稳定性。为满足各个部门的数据敏感性要求，数据要有物理隔离性，因此可以为不同业务敏感度的数据提供不同的安全服务等级。

- 异构软硬件管理：资源管理层的核心任务就是管理数据中心底层的软硬件资源，随着AI 技术的发展，大量新型加速设备（如 GPU）成为数据中心的标配，一个数据中心会出现多种资源配置的硬件资源，例如部分服务器存储密度高、部分服务器的内存密度高等。因此，资源管理层需要能够统一、有效地管理这些异构的软硬件环境，能够按照业务的特点将应用下发到合适的服务器上运行。
- 多种生命周期的数据任务管理：从资源管理层的视角来看，数据任务分为短生命周期和长生命周期两种。短生命周期任务包括类似机器学习模型训练程序、数据 ETL 程序等，它们都是一次启动完成计算后就结束，一般生命周期在几个小时以内甚至是秒级。长生命周期指的是 7×24 小时运行的数据应用，如对外服务的 AI 推理应用、App 的数据后台服务等。
- 国产软硬件生态支持：我国企业需要能够基于国产信创相关技术来构建整体的生态，平台自身也需要满足国产化的相关要求，尤其是与国计民生相关的行业，如金融、能源、交通等。

进一步看数据任务管理的功能需求，无论是类似 Linux 这样的单机调度系统，还是 YARN 这样的集中式调度器，抑或是 Kubernetes 这样的分布式调度器，都需要满足如下 3 个最基本的需求。

- 资源的有效利用，调度系统能够支持各种规模集群的资源的统一管理和调度。
- 能够支持长、中、短等各种生命周期的任务调度和响应。
- 支持灵活配置调度策略，甚至自定义其调度算法。

Kubernetes 是谷歌的开源项目，用来管理大规模集群，提供应用的编排、部署、运行和管理能力。Kubernetes 的拓扑架构如图 5-10 所示。Kube API 管理器是 Kubernetes 的核心模块，负责维护整个集群的资源状态和应用状态，所有的应用都和 API Server 通信，获取状态或完成配置管理，API Server 也让 Kubernetes 内部组件实现了解耦，不需要互相通信，这也是其能够管理超大规模集群的一个重要特性。etcd 是 Kubernetes 的唯一存储，所有调度、配置等信息会持久化到 etcd 中。Scheduler 是调度器模块，核心工作就是为应用容器选择合适的物理服务器并部署调度上去，也负责应用的资源动态调整等功能。每个物理服务器上会运行两个基础服务，Kubelet 负责管理这个服务器节点上容器的生命周期管理以及该节点的物理资源设备，由它来执行 API Server 管理给定服务器上对应用容器的所有操作，而 Kube Proxy 主要负责容器内应用对外的网络转发以及负载均衡。

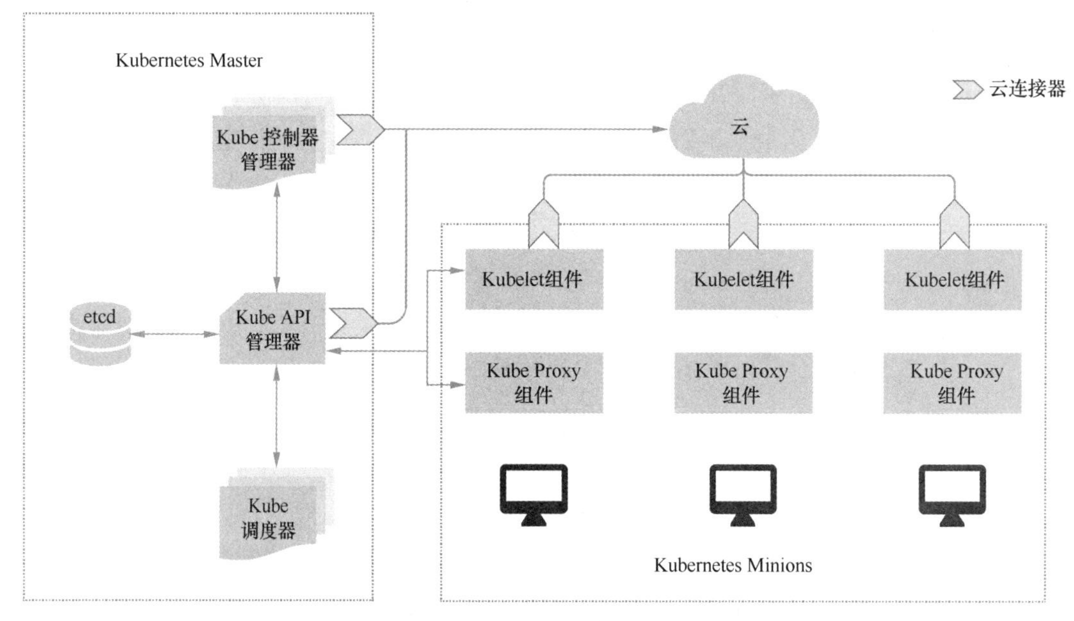

图 5-10　Kubernetes 的拓扑架构

资源池化是 Kubernetes 的一个重要设计思路，每个服务器上 Kubelet 会将 CPU、GPU、内存、网络和磁盘等资源上报给 API Server，之后 Kubernetes 将其抽象为资源池，这样可以对不同架构的服务器硬件资源实现统一抽象和管理，实时掌握各类资源的精准用量，并根据应用的资源需求实时调度集群中的剩余资源。统一的调度框架是 Kubernetes 的另一个重要功能，为了支持各种不同负载下的调度，Kubernetes 设计了 Scheduling Framework（调度服务的插件框架），允许开发者在调度器上做自定义的插件扩展。由于 Kubernetes 在架构上注重解耦合和自身无状态化，因此其在设计上可以管理数千台服务器。工业界有很多大生产规模的案例，例如 OpenAI 在 2023 年就公布其 Kubernetes 集群管理了 7500 台服务器，保障了 ChatGPT 3.5 预训练的高效。

在技术上，大数据和 AI 计算都涉及大量的数据和复杂的迭代运算，为了达到更好的性能，MapReduce、Spark 和 TensorFlow 在架构中都特别注重"计算贴近数据"设计，一般会根据数据的位置来选择启动相应的计算服务，尽量让计算任务和数据在同一个节点上，这样就可以避免网络带宽带来的性能损失。Kubernetes 目前已经是大数据调度与资源管理平台的事实标准。

基于 Kubernetes 技术提供大数据服务，可以进一步将大数据服务变成弹性、灵活的大数据 PaaS 服务。在海外，无论是早期的 AWS Aurora、Redshift，还是近几年快速发展的 Databricks、Snowflake，业务规模增长都很迅速，这些案例证明了数据技术 PaaS 化的业务前景。近年来一些数据库厂商陆续推出 Serverless 模式的产品。海外的数据平台类产品包括专业的云化机器学习平台、云上数据仓库，基于 PaaS 的方式来提供服务已经成为主流运营模式。

5.5 分析型数据库

分析型数据库是为了解决大规模数据分析问题的数据库，一般用于构建数据仓库或数据集市，主要设计目标是存储、管理和分析海量数据，一般存储的数据类型多、时间维度长，主要应用于企业的业务分析、BI 等场景。分析型数据库通常是分布式架构，目前有以下两种技术流派。

- 从大数据计算引擎演进而来，也就是分布式分析型数据库。这类数据库刚开始可能是分布式计算引擎，如 Spark、Presto 等计算引擎都能很好地解决各种数据分析场景问题，为了让数据分析对相关生态工具有更好的兼容性，这些计算引擎都开始提供更好的 SQL 支持、保障数据一致性的事务能力等，甚至设计专门的数据存储来提升性能（如 Spark 社区提供了 Delta Lake 存储技术），因此逐渐跟数据库的体验接近。
- 从单机数据库演进而来，也就是 MPP 数据库，它通过多个数据库实例组合来支持大规模数据的并行计算与分析。

分析型数据库处于大数据技术与数据库技术的交叉领域，由于数据库本身有相对标准化的定义，并且有统一的 SQL 和事务接口，生态对接较好，可管理和可运维性比较突出，在生产落地上非常受欢迎，因此在商业上能够很好地闭环，也成了技术型厂商的主要目标产品之一。5.3 节介绍的各种分布式计算技术可以解决数据计算能力拓展的问题，另外配套的数据存储格式也需要精心地设计。为了加速数据分析，分析型数据库的存储格式一般都采用列式数据存储，典型的列式存储的开源实现有 Hive 中的 ORC 格式和 Apache Parquet 文件格式。在分析场景下，仅读取需要的列数据而无须读取其他不相关列，从而能节省了大量的 I/O 读写时间。

下面是解释列式存储优势的一个示例。假如要统计每个国家的销售额总和，需要从数据表中读取 Country 和 Sales 两个字段，如图 5-11 所示。如果采用行式存储，每一行的 3 个列都需要读取，而采用列式存储就只需要读取 Country 和 Sales 两个大文件块，节省了 1/3 的 I/O。在真实生产环境中，假如一个数据表有 1000 个字段列，而给定的 SQL 统计可能只能用到其中的 10 个字段，那么节省的 I/O 达到 99%。

除了节省 I/O，采用列式存储的另一个优势是数据有很高的数据压缩率，因此占用磁盘空间小，一般可以做到 5 ～ 10 倍压缩比，即 1 GB 的数据文件使用列式存储后磁盘中的文件大小可能是 100 ～ 200 MB。因为一个列的数据类型相同，可以采用一些编码方式（如 Delta、字典编码等）来存储数据，对一些数值类型字段、数值总量有限（如国家、城市、性别等）的字段编码压缩效果更好。另外，由于不同的列分开存储，一般会设计并行读数据的API，每个线程读取不同的列数据，从而提高并行读数据能力。列式存储的另外一个好处就是更好地支持各种结构化和非结构化数据，从而可以在一个平台内支持多种数据类型的数据分析。

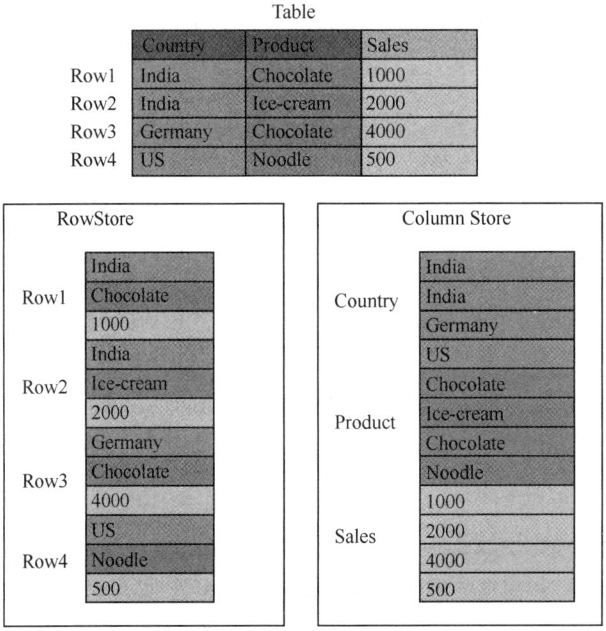

Table

	Country	Product	Sales
Row1	India	Chocolate	1000
Row2	India	Ice-cream	2000
Row3	Germany	Chocolate	4000
Row4	US	Noodle	500

RowStore
Row1: India, Chocolate, 1000
Row2: India, Ice-cream, 2000
Row3: Germany, Chocolate, 4000
Row4: US, Noodle, 500

Column Store
Country: India, India, Germany, US
Product: Chocolate, Ice-cream, Chocolate, Noodle
Sales: 1000, 2000, 4000, 500

图5-11　行式存储与列式存储

在数据读取方面，列式存储方案一般都会设计与上层的计算层对接的接口，提供读取、过滤下推、索引等，因此性能要优于行式存储。在支持数据写入的能力上，一般需要通过在上层的计算层增加一个内存Buffer的方式来加速，因此性能不如行式存储。

5.5.1　MPP数据库

MPP最早产生于高性能计算领域，其思想是通过一些管理单元和协议来协调多个处理单元，将一个复杂计算任务切分给多个完全对等的处理单元来并行处理，每个处理单元执行一个程序中的不同部分，从而完成整个程序的计算。MPP数据库就借鉴了这个思想，它的每个处理单元就是一个关系数据库，通过多个并行的关系数据库的协同来运行一个复杂SQL任务的一部分计算任务，提升MPP数据库能够处理的数据的量级和性能。在20世纪80年代，行业内开始出现基于多个PostgresSQL数据库组成的MPP数据库方式来提升计算能力，并配套较好的硬件资源打造软硬件一体化的方式来加速性能，具有代表性的产品有Teradata、Netezza、Vertica等。

MPP 数据库一般会包含多个控制节点和多个计算节点，控制节点负责计算任务的编译、执行计划的生成和计算结果的聚合，而计算节点负责计算划分到具体数据库实例的计算任务。为了更好的可扩展性，MPP 数据库一般采用 Shared-Nothing 架构，每个数据库节点之间没有数据共享。MPP 数据库可以通过横向扩展计算节点增加数据库计算能力，此外因为多个实例，数据库总体的数据加载性能相比单实例数据库也有很高的提升。数据分片是实现并行化计算的核心，MPP 数据库的数据分片方式主要有以下 3 类。

- 哈希方式：一般适用于事实表或大表，根据一条记录的某个字段或组合字段的哈希值将数据分散到某个节点上。通过根据对给定字段的哈希值来做数据分布，一个大表可以均匀地分散到 MPP 数据库的多个节点上，当对这个表进行查询时，MPP 数据库编译器可以根据 SQL 中相应的检索字段将查询快速定位到某个或几个相关的数据库节点并将 SQL 下发，对应的数据库节点就可以快速响应查询结果。哈希方式在真实生产中使用得比较多，不过它也有两大明显问题：一是哈希值一般跟数据库节点数量密切相关，如果数据库添加或者减少节点，就需要做数据库的数据重分布；二是在实际操作中需要根据业务特点来设计或选择哈希字段，否则容易出现性能热点等影响数据库整体性能的问题。
- 均匀分布方式：一般适用于一些过程中的临时表，在对表的数据的持久化过程中按照均匀分布的方式在每个数据库节点上均匀写入数据。这种方式下数据库的 I/O 吞吐量可以最大化，无论是读取还是写入，仅适合表只做一次读写的场景。
- 全复制方式：适合记录数比较少的表，一般情况下在各个数据库节点都完整地存储一份数据。这类表常用于大量的分析类场景，事务类操作比较少，因此虽然存储上有明显的浪费，但是在分析性场景下不再需要将这类表在多个数据库节点上传输或复制，从而提升分析性能。

基于数据分片的方式实现了数据无共享架构，因此可以通过增加数据库实例的方式来提升数据库的性能，与早期的 SMP 共享架构数据库（典型代表为 Oracle RAC）相比，MPP 数据库的分析性能要远远超出。此外数据库的整体并发响应，以及对于数据库的读写吞吐量，MPP 数据库都能够通过有效的业务优化达到一个很高的水平。在 MPP 数据库的可扩展性方面，从中国信通院的相关测试来看，开源的 MPP 数据库能够支持 100 个节点的集群，而一些商业 MPP 数据库通过更好的软硬件结合已经可以实现单集群达到 500 个节点。

MPP 数据库主要用于建设企业的数据仓库和数据集市。Teradata 数据库是一个典型的 MPP 数据库，它通过软硬件一体化的方式来提供强大的性能，每个物理节点之间通过高速网络互联来保障跨节点的数据交互性能，但缺点是成本非常高。Teradata 数据库曾经在金融、电信等行业的企业数据仓库中使用比较多。不过随着大数据技术的兴起，Teradata 架构面临着成本过高、不支持 AI 等问题而逐渐被替代，直到 2022 年，Teradata 正式宣布退出我国市场。

Greenplum 是另外一个有代表性的 MPP 数据库，采用了 Share-Nothing 架构，单机数据库引擎从 PostgreSQL 发展而来，通过多节点协同提高分布式存储能力，以及通过 MPP 架构支持多级并行计算。Greenplum 曾在 2015 年开源，因此有一定的社区影响力，后来在一系列资本运作后 Greenplum 归属于博通公司，在 2024 年退出我国市场，并且结束了开源。

从海外两个知名 MPP 数据库厂商在我国的发展情况可以看到，我国发展自主可控的 MPP 数据库技术和产业非常必要。从 2015 年来，我国 MPP 数据库的发展非常迅速，因此也导致了海外数据库厂商逐步退出我国市场。我国目前在开源领域，以 StarRocks 和 Apache Doris 为代表的新型 MPP 数据库在互联网行业有很多应用。在企业级市场，以华为 GaussDB、南大通用 GBase、星环 ArgoDB 为代表的 MPP 数据库也有非常多的产业应用。

MPP 数据库的架构缺陷主要包括以下 5 个。

- 数据的分布对业务的性能影响极大。在选择数据分布算法及对应的分片字段的时候，不仅要考虑数据分布的均匀问题，还需要考虑到业务中对这个表的使用特点。如果多个业务的使用方式有明显差异，往往很难选择一个非常好的表分片字段，会导致一些因为数据不均匀分布或跨节点数据 Shuffle 可能引起的性能问题。
- 落后者问题（Straggler Node Problem）是 MPP 数据库的一个重要架构问题。由于工作负载节点是完全对称的，数据均匀地存储在这些节点，处理过程中每个节点使用本地计算资源完成本地的数据计算。当某个节点出现问题导致速度比其他节点慢时，该节点会成为落后者。此时，无论集群规模多大，批处理的整体执行速度都由落后者决定，其他节点上的任务执行完毕后则进入空闲状态等待落后者，如图 5-12 所示，Executor 7 即为落后者，拖慢了整个集群的速度。当集群规模达到一定程度时，频繁出现落后者的情况会很常见。
- 集群规模问题。由于 MPP 具有“完全对称性”，即当查询开始执行时，每个节点都在并行地执行完全相同的任务，这意味着 MPP 支持的并发数和集群的节点数完全无关。在大数据时代，对于联机查询的并发能力要求增加非常迅速，也极大地挑战了 MPP 架构本身。此外，MPP 架构中的 Master 节点承担了一定的工作负载，所有联机查询的数据流都要经过该节点，这样 Master 也存在一定的性能瓶颈。因此 MPP 数据库在集群规模上存在限制。
- 多租户资源隔离问题。由于一个企业的 MPP 数据库一般支撑多个业务或多个租户，假如某个业务的部分 SQL 分析在数据库节点 Node 1 上产生了热点并占用了该节点绝大部分的资源，拖慢了所有的可能使用 Node 1 的其他业务，导致整体业务服务能力降低。从对行业的一些大型企业客户的调研结果看，这个问题非常致命，只能通过运维的手段来检测类似的热点 SQL 带来的环境问题。

- 支撑 AI 程序处理半结构化或非结构化数据的能力不足。AI 相关的需求爆发后，NLP、智能识别等技术都需要有效的半结构化或非结构化数据的存储、检索和计算能力，而这些都不是关系数据库擅长的。

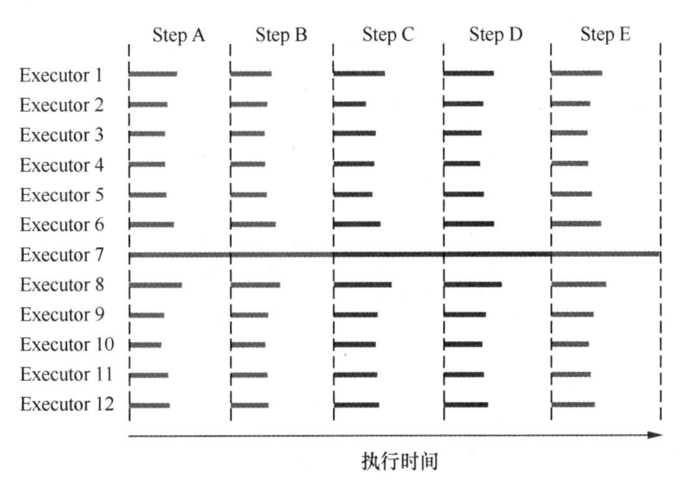

图 5-12 MPP 的落后者问题

随着硬件技术的快速发展，尤其是存储设备和网络性能的大幅度提升，MPP 数据库厂商都开始基于这些新硬件技术来解决当前的软件架构问题，如采用更高速的网络来提升总体的可扩展性，解决集群规模存在上限的问题。另外，部分 MPP 数据库重新设计其执行模式，调整其计算架构同时支持 MPP 和 DAG 模式，通过更细致的基于成本的优化器来解决常见的落后者问题。此外，近几年 MPP 数据库厂商都在推动存算分离架构，让底层可以直接依赖云存储等方式，从而实现云化服务，并以此来实现多租户隔离等管理能力。

5.5.2 分布式分析型数据库

分布式分析型数据库以分布式计算技术和分布式存储技术作为基础来构建分布式数据分析能力。在分布式分析型数据库这个领域，学术界近年的研究不多，主要是工业界在推动相关的技术发展。分布式分析型数据库主要包含服务层、SQL 引擎、分布式事务引擎、分布式计算引擎和分布式存储引擎，各层独立，其逻辑架构如图 5-13 所示。

分布式存储引擎一般采用分布式存储或云存储，会使用列式存储的格式，典型代表有

ClickHouse 的列式存储、Parquet 等。分布式计算引擎采用独立的分布式计算引擎，如 Spark、Doris 等。一般还有分布式事务引擎以保障数据并发写入的一致性和准确性，以及 SQL 引擎提供数据库的开发接口。

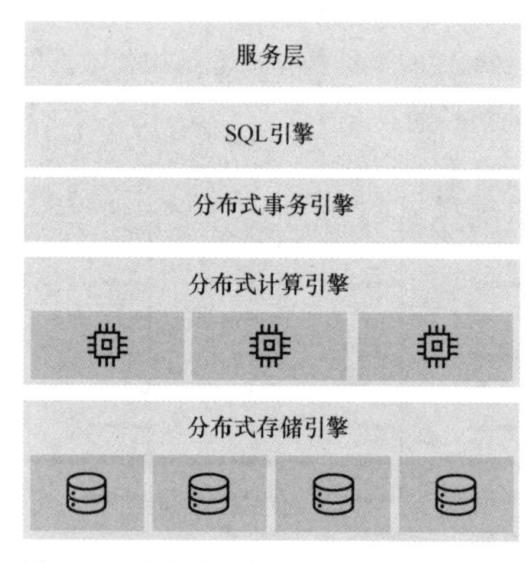

图 5-13　分布式分析型数据库的逻辑架构

需要注意的是，分析型数据库不需要高并发的事务操作，只需要保障数据一致性，数据库服务层需要支持的并发度也不会很高，一般来说做到几百并发即可，而不是像交易型数据库那样需要做到几千甚至几万的并发。从图 5-13 可以看到，分布式分析型数据库是按照层级横向切分的，每一层都是一个分布式的软件或引擎，其并行化处理由各个引擎的内部来控制。

分布式分析型数据库与 MPP 数据库的一个大的架构区别就是计算和存储的部分分离，也就是存储服务和计算服务不再绑定在一个进程中，数量可以不一致，这样就实现了计算的弹性。在真实生产业务中，计算的弹性需求比较大，而存储相对来说可预测性更强。因此，分布式分析型数据库更适合改造为面向云环境提供云原生的分析型数据库服务能力。

在分布式存储引擎这一层，目前行业内有比较多的基于 Paxos 或 Raft 协议打造的高可用的分布式存储。

Paxos 协议是少数在工程实践中证实的强一致性、高可用的去中心化分布式协议。Paxos 协议的基本思想是，多个服务如果要保持状态一致，那么任何一次状态的变化决议需要多个服务一起投票，如果某个决议获得了超过半数节点的同意则生效。这样采用 Paxos 协议实现高可用的存储服务，只要有超过一半的节点正常，那么整体服务就是可用的，即使出现了宕机、网络分化等异常问题。Google Spanner 的 Tablet Server 基于 Paxos 的容错机制如图 5-14 所示，每个 Tablet 有 3 个运行的实例，通过 Paxos 来选举 Leader 角色，每隔一定时间重新选举。

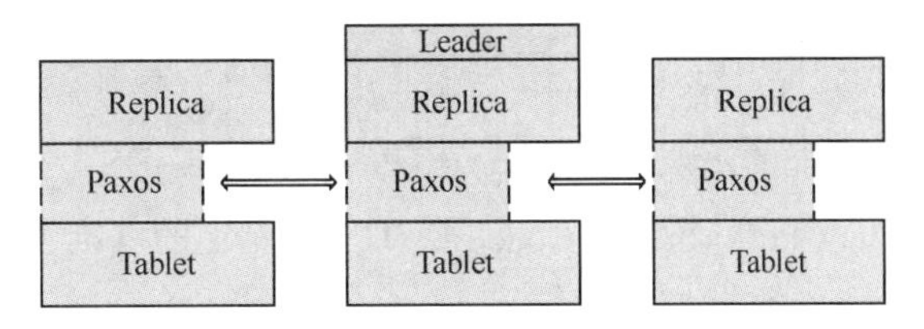

图 5-14 Google Spanner 的 Tablet Server 基于 Paxos 的容错机制

如果分析型数据库用于构建数据仓库，那么分布式事务是必需的，但这部分事务的并发要求并不高，主要确保不同数据源往同一个表加工结果时数据是准确的。例如，银行每天晚上会从各个渠道结算每个自然人的交易数据拉链表，拉链表每行数据可能包括给定自然人的借贷、信用卡、现金、理财等数据。在数据仓库的数据任务被调度后，从借贷系统与从信用卡系统加载的数据任务有可能会同时启动并且并发写这个拉链表，如果没有事务保障，最后的结果就可能不正确。

在列式存储中修改给定行的数据是比较复杂的，因此在实际操作时，每个事务操作并不会直接修改对应的字段的值，一般都采用多版本并发控制（Multi-Version Concurrency Control，MVCC）和 Compaction 机制来实现，即每次修改数据，存储会生成一个新的版本，并在对应字段的 Block 生成一个只包含要修改的数据的新数据块。每个新版本操作就生成一个新数据块，在读取数据的时候，会根据有效的事务号来读取相关的数据块并和基础数据合并生成最终的数据。随着数据库的版本增加，读数据的速度会下降，需要启动 Compaction 机制来合并，将大量的多版本文件合并为少量的文件，从而实现读写能力的有效平衡。在分布式数据库领域，分布式事务技术保证在复杂的系统架构和容错设计下数据的一致性，能够拓展数据库去支撑更多的应用。两阶段提交（2PC）、MVCC、基于快照的事务隔离等都是重要的技术实现。由于分析型数据库主要处理低并发度的事务操作，比较多的都是批量的数据修改或插入，因此对事务的并发度要求不高。在实现时，甚至可以采用一些低并发度但是实现简单的算法，如两阶段封锁（2PL）等算法。

分布式计算引擎是分析型数据库达到业务要求的核心，一个优秀的引擎包括计算框架、各种分布式计算的算子、优化器和资源管理能力。在计算框架方面，一般选择 DAG 或 MPP 模式，根据不同的设计需求来选择。在计算算子方面，围绕 SQL 的原语可以设计大量的算子，例如 JOIN 算法就可以有包括 hash join、sort merge join、index scan join、skew scan join 等多种不同的实现，并对接到基于成本优化器（Cost Based Optimizer，CBO）来做自动化的选择。这个方向的长期演进方向就是自治数据库，通过大量的优化规则和机器学习能力来产生针对用户场景的更多优化规则，从而让数据库可以自动地选择最合适的执行计划，无须 DBA 手动干预。

需要注意的是，有些分布式数据库最早是为了 OLTP 场景而设计，但是后续逐步加强了数据分析的能力，也逐步变成了 HTAP 数据库，我国数据库类似的代表有 TiDB、OceanBase 以及腾讯 TDSQL。

5.5.3 分析型数据库的评价

衡量分析型数据库的性能的重要基准测试是TPC-H和TPC-DS，它们是由事务处理性能委员会（Transaction Processing Performance Council，TPC）制定的基准测试，用于评估数据库系统的性能，尤其在决策支持系统方面。

- TPC-H定义了8张表，包括客户、订单、供应商等，这些表之间通过外键关联，包含22个查询，这些查询涉及多表连接、子查询、聚合等复杂的SQL操作。TPC-H对数据库的优化器的成熟度要求较高。
- TPC-DS模拟一个大型零售商销售数据的在线数据分析（OLAP）场景，采用星型和雪花型等多维数据模式，包含7张事实表和17张维度表，包含99个查询，查询类型包括报告查询、即席查询、迭代OLAP查询和数据挖掘查询，相比TPC-H，它的查询计算量更大。

可扩展性是分析型数据库的另外一个重要指标。随着企业数据的持续积累，对数据库的计算能力要求也会持续增加，分析型数据库在什么样的集群规模范围内通过增加服务器数量来持续地提升分析能力，以及是否存在一个最大规模集群的上限，这是需要回答的问题。MPP数据库的集群规模一般要小于100个节点，超过后需要在硬件资源层做大量调优才能让整体性能较好。分布式数据库相对来说可扩展性表现要更好一些。

数据的开放性对于企业推动数据科学工作比较重要，这也是商业分析型数据库的核心业务场景。数据仓库和数据集市都是用SQL开发任务并下发给分析型数据库，而对于数据科学类任务，基于Python希望可以直接对数据层做抽象和计算，此外计算复杂度比较高，如果分析型数据库的数据层可以直接提供类似DataFrame的API，那么对接数据科学任务将会非常容易。MPP数据库由于设计时间太早，在对接数据科学工具生态上，相对更新的分布式数据库，面临的困难会更多一些。

下面分析一下两家上市公司的分析型数据库产品（Snowflake与ArgoDB）。

1. Snowflake

如果一个企业选择在公有云上构建其数据仓库系统，可以选择某个云厂商的分析型数据库（如AWS Redshift、Google BigQuery等），也可以选择独立的云上分析型数据库，而Snowflake就是其中的出色代表，它可以运行在不同公有云的IaaS上，对接云上的数据工具生态，能够给数据开发者提供较好的开发体验和相对可控的成本。由于Snowflake仅在公有云上提供服务，因此它直接使用公有云的对象存储作为其分布式存储层。Snowflake所有组件均在公共云基础架构中运行，计算资源与存储资源分开，使用虚拟计算实力满足计算需求，并使用可高扩展的云存储服务来存储数据。

Snowflake的架构可以分为3层——云服务层、计算层、存储层，其拓扑架构如图5-15所示。

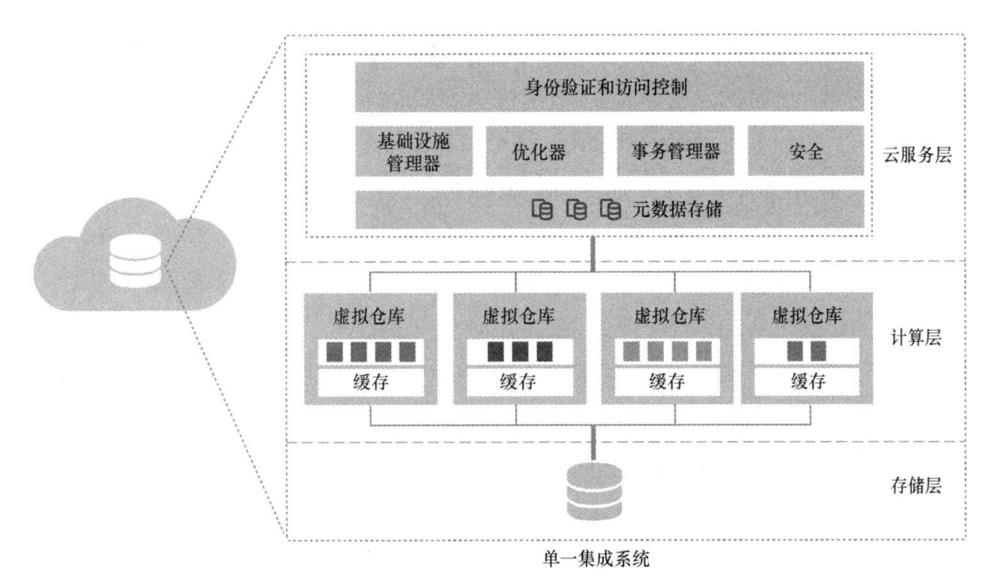

图 5-15 Snowflake 的拓扑架构

云服务层由众多服务组成，涵盖了传统意义上数据仓库的运维管理任务，如身份验证、访问控制、元数据存储、基础设施管理、事务管理和优化等，Snowflake 将这些数据库的支撑组件都云化，这样可以提供更好的弹性和可扩展性，也可以更好地做统一的安全管理。

计算层主要是由多个虚拟仓库（Virtual Warehouse）实例组成，虚拟仓库本质上是一个单机数据库，负责查询被分配的 SQL 计算任务。需要注意的是，由于 Snowflake 基于云存储做实际的数据存储，而云存储的 I/O 性能一般低于本地存储，因此 Snowflake 修改了其架构，将数据库原有的存储引擎改造为 Cache，并使用本地存储设备。优化器会区分冷热数据，将参与计算的热数据在本地的 Cache 中缓存，而冷数据放到云上的对象存储中。这样既兼顾了热数据的性能，又保障了系统的可扩展性，不过这对优化器有很高的要求，能够动态地做冷热数据的有效划分，这也是 Snowflake 数据库的核心创新之一。当用户启动一个 Snowflake 实例来建设数据仓库或者数据科学建模平台时，管理平台会在云上创建多个虚拟仓库并组成一个独立的 MPP 计算集群，这些虚拟仓库本身都是无状态的，可以灵活地增加、删除或调整资源配置。每个虚拟仓库实例不与其他虚拟仓库共享计算资源，可以根据业务负载随时提高或降低计算资源以应对需求，更不会影响其他虚拟仓库的性能。执行查询时，虚拟仓库从存储层检索满足查询所需的最少数据，并将其与计算资源和查询结果一起进行本地缓存，以提高将来查询的性能。这样的设计保证了计算能力的弹性和可扩展性。

存储层负责存储所有的数据，可以给所有的计算实例提供读写能力。数据加载到 Snowflake 后，Snowflake 会将数据优化为内部压缩格式，并存储在云存储中。存储层管理着数据的所有相关信息，包括文件大小、数据结构、元数据、统计信息和其他方面。存储的数据对象不直接可见，只能通过使用 Snowflake 运行的 SQL 查询操作进行访问。

Snowflake 将计算层和存储层分割开来，数据处理由一个或多个计算资源集群来执行，这样的多集群计算和数据存储共享设计允许多个计算集群同时对同一数据进行操作，能够以最大的速度和效率处理大量数据。对 Snowflake 而言，多个计算集群可以同时对同一数据进行操作，符合 ACID 要求，不会出现不同步的情况，从而全面增强了系统范围的全局事务完整性。

Snowflake 可以通过增加集群仓库的方式进行扩展。用户可以根据最初需要的性能来指定计算群集的大小，并且可以随时调整，甚至在业务正在运行时仍旧可以伸缩资源，单个计算集群的活动对所有其他计算群集的影响为零。例如，计算集群中的数据科学不会影响该集群中运行其他查询的性能，即使它们正在访问相同的数据。随着并发工作负载的增加，Snowflake 支持自动添加资源到计算集群并分配查询，避免了用户手动重新集群数据的麻烦。当工作负载减少时，额外的计算群集将暂停工作，用户仅需要对工作的集群付费即可，免去了为过剩资源支付的费用。此外，由于存储层的设计完全可以独立于计算资源，因此存储层也可以进行扩展，以确保数据和分析的最大可伸缩性、弹性和性能。

Snowflake 的体系结构是传统 Share-Disk 数据库和 Share-Nothing 数据库结构的混合体。与 Share-Disk 相似，Snowflake 使用共享的云存储来存储集群中所有计算节点的数据。但是计算架构上采用 Share-Nothing 架构，Snowflake 使用 MPP 计算集群处理查询，每个作业的计算资源独立使用，以提高查询和处理效率。这种方法简化了 Share-Disk 体系结构的数据管理过程，并且具有 Share-Nothing 的高效性能和横向扩展优势。

在可扩展性方面，从以上的分析可以看出，Snowflake 通过有效地利用云存储和基础设施来实现了存储与计算分离，存储和计算能够独立实现弹性和多租户资源管理，在可扩展性方面的表现非常突出。

在开放性方面，Snowflake 通过 Snowflake Open Catalog 对外开放元数据，支持 Flink、Spark 等直接分析其存储的数据。Snowflake 还开发了一套数据科学工具集 Snowpark，能够让开发者直接用 Python、Scala 和 Java 等语言来开发程序，利用 Snowflake 的弹性计算能力支持在大规模数据集上运行机器学习任务。

2．ArgoDB

在企业级数据仓库和数据分析的市场，企业用户对可扩展性的要求相对低，而对交互式数据分析要求高，因此追求更好的分析性能体验是私有化部署的分析型数据库的重要目标。星环科技的 ArgoDB 就是期望充分利用硬件能力来提高数据性能，基于闪存存储来提升数据的存储和计算性能，能够成为数据仓库、数据湖和数据集市的一体化支撑数据库。

ArgoDB 的架构如图 5-16 所示，核心组件主要包括 Quark SQL 引擎、多模型数据库优化器 Gluon、向量化计算引擎 Crux、事务管理器、分布式存储管理系统 TDDMS，以及高性能行列混合存储 Holodesk 等。

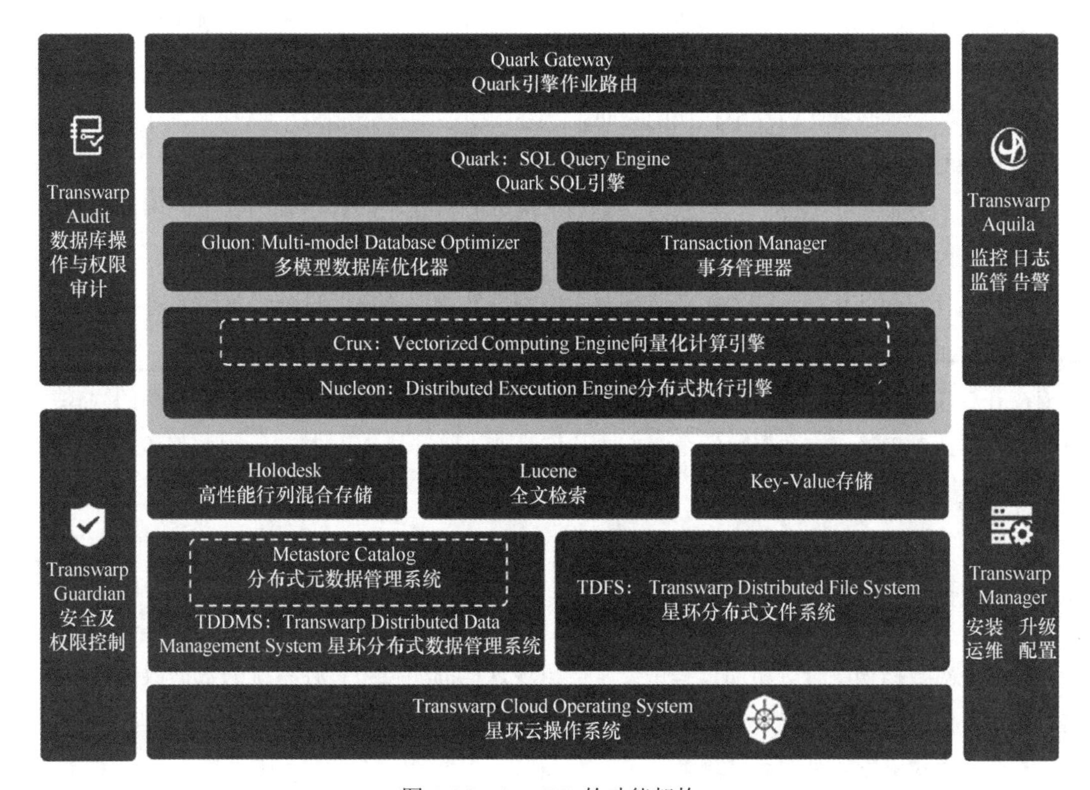

图 5-16 ArgoDB 的功能架构

存储引擎是支撑高性能数据分析的关键。ArgoDB 支持多种数据存储，包括自研的 Holodesk 用于数据仓库场景的数据批处理、Lucene 用于高并发的全文检索，以及 Key-Value 存储用于实时流数据的高速写入和统计分析。为了支持多种存储，ArgoDB 设计了通用分布式存储管理层 TDDMS。TDDMS 将底层存储引擎抽象为一组接口，包括存储的读写操作接口、事务操作接口、计算引擎的优化接口等，任何实现这些接口的存储引擎都能以插件的形式接入 ArgoDB。TDDMS 是基于分布式一致性协议 Raft 实现的存储引擎，利用它可以实现存储引擎管理的高可用和备份灾备能力，并且提供运维管理能力。

Holodesk 通过基于闪存的行列混合存储，针对闪存强大的随机 I/O 能力、优于普通硬盘顺序读写的能力进行了数据读写的专项优化，实现了快速的数据读写能力。Holodesk 也支持多种辅助索引技术，支持数据块级别的预先聚合，极大地增强了数据的检索性能，能更好地适配混合型的业务场景。但 Holodesk 并非只能使用闪存，也支持“内存 + 闪存 + 硬盘”的三级混合存储，使得用户可以在性能和硬件预算间找到平衡点。

分布式计算引擎 Linac 是一个向量化的计算引擎，采用基于 DAG 模式的计算框架，内部由多个无状态的执行器组成，可以根据业务负载来调整计算弹性化。计算引擎既可以快速读取批量存储文件，也可以高速地运行少量数据的简单查询和复杂查询。内存数据格式的设计与列式存储适配，减少了数据在内存中转换的时间。此外，能够动态分析 SQL 结构，基于向量化的思想选取高效的运行时行列对象模型，在提升性能的同时显著节省内存使用。

在性能的表现上，ArgoDB 在 2019 年通过 TPC-DS 测试 10 TB 级别的认证，因此在性能表现上达到业内一流水平。

在扩展性方面，由于 ArgoDB 采用分布式架构以及存算分离的设计，集群的可扩展性也不存在问题。在一些央企的落地案例中，ArgoDB 单个集群规模可以超过 1000 台服务器。

在开放性方面，由于存储格式 Holodesk 是为了性能而特殊设计的，与其他开源的列式存储不兼容，因此对接第三方数据科学生态方面，依然需要通过 SQL 层接口，因此整体开放性仍然有较大的提升空间。

5.6 数据联邦

企业在对数据做融合分析的过程中经常会出现这样的困境：多种系统的数据散落在各个存储系统中，而很多数据分析需求需要跨库，因此就需要高效的跨存储系统的数据联合分析方法。目前有两种方式可以解决这类问题。

- 数据集成（ETL）：将数据统一集成或整合到数据湖或数据仓库后再做分析，这种一般适合需求相对确定、存量系统可以迁移到新数据平台的业务场景，数据会在物理上统一到一个存储系统中。
- 数据联邦（Data Federation）架构：对于一些企业，由于其平台建设的阶段性特点，可能存在需求在快速变化，或者存量系统因为各种原因不能直接迁移的情况，基于 ETL 入湖再分析的方案可能会存在业务响应速度慢、灵活度低和过程复杂的弊端，企业需要一种能更灵活、快捷地进行数据逻辑集成的方法，也就是对数据不做统一的集中化存储。

数据虚拟化，指通过上层的数据管理能力来实现而无须数据物理集中，从而为企业提供一种逻辑的数据开发、互操作和管理能力的方式。目前，Gartner 公司仍在发布数据虚拟化的魔力象限，证明这个需求是广泛存在的。相对于数据物理化的集中处理（统一的数据湖、数据仓库等），数据虚拟化的建设成本更低，可以用于数据物理整合之前的原型论证、逻辑数据仓库、企业内的自助的数据准备、数据系统迁移过程中的新旧系统并轨管理等场景。随着大数据技术在各个领域的深入应用，数据虚拟化有更多的场景需求出现，包括企业内部的不同架构的数据平台的数据管理、不同地理位置上的数据互操作，以及跨企业的数据共享分析等。下面列举 3 个需求场景。

- 许多大型客户的数据中心的数量是在增加的，单个数据中心已无法承载他们的数据和应用，他们通常会横跨多个数据中心，需要数据在多个数据中心之间能够互联互通、资源能够互相调用。
- 一些大型企业开始上线公有云，但是自己也有私有云，需要对公有云和私有云进行互联互通。另外，企业通常可能是跨国公司，有多个数据中心遍布不同国家，每个国家对数据有不同的保护条例，不能把数据移出本国，所以需要有一套框架能够连通，不同国家的各个数据中心，形成统一的云。
- 部分企业使用了开源技术或者其他产品，因为产品成熟度或者运维效果不佳，希望能够采用更好的产品来做架构升级，而原有的平台上已经有大量的数据业务，如何做到平滑升级？

数据联邦就是覆盖原来的数据虚拟化和我国需求更加迫切的数据共享分析技术的数据管理技术，无论数据的位置和类别如何，都可以通过数据联邦技术来实现统一的数据开发、管理与使用视图，包含统一的元数据管理、统一的数据访问与开发接口，以及统一的数据服务管理。

从技术架构的视角来看，数据联邦技术通过在现有的各种数据源上增加一个联邦计算引擎的方式，提供统一的数据视图，并且支持开发者通过联邦计算引擎来统一查询和分析异构数据源里的数据，开发者无须考虑数据物理位置、数据结构、操作接口和储存能力等问题，即可在一个系统上对同构或者异构数据进行访问和分析。数据联邦技术架构如图 5-17 所示。

架构的最上层是数据访问层和配套的管理工具，中间是关键的联邦查询 SQL 引擎层，联邦查询计算引擎层和 Cache 层对联邦查询的性能比较关键。由于查询的数据源是某个数据库，优化器需要能够积累面向该数据库的各种优化规则，能够尽量使用目标数据库的索引、过滤下推、计算下推等优化技术，甚至能够跟目标数据库的统计信息打通，从而生成相对更优的执行计划。对于一些频繁被使用的数据表或视图，可以考虑在 Cache 层构建这些数据的物化视图，相当于数据在联邦查询 SQL 引擎层被缓存。元信息管理层需要整合被查询的自治数据源的元数据信息以及统计信息，可以让联邦查询 SQL 引擎层做深度的优化。联邦查询计算引擎层一般会采用一个计算引擎（如开源的 ClickHouse 或 DuckDB，或者采用一个商业的分析型数据库）来提供计算能力。数据联邦技术架构能够为企业的数据管理带来如下 5 个关键的架构优势。

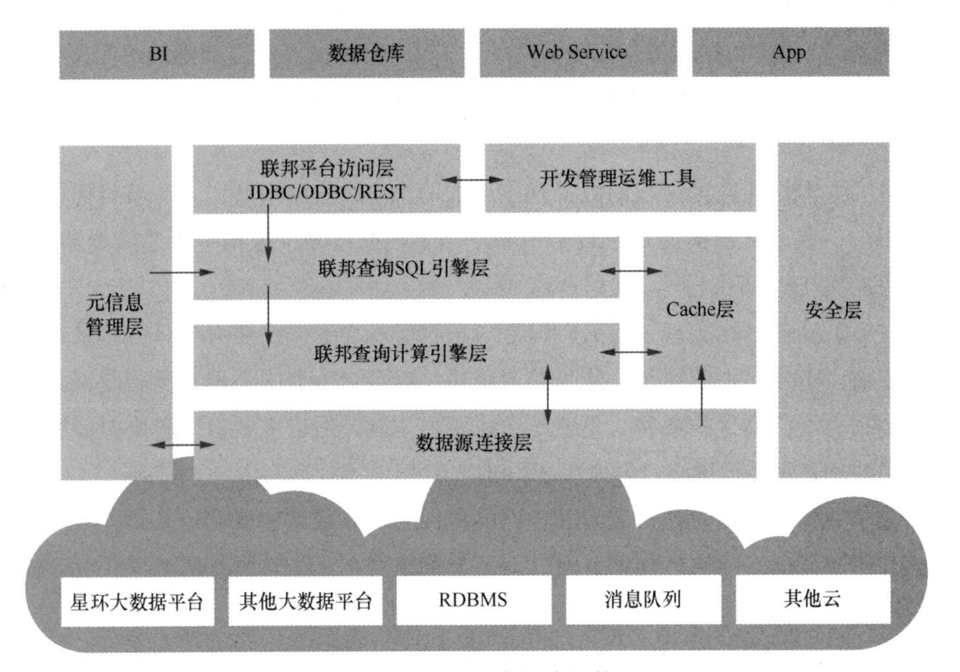

图 5-17　数据联邦技术架构

- 虚拟化的数据集成：与传统 ETL 相比，数据联邦仅进行了虚拟的集成，能更快、更低成本地集成大量数据，提升数据集成速度，可以快速探索一些创新数据业务。
- 对一些复杂的存量系统，可以在尽量保证系统不动的情况下，提供跨库的数据分析能力，从而保护企业的现有投资。
- 方便开发者灵活地发现和使用数据：用户不需要感知数据源的位置和结构，数据源系统不需要做改动，数据处理灵活度就能得到提升。
- 可以实现统一的数据安全管控：因为通过虚拟视图而不是复制的方式集成，配套在数据联邦平台上做统一的安全管控，能够做到数据统一出口的安全管控，减少因为复制数据引入的数据泄露风险。
- 消除不必要的数据移动：对于一些不太常用的数据，如果使用数据联邦技术架构，这部分数据就不需要每天整合进入数据湖，只在有实际需求的时候才去做分析。

尽管数据联邦在优化数据采集、平台迁移等方面有很大的价值，但并不是万能的。一方面，因为数据的集成视图可以被快速实施，许多企业忽略了数据治理，导致数据联邦过程中产生了不必要的冗余；另一方面，由于数据联邦没有预先针对业务做数据架构设计，因此对于频繁使用的固定形态的数据需求，以数据湖、数据仓库等方式才能有最佳的性能表现。数据联邦主要用于满足仍在增加的数据需求或者 Ad-hoc 类开发场景中的企业数据开发需求。

5.7 湖仓一体架构

传统的企业数据湖大多是基于 Hadoop 或云存储，为数据科学和机器学习任务提供半结构化数据和非结构化数据，由于这些业务需要大量的存储和高吞吐量的存储与处理能力，因此企业的数据湖的存储和计算的成本非常重要。企业的 BI 和业务分析等数据的加工过程需要严格的一致性、分析过程需要较高的 SQL 性能，在 2016 年之前由于技术的限制，基于 Hadoop 或云存储的性能不能达到数据仓库的性能需求或数据一致性要求，因此企业需要单独建设数据仓库系统来支撑这类业务。这样很多企业的数据底座变成了“数据湖 + 数据仓库”的混合架构，这带来的结果就是建设成本、管理成本和业务开发成本都更高，数据治理的工作量也更大。

如果能在相对廉价的存储上提供高性能的数据计算和保障数据一致性，那么就可以在一个技术架构上同时构建数据湖和数据仓库，形成湖仓一体的架构，如图 5-18 所示。根据赛迪顾问的技术研究报告，湖仓一体是指融合数据湖与数据仓库的优势，形成一体化、开放式数据处理平台的技术。通过湖仓一体技术，可使得数据处理平台底层支持多数据类型统一存储，实现数据在数据湖、数据仓库之间无缝调度和管理，并使得上层通过统一接口进行访问查询和分析。

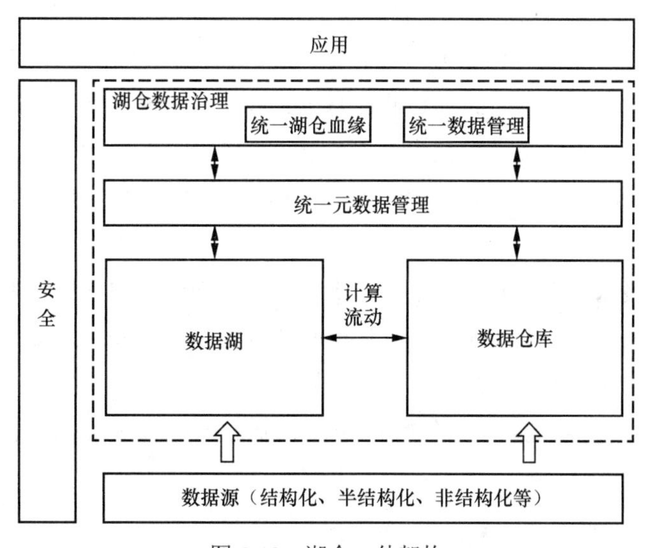

图 5-18 湖仓一体架构

“湖仓一体”这个名词在 2019 年 Databricks 发表论文 *Lakehouse: A New Generation of Open Platforms that Unify Data Warehousing and Advanced Analytics* 后得到开源社区和社会的普遍关注，

各类尝试去解决湖仓混合架构的产品或技术也都开始被归拢到这个技术体系之下。赛迪顾问在2022年7月发布的《湖仓一体技术研究报告》中指出，湖仓一体架构的关键特征包括如下6点：

- 支持多类型数据的分析和探索，包括结构化、半结构化和非结构化数据；
- 事务支持，保证数据并发操作下的一致性和准确性；
- BI支持，可以直接在源数据上使用BI工具，无须通过从数据仓库建模到数据集市对接业务分析这样长的数据链路，业务响应时效性高；
- 数据可治理，在数据湖内直接进行数据治理，减少数据副本和冗余流动导致的算力和存储成本；
- 存算分离，数据存储全局公用并按容量要求扩缩容，而算力可以根据计算需求做弹性伸缩，计算和存储按照各自需求独立扩展；
- 开放性，支持标准化的SQL和API，可灵活支持各种机器学习框架。

在技术实现路径上，湖仓一体的落地路径有以下3种方式。

- 基于Hadoop体系的数据湖向数据仓库能力扩展，直接在数据湖中建设数据仓库，从而演进到湖仓一体，这样可以在比较低成本的数据湖的存储上构建数据仓库体系，需要有比较好的事务支持和SQL性能。2016年，星环科技在基于Hadoop的分析引擎Inceptor中增加了分布式事务等能力，同时增加向量化计算引擎等技术提升数据分析的性能，基本上能够达到企业的数据仓库的性能要求，并在部分国企落地。
- 基于公有云的存储或者第三方对象存储，在此之上构建Hadoop或者其他自研技术来搭建湖仓一体架构。该方式在存储层基于云服务来实现存算分离，而分布式事务、元数据管理等能力则依赖自研技术框架或整合开源Iceberg。2017年Uber工程师研发的Hudi项目与2019年Netflix开源的Iceberg项目，都基于公有云存储来尝试提供数据仓库的能力。
- 基于数据库技术做深度研发，进一步支持多种数据模型和存算分离技术来满足数据湖类的需求。2020年，Databricks在其云服务上推出了Delta Lake，可以支持其客户在存储上打造湖仓一体的能力。

目前在开源社区广受欢迎的技术包括Hudi、Iceberg和Delta Lake，下面将阐述它们的实现原理和差异。

5.7.1　Hudi

Hudi用于在Hadoop上提供update、delete和incremental数据处理能力。Hudi是由Uber的工程师为满足其内部数据分析的需求而设计的数据湖项目，业务场景主要是将线上产生的行程订单数据同步到一个统一的数据中心，然后供上层各个城市运营人员做分析和处理。

2014 年，Uber 的数据湖架构相对比较简单，业务日志经由 Kafka 同步到 S3 上，上层用 EMR 做数据分析；线上的关系数据库和 NoSQL 则会通过 ETL 任务同步到闭源的 Vertica 分析型数据库，城市运营人员主要通过 Vertica SQL 实现数据聚合，但是系统扩展成本高导致业务发展受限。

Uber 团队后来迁移到开源的 Hadoop 生态，解决了扩展性等问题，但原生 Hadoop 并不提供高并发的分布式事务和数据修改、删除能力，因此 Uber 的 ETL 任务每隔 30 分钟定期地把增量更新数据同步到分析表中，全部改写已存在的全量旧数据文件，导致数据延迟和资源消耗都很高。此外，在数据湖的下游，大量流式作业会增量地消费新写入的数据，数据湖的流式消费也是必备的功能。所以，他们就希望 Hudi 项目不仅能满足通用数据湖需求，还能实现快速的数据修改、删除和流式增量消费。这样 Uber 的数据链路就可以简化为图 5-19 所示的形式，其中增量数据流器（DeltaStreamer）是一个独立的数据采集服务，专门负责从上游读取数据并写入 Hudi。

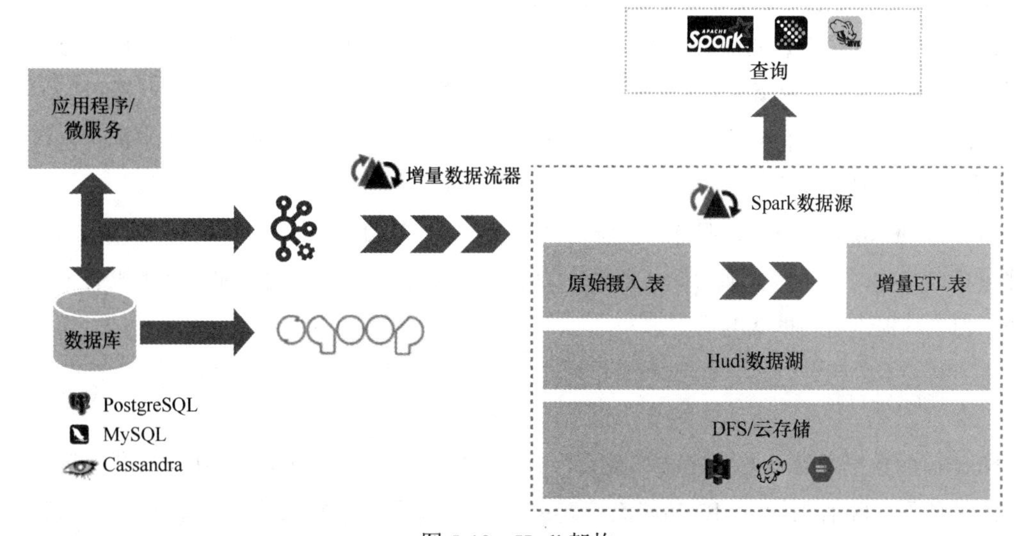

图 5-19 Hudi 架构

快速的数据修改和删除是核心诉求，因此 Hudi 项目针对这个需求做了大量的系统设计。如果需要对数据文件内的数据进行修改，较原始的方式是将初始数据文件的数据读入内存，再与内存中待修改的数据合并，之后再将数据写入数据文件。这就导致所有的数据会被读一遍、写一遍，如果文件较大，速度就极慢。MVCC 机制可以解决这个问题，每次增量更新的数据会独立写入一个 delta 文件中而不是修改初始数据文件（base 文件），而在读数据的时候，将初始数据和 delta 文件中的数据都读入内存，再按照数据的版本和新旧情况进行合并。

Hudi进一步细化了MVCC的设计，针对不同场景设计了Copy on Write和Merge on Read两种数据表格式，其中Copy on Write格式的表在每个事务操作后会将全量新数据合并为一个版本，这样后续读数据表的速度就比较快，但是事务操作慢，适合一些低频修改但是高频读取的中小数据量表，例如码表；Merge on Read格式的数据表在修改操作时写入一个独立的delta/delete文件，而在读取时再将base文件和delta文件一起读入内存并按照记录进行数据合并，这种方式修改速度快而读取速度相对慢，比较适合大数据量或修改较为频繁的表。开发者可以按照业务需求为每个表选择合适的模式。值得一提的是，大部分存储引擎的实现都默认采用Merge on Read的格式。

列式存储有比较好的数据分析性能，但是因为无法精准定位到某个记录行，点查性能普遍不佳，解决这个问题的通用方法包括为列式存储提供二级索引或提供Bloom Filter过滤技术。Hudi为了更好的查询性能将这两个技术都实现了，首先设计了类似主键的HoodieKey，并且在HoodieKey上提供了Bloom Filter等功能，这样无论是点查还是精准的数据修改，都可以更快地找到需要修改的数据区域，从而提升事务操作的性能。

此外，为了支持增量的流式数据读取，Hudi给上层分析引擎提供3种不同的读取方式：仅读取增量文件、仅读取初始数据，以及合并读取全量数据。实时数据分析可以仅读取增量文件，对数据准确性要求不高的业务（如机器学习等）可以采用读取初始数据的方式来提速，而对数据仓库类要求数据一致性的任务需要采用合并读取全量数据的方式。

与Delta Lake为了更好地服务机器学习类业务不同，Hudi主要是为了结构化数据的ETL和统计分析以及更好的实时计算效果，都是围绕SQL业务展开的，因此其在设计上没有考虑太多机器学习类编程语言和框架的需求。

5.7.2 Iceberg

Netflix的数据湖最早采用Hive来建设，底层数据存储基于HDFS，而Hive提供了数据表格式一致性的保证和有限的ACID功能支持。由于Hive需要基于独立的Metastore来提供数据表元信息查询，在数据分区特别大的情况下Metastore的性能不足，这导致一些分区多的数据表的查询分析性能不能满足业务需求，这是当时Netflix团队面临的最大问题。另外，Hive的ACID实现不够完整，一个事务写HDFS和Metastore会存在原子性不足问题，一些故障情况下数据会存在一定的不一致问题，引入一些额外的数据校验工作。此外，Netflix希望能够拓展到对象存储上，从而实现存算分离。基于以上原因，Netflix建立了Iceberg项目来解决构建数据湖出现的各种问题。需要特别指出的是，Iceberg是一个面向数据湖系统设计的数据表的存储格式，不是一个独立的进程或服务，这是Iceberg和Delta Lake和Hudi最大的区别，它需要计算引擎加载

Iceberg library。

由于 Iceberg 要解决 Netflix 因分区而遇到的各种问题，它重点设计了数据表的元数据管理和分区相关的功能。与其他各种引擎依靠一个 meta 服务不同，Iceberg 将元数据直接存储在文件中，如图 5-20 所示。表的所有状态都保存在 metadata 文件中，对表的新修改都会产生新的 metadata 文件，其中保存了表 schema、partition、snapshot 和一些其他表属性信息。这个设计是 Iceberg 为了解决其他引擎需要额外依赖一个独立元数据服务，而元数据服务可能存在性能瓶颈的问题。

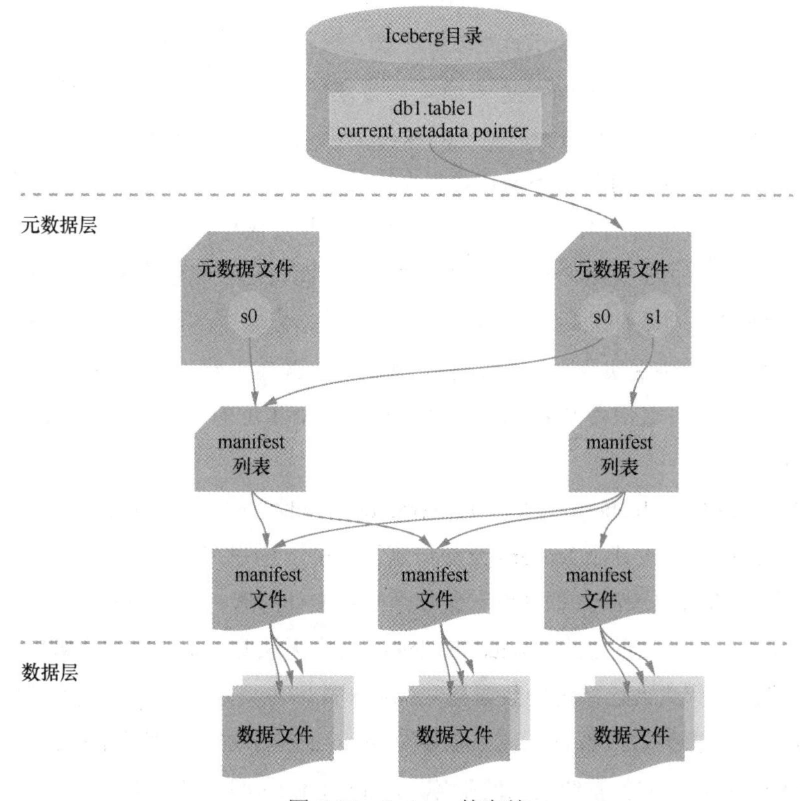

图 5-20 Iceberg 的存储

Hive、Hudi 等系统的数据文件在磁盘上的物理存储结构采用了“目录 - 文件”两层结构，每个目录对应数据表的一个 partition，SQL 优化器做优化的时候需要首先判断该目录下是否有数据需要读取，此时就会调用文件系统的 API 获得各个目录的基本数据分布，如果该目录的数据分布中没有要查询的数据，那么整个目录文件就都不需要查询。Iceberg 要解决的问题是目录数量可能是几千个甚至更多，由于文件系统的 API 调用相对内存计算的速度更慢，在 partition

数量是几千个量级的情况下往往需要的时间较长（可能需要几秒甚至几十秒），从而导致性能较低。Iceberg选择的方法是采用多个manifest文件来直接管理数据文件，Iceberg表的物理数据存储是以数据文件方式保存的，这样计算引擎可以直接将manifest文件加载进内存，从而在优化过程中只需要在内存中计算这几千个目录的数据分布并做partition pruner（分区裁剪）优化，无须多次访问文件系统，可以在毫秒级完成这个优化，从而提高访问速度。在Iceberg的设计中，首先由manifest文件记录并指向对应的数据文件，而manifest文件中为每个数据文件都记录一行信息，包括partition信息和一些metrics数据，这为后续的partition优化提供数据支撑，相当于将元数据的信息都记录在一个文件中，方便一次加载进内存读取相关数据。

基于这一架构设计，每次对Iceberg数据表做一次事务操作，就会产生一个新的metadata文件，每次commit之后Iceberg catalog会通过一个原子操作将metadata pointer指向这个新的metadata文件。因此，在事务隔离级别上，Iceberg只能提供Serializable隔离级别，不能提供其他更高的隔离级别，并且所有的事务操作都是全表级别的，而其他存储引擎大部分可以做到分区级。在实际生产业务中，这会导致Iceberg更容易在并发操作情况下遇到锁冲突问题，例如数据仓库中间层的宽表由于有多个数据流同时加工，因此会出现比较多的锁冲突。Iceberg采用了乐观并发控制策略，出现冲突后就会基于新的事务数据来重试当前session的SQL事务操作。这个方式的好处是事务协议实现得比较简单，但是坏处就是对同一个表的并发事务操作越多，事务中止率就会越高，并且浪费SQL计算资源。因此在对事务的支持上，Iceberg相对其他项目要偏弱一些。

在MVCC的实现上，Iceberg也采用了Merge on Read。一个事务内所有的修改操作都独立存储在delete文件中，在设计上Iceberg充分借鉴了binlog的思路，delete文件中记录行为有两种方式，一种是position deletes，即详细记录哪个数据文件的哪一行被删除了，主要用于一些精准的少量数据删除；还有一种方式是equality deletes，它无法明确记录哪些行被删除，但是会记录是通过什么样的表达式来选择这些数据行并执行删除，主要用于一些批量删除操作。由于不需要在数据文件中直接去修改数据，也不需要random access文件，因此Iceberg对底层文件系统的要求比较低，不需要文件系统层面的事务、random access和POSIX接口，即使是最简单的S3对象存储也可以支持，这也保证了Netflix后续可以基于对象存储来构建数据湖。

综上所述，Iceberg采用了将元数据直接写入数据文件的方式来解决Netflix遇到的一些问题，因为其核心在于解决数据查询场景下遇到的元数据的性能和可扩展性问题，尤其是Partition过多情况下的性能问题；在数据操作上能够提供ACID功能，但是事务并发性能较弱；可以基于对象存储来做数据湖建设。此外，Iceberg本身不是存储引擎，因此也无法提供类似主键等功能，需要跟Spark、Presto等计算引擎配合使用。因此，Iceberg适合的企业群体的特征也非常鲜明，比较典型的是在线互联网企业的营销和风控场景，有大量类似实时数据或日志类数据，都按照时间轴来做精细化的数据分析，近期数据价值高而中远期数据价值不大，数据分区数量特别多，并且有计算引擎的开发和优化能力。由于其设计上事务能力比较弱，并不太适合高并发的数据批处理和数据仓库建模工作。此外，在数据安全管理上需要额外重视，Metadata 文件的损坏就可能导致数据的丢失。

5.7.3 Delta Lake

Delta Lake 技术是由 Databricks 公司开源的，目标是为其运营的 Databricks Cloud 的用户提供湖仓一体的技术选择。与 Hudi 和 Iceberg 的应用场景不同，Databricks Cloud 上有大量用户使用 Spark 构建数据仓库和机器学习平台，因此 Delta Lake 不仅要满足数据仓库的需求，还需要让机器学习任务运行得更好。因此，它的主要设计目标包括如下 3 个。

- 优秀的 SQL 性能：数据分析的性能是 BI 和分析类软件的核心要求，因此需要采用列式文件格式（如 Parquet 等）等适合统计分析的格式，以及向量式计算引擎、数据访问缓存、层级化数据存储（如冷热数据分离存储等技术）等技术，来提升数据湖内 SQL 统计分析的性能。
- 提供分布式事务和 Schema 支持：数据湖的存储多采用 Schemeless 方式，这为数据分析提供了灵活性，但没有实现数据库的 ACID 能力。Delta Lake 完善了文件存储，提供严格的数据库 Schema 机制，之后研发了基于 MVCC 的多版本事务机制，这样就实现了 ACID 语义，并且支持高并发的 update/delete 操作。此外，Delta Lake 基于开源的列式存储的数据文件格式（Apache Parquet），这样既可以直接操作 HDFS，也让其他计算引擎可以访问相关的数据，提高了生态兼容性。
- 灵活对接机器学习任务：机器学习任务是 Databricks 的核心业务场景，因此 Delta Lake 在设计上非常注重保证对这类业务的支撑，其不仅提供 DataFrame API，还支持 Python、R 语言等编程语言接口，而且强化了对 Spark MLlib、SparkR、pandas 等机器学习框架的整合。

基于以上目标，结合 Spark 的计算能力和 Delta Lake 的存储能力，就可以实现完全基于 Databricks 存算技术的数据架构，可以支持 BI 统计分析、实时分析和机器学习任务。另外 Delta Lake 基于开放的数据存储格式，也可以对接其他的计算引擎（如 Presto）做交互式分析。

在项目的初始设计目标上，Hudi 侧重于高并发的 update/delete 性能，Iceberg 侧重于大量数据分区情况下的查询性能，而 Delta Lake 设计的核心是为了更好地在一个存储上同时支持数据统计和机器学习任务。由于 Delta Lake 在设计上并不提供主键，因此高并发的 update/delete 性能不如 Hudi；也不提供类似 Iceberg 的元数据级别的查询优化，因此查询性能可能不如 Iceberg，但是 Delta Lake 强调的是结合 Spark 形成的流批一体的数据架构和对机器学习类应用的原生 API 级别的支持，适用的业务场景较为普遍。

5.8 流批一体架构

近年来，实时应用全面发展，例如社交媒体的实时大屏、电商的实时推荐、城市大脑的实时交通预测、金融行业的实时反欺诈，这些产品的成功都在说明大数据处理的实时化已经成为一个趋势。实时计算的技术架构与基于数据库的计算架构有以下显著区别。

- 实时计算是固定的计算任务加上流动的数据，而数据库基本上是固定的数据和流动的计算任务，因此实时计算平台对数据对象、延时性、容错性、数据语义等的要求与数据库明显不同。实时计算主要的数据对象是给定时间窗口的数据，而数据库的数据对象包括历史数据；实时计算对延时性的要求是要在明确的延时（一般为秒级甚至更小）完成业务计算，而数据库的延时性取决于资源和数据库优化，可以根据业务需求和成本来决定业务延时性要求；实时计算要求的容错性是给定时间窗口内的数据不丢、不重，而数据库是要求严格的一致性；实时计算的数据语义需要单独定义，而数据库大部分采用关系模型来表达。
- 早期实时计算引擎主要提供 API，开发者需要编写程序来实现业务逻辑，而不是像数据库使用统一的 SQL 做开发，开发程序和编程语言也不一致，因此对开发团队的技能要求不同。
- 实时数据的持久化主要是增量写入数据，较少涉及对历史数据的更新或删除，它对数据存储的技术需求是高吞吐量的写入性能，而不需要数据库的事务保障，因此在数据存储上也和离线数据处理不同。

在 2020 年之前，由于实时计算依赖的计算引擎、存储引擎和开发语言均与数据库不同，企业如果要建设实时业务，就需要建立一个混合架构，一套是基于数据库的面向批量数据处理和分析的数据链路，一套是基于实时计算引擎和存储引擎的处理实时数据的链路。如果这两个链路需要数据交互，还需要通过数据复制等方式来做交互。这种混合架构导致建设成本、开发成本和维护成本都非常高。

在强烈的业务需求推动下，工业界推出了一些面向实时计算的数据架构，主要代表是 Lambda 和 Kappa。由于这两个架构相对比较抽象，理解和设计上有一定的难度，后续于 2020 年出现了更加通俗的流批一体架构，其设计目标是用一个架构让流计算和批处理计算实现“三个统一”——“一个团队”统一负责开发，“一个系统”统一处理实时和批处理业务，“一套SQL 逻辑”统一支持实时数据和离线数据的业务。

要实现流批一体架构，在技术上就需要解决基于统一的语言（SQL）来开发数据集成应用或程序，数据存储引擎能够同时支持高吞吐量的实时数据写入和有严格事务保障的数据操作，计算引擎需要能够同时支持实时计算与批量计算。随着 Flink 等技术的快速发展，实时计算引擎能够支持 SQL 和批处理计算，各类分布式存储引擎都加大了对实时数据的支持，让流批一体架构在近几年达到可生产落地的成熟度。下文先介绍面向实时计算的 Lambda 架构和 Kappa 架构，再介绍流批一体的实时计算引擎 Flink。

5.8.1　Lambda架构

Lambda 架构是内森 • 马茨（Nathan Marz）提出的一个实时大数据处理框架，马茨是开源实时大数据处理框架 Storm 的作者，他在 *Big Data: Principles and best practices of scalable realtime data systems* 一书中提到了很多实时大数据系统的关键特性，包括容错性、鲁棒性、低延迟、可扩展、通用性和方便查询等。Lambda 不是一个具有实体的软件产品，而是一个指导大数据系统搭建的架构模型。用户可以根据自己的需要，在 Lambda 的 3 层模型中任意集成 Hadoop、Kafka、Storm、Spark、HBase 等各类大数据组件，或者选用商用软件来构建系统。

Lambda 架构分为批处理层（Batch Layer）、流处理层（Speed Layer）和在线服务层（Serving Layer），如图 5-21 所示。

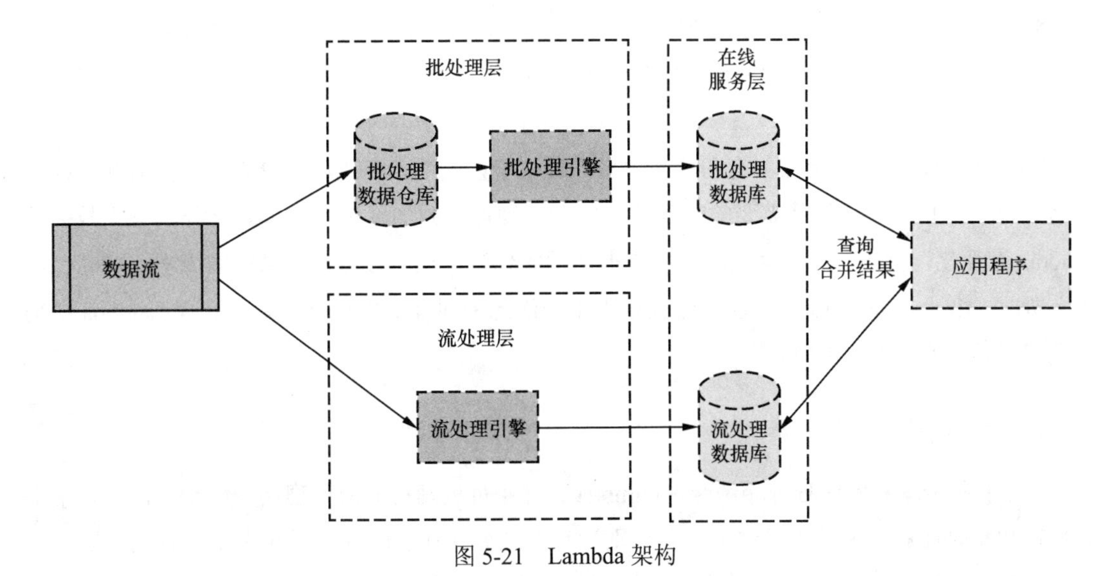

图 5-21　Lambda 架构

- 批处理层：真实业务场景下，对全体数据集进行在线查询的计算代价会很高，因此对查询事先进行预计算，生成对应的Views，对Views建立索引来加速查询。批处理层采用不可变模型对所有数据进行了存储，并且根据不同的业务需求，对数据进行不同的预查询，生成对应的Batch Views，这些Batch Views提供给上层的在线服务层进行进一步的查询。每隔一段时间都会进行一次预查询，对Batch Views进行更新，Batch Views更新完成后会立即更新到在线服务层中。预查询是一个批处理的过程，这一层可以选择Hadoop。
- 流处理层：在线服务层在预查询过程中使用的仍然是旧版本Batch Views。马茨为Lambda设计了流处理层来处理增量的实时数据。流处理层对数据计算生成Realtime Views，并只处理最近的增量数据流，每次接收到新数据时就增量更新Realtime Views，而批处理层则根据全体离线数据集全量重新计算得到Batch Views。
- 在线服务层：用于响应用户的查询请求，它将Batch Views和Realtime Views的结果进行合并得到最后的结果，返回给用户。

概括起来，Lambda架构通过批处理层和流处理层的分层设计来实现在一个系统内同时支持实时和批处理业务，并且通过在线服务层在逻辑上统一了两种数据源的接口，让应用能够以一个统一的数据视图来开发和部署，从而达到数据和应用的融合。在每个层的实际设计中，开发人员可以根据自身的需求来选择合适的组件或者产品来构建相应的系统。

若一个企业当前只有离线批处理平台（批处理层），当有实时业务的需求后，可以再建设一个实时计算平台（流处理层）来处理这部分实时数据，还需要再构建一个在线服务层，如果下游业务需要同时有来自离线批处理和实时计算的数据，由这个在线服务层来负责聚合并提供数据给下游。

Lambda架构在设计上需要有两套大数据处理引擎以及两套应用程序分别负责实时和离线的数据处理，因此其缺点就是需要的软件栈较复杂，硬件资源消耗也比较大。此外，如果数据的Schema有变化，就需要同时修改两套引擎上运行的代码，从而导致开发维护的成本比较高，总体上费时、费力。在2015年之前，流处理引擎和消息中间件技术还不成熟，选择Lambda架构是支撑实时业务的必要选择。

5.8.2 Kappa架构

为了将批处理和实时处理相结合，Lambda设计了批处理层和流处理层两层结构，分别用于批处理和实时计算，因此需要维护两套分别运行在批处理和实时计算系统之上的代码，这给实际的业务开发和维护带来更多的负担，而且维护两套数据系统也有很大的工作量。Kafka项目的作者杰伊·克雷普斯（Jay Kreps）提出了 Kappa 架构，期望通过一套流处理的计算引擎来构建批处理层和流处理层，这个思路随着实时引擎技术的发展而逐渐可行，并且近几年在行业内有大规模实践。

Kappa 架构如图 5-22 所示，通过一个流处理引擎来解决离线和批处理计算，再将计算结果推给在线服务层。在流处理层，一个关键的设计是采用 Kafka或者类似的分布式队列做中间数据存储，由于 Kafka 等中间件具备数据保留功能，可以将历史上所有存储的数据都保存起来，并通过 Offset 来选择期望读取的部分数据。实时计算引擎对输入的数据做实时处理，将结果写入 Kafka 中间件，并标记好 Offset，下游的在线服务层从对应的 Offset 读取数据结果即可。如果在线服务层需要历史数据参与计算，此时管理平台重新起一个流计算实例，并将 Offset 设为 0，从而读取整个 Kafka Topic 的数据做离线计算和分析，并输出到一个新的结果存储中。Kappa 架构能够实现的核心是流处理引擎能够对全量数据（而不仅仅是某个时间窗口内的少量数据）进行分析，而 Flink 等引擎的快速发展并支持全量数据分析的功能让 Kappa 架构得以落地。

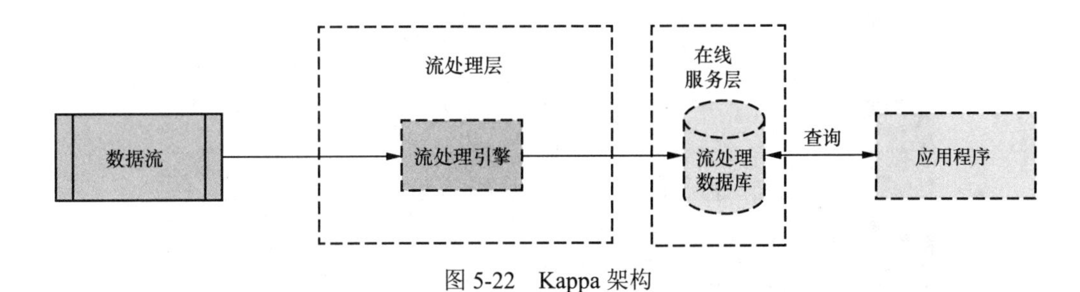

图 5-22 Kappa 架构

这个架构的核心是原来 Lambda 架构中的流处理层，不仅可以做实时数据处理，还可以在业务逻辑变更的情况下处理历史数据。例如，一些分布式存储都提供了类似 Incremental View 能力，或者是在数据 Schema 中指定时间字段，用于标记这些数据的生成日期，当新的数据产生的时候，任务调度需要解析这些数据以获得增量数据信息，并对这部分数据生成新的计算任务，而不是对所有全量数据做重复计算。因此 Kappa 架构对分布式存储、实时计算引擎都有更高的要求。

采用 Lambda 架构的系统建设难度相对比较低，但是最显著的缺点就是对于同样的处理需求，实时计算和批处理系统因为采用技术架构不同，需要两个团队开发两套不一样的代码，带来人力成本浪费。另外，流、批两个系统的数据结果可能也不一致，需要比较多的校正工作。采用 Kappa 架构可以让一个团队来实现流批处理，数据存储也是同一份，因此不需要结果校正，但是其消耗的计算资源很多，并且以实时处理为主，对历史数据的处理吞吐能力会比较弱，可能会远低于独立的批处理，因此需要更多的计算资源来弥补。

5.8.3 Flink

Flink在2014年8月正式发布了第一个版本，并于2014年底成为Apache顶级项目，是一个同时面向数据流处理和批量数据处理的开源框架和分布式处理引擎，具有高吞吐量、低延迟、高扩展、支持容错等特性。Flink以数据并行和流水线方式进行高吞吐量、低延迟的数据流计算程序，流水线运行时系统可以执行批处理或实时流处理。此外，Flink运行时也支持迭代算法的执行，因此可以在流上运行机器学习算法。Flink可以被应用于实时ETL、流批一体数据分析，以及事件驱动的应用（如实时风控、反欺诈、异常检查、实时规则引擎等）。

Flink的功能模块分为API和库、内核层、部署层与存储层，如图5-23所示。

图5-23　Flink的功能模块

- Flink Runtime（Flink运行时）是Flink的核心计算模块，它接收数据流程序，并在多台机器上以容错的方式执行这些数据流程序。Flink Runtime采用了标准Master-Slave的结构，Master负责管理整个集群中的资源和作业，Slave负责提供具体的资源并实际执行作业。Flink Runtime用于将框架中的Job进行拆分并构建DAG图，通过单线程或多线程的方式对拆分后的Job进行分布式作业以提高运行速度。

- DataSet API（数据集 API）和 DataStream API（数据流 API）表示 Flink 中的分布式数据集，DataStream API 为流处理提供了支持，包括逐条记录的转换操作和在处理事件时进行外部数据库查询等；DataSet API 支持批数据处理，将输入数据转换成数据集，并行分布在集群的每个节点上；然后将数据集进行各种转换操作（如 Map），最后通过 DataSink 操作将结果数据集输出到外部系统。

为了让 Flink SQL 可以同时支持对历史数据和实时数据的处理，Flink SQL 做了一个创新设计。SQL 本身是声明式的，它最初是为了关系数据模型和关系代数设计的，并没有考虑实时数据。对于关系数据模型考虑的数据集合，例如数据库里面的一张表，它的特点是数据是相对固定的，数据库在处理它的时候，计算层可以读取完整的数据集并生成固定大小的结果。而流式数据不是固定的，会不停产生新记录，因此新的数据到达后就需要持续地处理，并且持续产生处理结果。

计算引擎要能够同时支持批处理和实时计算，就需要有很好的设计支撑。Flink 计算引擎设计了 Batch 和 Stream 两种模式，其中 Batch 执行模式是为了支撑那些只对固定数据集按需运行的任务，在 Flink 运行时可通过计算引擎的模式配置实现。Batch 模式跟其他计算引擎比较类似，在此就不做赘述。

5.9 存算分离架构

存储引擎和计算引擎是大数据技术的关键组成，它们之间如何进行通信和数据交互对大数据系统的总体性能和可扩展性非常关键。传统的关系数据库的每个实例是一个进程，包括计算模块和存储模块，由于在一个进程内它们可以直接通过内存做数据交互，因此延时低，但是耦合度高，如果存储或计算的性能不足，只能整体扩容，因此可扩展性差。一些分布式系统采用的是计算引擎和存储引擎相互感知和配合的存算一体架构，即存储引擎中包括多个服务和计算引擎中的多个服务之间互相感知拓扑，并往往按照拓扑就近配合工作。以 Spark 和 Hadoop 为例，在私有化部署的场景下，为了有更好的性能，一般会在运行 HDFS DataNode 的服务器上运行 Spark 的计算服务 Executor，并且每个 Executor 优先从这台服务器上的 HDFS DataNode 读写数据，这样可以充分利用本地网络的性能，减少横向网络带来的性能损失。如果采用云化的资源管理引擎（如 Kubernetes），也需要巧妙地设计调度策略让计算服务尽量被调度到有存储服务的机器上，即“计算贴近存储”的调度策略，这样就可以发挥本地磁盘的 I/O 性能，否则计算服务读取网络上其他服务器的存储，就会出现大量点对点的数据传输导致的网络瓶颈问题。这种设计的好处是性能较好，尤其是计算服务和存储服务有大量数据交互的情况下，可避免网络带宽成为瓶颈，但坏处就是可扩展性不足，如果要做扩、缩容，需要存储引擎和计算引擎一起做扩、缩容动作，数据也需要重新分布以保持平衡。

在公有云的环境下，云存储集群和云主机集群在物理上就是隔离的，因此面向私有化场景设计的存算一体架构就比较难发挥到最佳。此外，即使是一些私有化部署的大数据集群，随着业务规模越来越大，可能超过上千台服务器，业务上也有单独扩容存储或计算的需求。例如企业计划在数据湖中增加新类型的影像数据，主要提供存储和基础的检索功能，也就是存储扩容需求较大而计算扩容需求较小，如果能够做到存算分离，那么企业只需要扩容存储（增加相对低成本的存储服务器，而不用增加高配置的计算服务器），从而节省大量的成本。

业务层面的需求也推动着存算架构的演进。企业建设数据平台的核心是让更多的团队用这些数据做业务分析，一个数据平台上运行的数据分析和计算越多，往往平台就越成功。有些团队可能需要用 Spark 做机器学习，有些团队需要用 Presto 做数据分析，因此平台的计算要求随着业务发展而快速增加，但是存储要求相对稳定。提供数据的灵活开放性，即能够将数据灵活地开放给各个业务团队进行分析，是存算分离最主要的业务目标之一。这种方式的好处是大部分数据仅存储一份，而不是每个业务用户都保存一份自己需要的数据结果。另外，用户做数据分析时可以采用 Serverless 模式按需申请数据和计算资源，降低项目启动成本，为各个业务的数据创新提供灵活性和便利性。

对大数据平台的可扩展性要求推动了存算分离架构（Disaggregated Storage and Compute Architecture）的发展和成熟。随着硬件技术的快速进步，尤其是网络和存储设备的性能迅速提升，以及云计算厂商推动软硬件协同加速的云存储服务，越来越多的企业开始基于云存储来构建数据存储服务或数据湖，因此就需要单独建设一个独立的计算层来提供数据分析服务，也就是实现存算分离架构。这种架构带来的好处主要体现在以下 3 个方面。

- 更方便地为不同的业务提供数据分析服务，对接不同的计算引擎，避免热数据在不同的业务重复存储的问题。
- 计算层和存储层可以按照各自业务的需求来做独立扩缩容，一般情况下计算资源的增长速度要显著快于存储增长速度，这种方式可以降低存储部分的成本。
- 计算服务与存储服务相对资源隔离，对业务稳定性也有很好的提高。

计算层与存储层独立的可扩展性是一个非常直接的技术需求，就是存储层的各个服务和计算层的服务之间不需要有强制绑定关系，两者之间通过一个统一的接口来做数据交互。计算服务可以在没有数据存储的服务器上部署，计算资源不足就扩容专门用于计算的服务器而存储资源保持不动，或者存储资源不足的时候对存储池进行扩容，这样可以提高整体的资源使用率，也可以更好地管理异构服务器。

存算分离架构也有缺点，需要通过技术创新来解决。存算一体架构通过“计算贴近存储”

的方式来保证性能，而存算分离架构就不可避免地会导致数据分析过程中有更大量的网络和存储流量，从而需要做更多的技术创新来保证数据分析性能可以与存算一体处于同一等级。可以实现的方式包括更好的网络 / 存储硬件以及配套的管理策略，或通过更好的调度算法、在计算层增加数据缓存等方式实现。

业内已经有很多企业在探索存算分离架构的落地，目前在公有云领域落地较多，而在私有化领域该技术还在快速发展中。推动相关技术发展的有几个流派，包括大数据平台厂商、云厂商、存储厂商和数据库厂商。不同的路线在技术实现上有很多相似之处，也有各自的独特性。

5.9.1 基于云存储的存算分离

对分布式数据库来说，存算分离架构不是必选项，不过在一些应用场景下采用这个架构的数据库能更灵活地适配一些应用场景。Snowflake 是行业内较早做存算分离架构改造的云上 OLAP 数据库服务，并且在几年内大获成功，给行业指明了可行的方向。Snowflake 的存算分离架构如图 5-24 所示。Snowflake 的计算层是独立的虚拟仓库服务，它是由一个或多个虚拟机组成的 Cluster。存储层直接依赖公有云的对象存储服务。一个企业的某个开发团队如果需要对内部某些数据启动统计分析，只需要在 Snowflake 的管理平台上启动一个新的虚拟仓库的计算实例，而无须增加对存储层的操作。由于存储层的云存储性能比本地磁盘要低，Snowflake 将数据分为冷数据、热数据，并为热数据增加了缓存层（一般是虚拟机的本地磁盘），而冷数据存储在对象存储上，以节省计算层和存储层之间的网络流量。

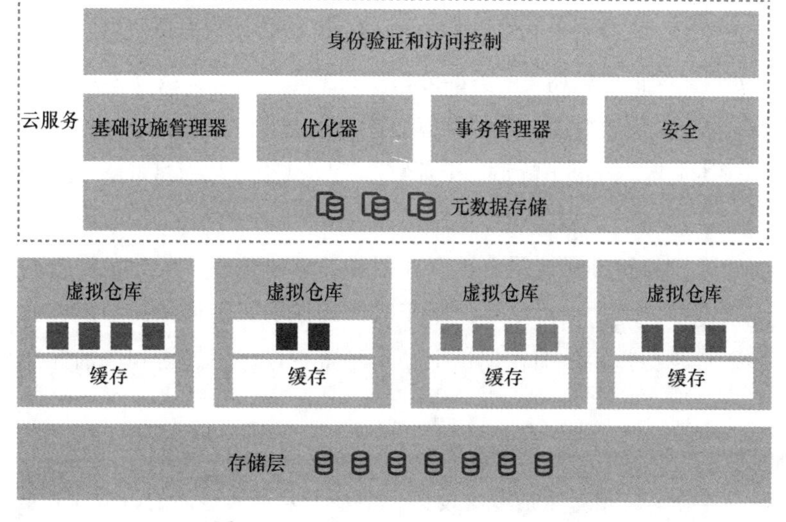

图 5-24 Snowflake 的存算分离架构

在计算层和存储层的独立可扩展性的要求上，云厂商和存储厂商多用了基于对象存储来作为统一存储服务，再基于S3接口来适配各个计算引擎的方式来完成，为了解决性能问题，一般在计算引擎层基于本地存储来构建缓存层。同时，这些厂商的产品会在存储层适配更新的存储设备与网络硬件，通过软硬件结合的方式来提升存储层的性能。在完成存储层的抽象之后，在落地过程中就需要厂商或者企业用户来基于这层存储抽象来完善各个计算引擎的适配和优化工作，例如Spark、Flink和各种商业化数据分析软件需要能够重新针对性地优化和适配新的存储层。跟各个计算引擎的适配性是这个技术路线能否成功的关键，在实际落地过程中因为存量业务的需求，往往还需要确保HDFS接口的兼容性，即在对象存储服务上自研HDFS接口层或者通过第三方服务来实现HDFS兼容。

需要注意的是，公有云厂商会为了资源超卖而研发非常灵活的弹性伸缩，本质上是因为这样具有很强的规模效应。例如每个服务器节省一个CPU Core，一个数据中心或许可以节省几十万个CPU Core，节省下的这些CPU Core就可以通过调度销售给其他中小客户，从而提升IaaS层的运营效率。

5.9.2 基于本地存储的存算分离

对于私有化场景下的平台，由于数据分析的本地化对性能非常关键，而日间主要做数据分析，夜间主要做数据仓库加工，IaaS资源使用情况存在明显的潮汐效应，如果做好存算分离，那就有可能实现资源的高效时分复用，并且保障数据计算的性能。大部分采用私有化数据中心的企业的基础设施规模并不大（100台服务器以内），不存在公有云的规模效应，业务上更需要关注日夜间的资源复用、存算分离后的稳定性和部分性能收益。基于负载的弹性收缩如图5-25所示，对于夜间处理离线批处理加工业务的分析型数据库，它的负载高峰是晚上21点后到早晨6点之前，而白天的工作负载很少，采用存算分离架构的设计，白天就可以将这个分析型数据库的计算资源（图中每个Executor就是一个计算单元）减少，从而将IaaS资源腾出来给其他计算服务使用。

由于夜间批处理任务和日间数据分析存在明显的潮汐效应，因此运维管理人员可以按照各自业务的特点来选择合适的调度策略。基于时间周期的弹性伸缩比较适合业务时间非常确定的场景，而基于负载的弹性伸缩在理论上使用场景更广，不过对相关的性能指标的要求也会更高。

由于总体架构上不需要引入新的对象存储层，不需要引入冷热数据的处理机制，基于本地存储的数据库做存算分离，相对复杂度比设计一个基于公有云存储的数据库要低很多。基于统一的调度系统（如基于Kubernetes）可以做到全局的资源感知，而调度系统的调度对象是一个个容器，因此需要将原来的一体化的系统拆解，将其变成一个个可被调度的容器，这样就可以逐步实现存算解耦合。基于本地存储的存算分离如图 5-26 所示。假设一个集群内运行有一些数据应用（图中的 App）、有运行数据批处理的计算引擎（图中的 Compute）、有运行在线数据统计和机器学习任务的计算引擎（图中的 Analytics）以及一些存储引擎（图中的 Storage），这些引擎都采用容器化做好管理。调度系统首先管理好底层的 CPU、GPU、内存、磁盘和网络等基础设施，往上抽象为包括云原生调度、云原生网络、云原生存储、云原生安全在内的可以统一管理整个集群资源的云操作系统层，再根据每个物理节点的负载来灵活调度不同的计算服务和 App，例如若物理节点 1 和 3 的计算负载比较小，调度系统就将多个 App 调度到这两个物理节点，这样这两个物理节点的资源可以有效利用起来。如果某个计算引擎当前负载持续较低，调度器就可以将其中某个计算服务停止而释放部分资源，例如物理节点 4 上有 2 个 Compute 服务，负载低时可以直接停止一个实例，在负载高时再重启这个实例。

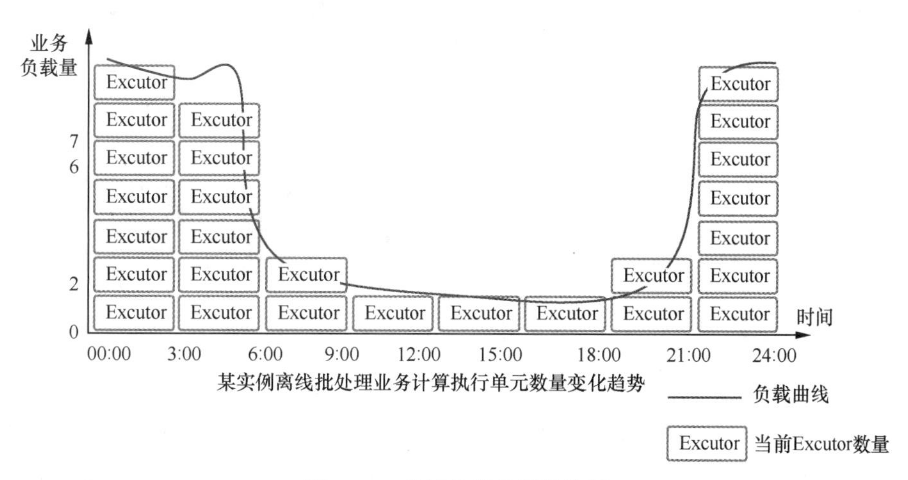

图 5-25 基于负载的弹性伸缩

要做到有效调度，首先资源管理层需要做到统一的资源调度，将 CPU、GPU、内存、SSD（固态盘）和 HDD（硬盘驱动器）等资源抽象为一个统一的资源池，对上层屏蔽底层硬件细节，以声明式的方式对外暴露存储卷、CPU、GPU、内存等资源接口，上层数据存储或者计算引擎可以通过声明式的增、删资源操作来实现云化的弹性扩展，而无须做出代码上的变化。这也是当前比较流行的 Infrastructure as Code 的设计理念。

数据存储层也需要重新改造，需要将大数据存储服务（如 HDFS 等）分布式存储进一步细化为各个子服务并容器化（HDFS 拆分为 DataNode 容器、NameNode 容器、JournalNode 容器等），采用本地存储卷的方式来支持数据存储。存储服务的容器化可以让存储服务的部署、运维都变得比较简单。由于使用本地存储，同一个磁盘在调度上被限制为只允许一个高I/O吞吐量的存储服务来使用。

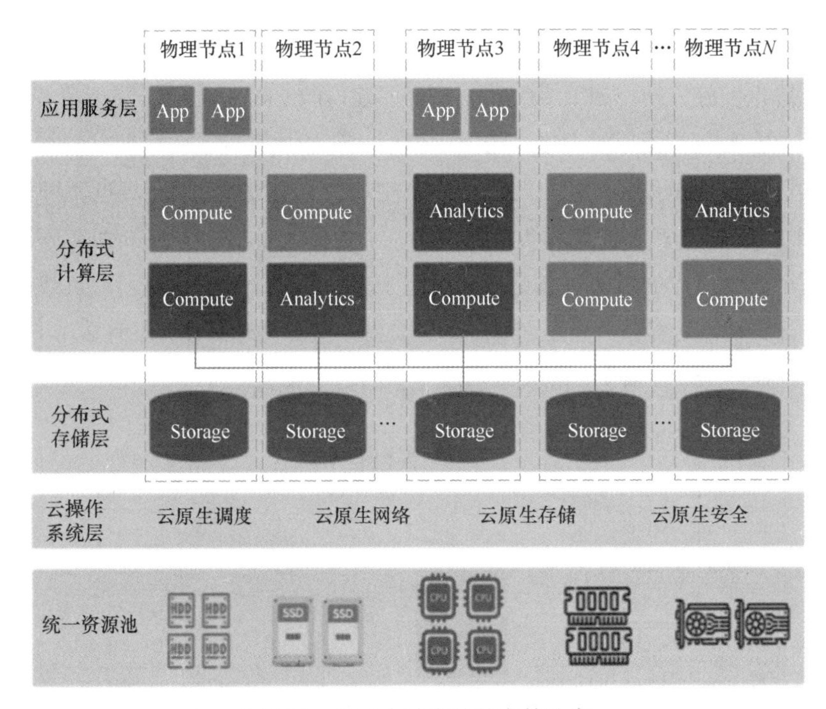

图5-26　基于本地存储的存算分离

在计算层，技术上可以将数据库计算节点和Spark、Flink等计算服务容器化，为了保证数据分析性能，还是延续了存算一体的思想，尽量让计算贴近存储，这个优化的思路是分布式存储层直接提供元数据接口让计算引擎了解数据文件的分布情况，并将相关信息暴露给云操作系统调度器，调度器会通过为服务打标签等方式，将计算服务尽量贴近数据节点来运行，从而实现最优的分析效率。计算服务的动态弹性是存算分离架构的一个核心目标，可以根据业务需求灵活地增删实例数量，保证秒级的扩缩容效率，不同时间段的计算服务（Executor）可以灵活调整。

从最终企业用户部署落地的效果来看，基于Kubernetes技术打造的多租户存算分离架构，不同租户之间数据隔离，并且可以通过中心数据湖里部署的数据存储来做数据共享。一个物理节点上可以运行分属于不同租户的多个有状态应用，调度器会根据资源情况来做均衡处理，但存储服务与计算服务独立调度，每个租户的计算服务支持默认弹性，在负载低时可以使用少量计算资源，而在负载高时操作系统将自动扩容。

5.10 中国联通集团的数据底座建设

中国联通集团的数据底座由中国联通集团统建，由中国联通软件研究院负责设计和运维，其集群规模较大，支撑数据业务多，采用湖仓一体、批流融合和存算分离架构，还支持多个数据中心的大数据统一管理，是一个非常有代表性的高水平的企业级数据底座实施。下面分别从大数据技术架构、数据平台架构（即数据仓库与数据湖的融合）两个层面展开，讲述其如何一步步地根据业务需求来迭代数据底座。

5.10.1 大数据技术架构

中国联通集团数据底座的存储层主要采用 HDFS，计算层包括 Spark、Flink 和 Presto 等，资源管理层采用 Kubernetes 技术。目前中国联通集团初步建立以呼和浩特数据中心为主的跨数据中心的数据底座，完成包括亦庄国际数据中心在内的 10 个集群的统一纳管，支撑“总部 +31 省分”数据集约化建设。

中国联通集团的数据底座架构如图 5-27 所示，数据底座在产品架构上分为数据存储、数据计算和资源调度（包括数据总线、离线计算引擎、实时计算引擎和查询分析引擎）、面向用户的大数据产品门户、一站式管控平台以及 IaaS 层这 6 个部分。

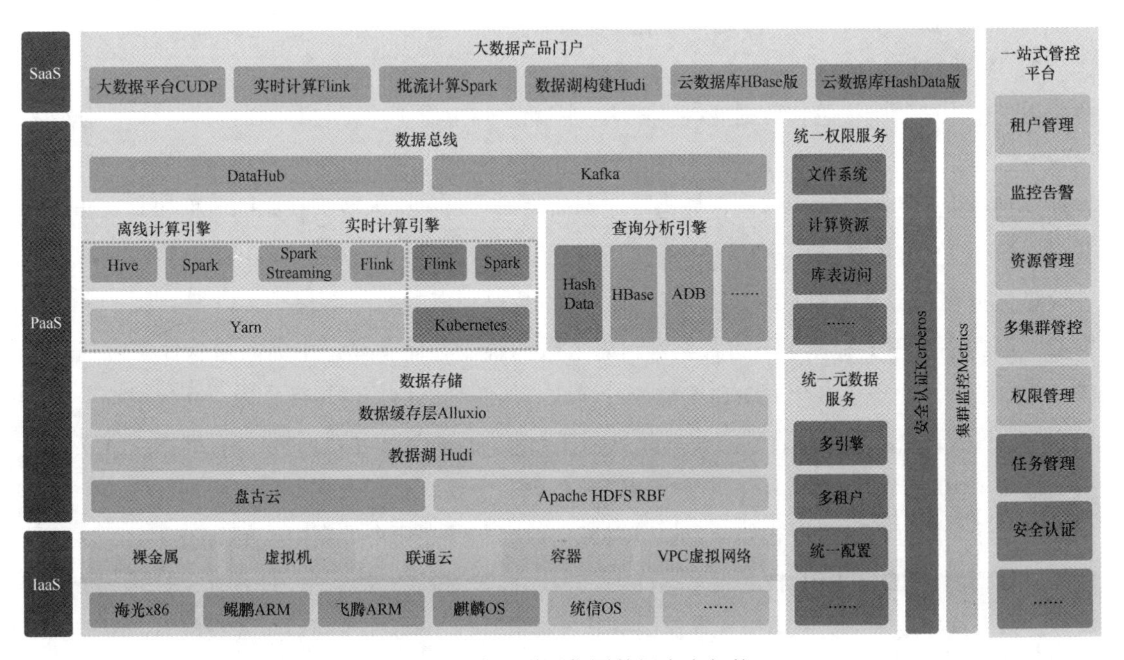

图 5-27　中国联通集团数据底座架构

由于中国联通集团总体数据规模非常大，因此总体上做了冷热数据的切分，数据存储也采用了混合存储架构，包括用于热数据存储的HDFS、用于冷数据存储的盘古云存储和用于数据仓库和实时数据存储的Hudi。另外，为了满足一些高性能的交互式分析应用需求，还增加了数据缓存层Alluxio。

在计算引擎对接数据存储层方面，中国联通软件研究院建设了多引擎共享全局数据的大数据新架构，会根据数据的地理位置调度到对应的数据中心，减少数据副本，提升数据访问效率，满足多场景数据分析需求。存储访问层构建了租户隔离、可横向扩展的，兼容Hive、Spark、Flink多计算引擎的统一元数据服务，达到了"一处建表，多处使用"的目标，有效降低数据冗余，大幅提升了数据资产利用效能。在技术架构层面，数据计算层以PaaS方式提供应用需要的各类计算引擎，包括Hive、Spark、Flink等计算引擎，ADB、HashData等分布式分析型数据库，以及用于数据交换共享的数据总线（支持Kafka和DataHub）。

为了支持跨集群的数据中心管理，数据底座还提供了统一的元数据服务，让各计算引擎可以有效地与存储服务打通数据接口。为了保障数据的统一安全管控，集团开发了统一权限服务来管理所有的数据对象和用户。一站式管控平台用于集群内的租户管理、监控告警、资源管理等。

中国联通集团数据底座架构经过多年的生产迭代，技术架构相对复杂，体系比较完整，是一个非常好的技术架构参考。下文将分别介绍数据存储、数据计算、资源调度这几个部分。

1．数据存储

由于中国联通集团总体数据规模非常大，因此总体上做了冷、热数据的切分，对于分析需求较多的数据采用HDFS存储，因为其读写性能相对更高。对于分析需求相对低的冷数据，更多地采用盘古云存储，这样可以有效地降低存储成本。对于进入数据仓库的数据和实时计算的数据，为了有更好的性能和数据的增、删、改能力，这部分数据会采用Hudi来做存储服务。

热数据存储主要采用HDFS服务。由于集团数据底座的数据存储量大，并且跨多个数据中心，因此在物理上有多个HDFS集群。为了做到统一存储管理，中国联通软件研究院基于HDFS RBF技术实现了多个HDFS集群统一管理，从而突破单集群规模上限。简单地说，由于单个HDFS NameNode可以管理的文件数量存在上限（1亿个以内），如果要存储更大规模的数据文件（如10亿个），就需要使用多个HDFS集群，但要统一元数据管理，给定任何一个数据文件，这个元数据服务可以告知计算服务对应的数据文件在哪个数据中心的HDFS上，以及文件的具体问题。HDFS RBF技术就是这样的技术，它做到多个数据中心的HDFS的统一元数据服务。基于这些技术，集团HDFS存储服务具备集群规模1000个节点以上建设能力，生产上线单一集群规模超过690个节点。

在跨数据中心的 HDFS 数据管理上，中国联通软件研究院基于 HDFS RBF 技术做了如下的技术创新。

- 存储的横向扩展：借助 Router 的命名空间统一管控能力，实现超大规模集群的建设能力，突破单机群的承载力瓶颈。
- 统一命名空间：通过挂载表维护联邦目录与各子集群目录的映射关系，实现借助联邦路径透明访问不同子集群。
- 无感知横向扩容：通过先扩容后挂载的方案，实现在线用户对子集群扩容无感知，赋能新业务平滑上线。
- 压力分流：按业务挂载不同子集群，将所有业务 RPC 压力分散至多组 NN，实现 RPC 压力分流。

2．数据计算

由于集团数据业务的多样性，对数据计算的需求覆盖批处理、实时计算，因此在建设上，中国联通软件研究院采用了多计算引擎融合的技术架构，提供包括 Spark、Hive、Flink 等实时和批处理引擎。这种流批融合架构可以有效支撑实时和离线计算混合的业务场景。在统一数据访问层面，集团数据底座基于 Presto 提供数据联邦能力，方便计算引擎灵活访问异构的数据资源。

关于几个计算引擎的特点，前文已经做过分析，此处不做赘述，下面介绍多计算引擎带来的问题和解决方法。中国联通集团数据底座的计算架构如图 5-28 所示，在早期架构中，按照不同部分的需求，集团规划了多个不同的数据仓库，如规划共性数仓用于加工集团各部门通用的数据，而相对特色化的数据加工服务由个性数仓提供，另外服务数仓用于满足二级部门的需求。每个数据仓库采用满足自身技术要求的计算引擎，由于 Hive、Spark、Flink 等计算引擎都有自己的元数据服务，每个数据仓库只能自己复制数据并维护数据，因此有大量的数据复制任务，这导致数据加工链路复杂，数据加工流程太长，也为数据的安全管理、运维管理带来很大的挑战。

为了解决上述计算引擎多样性带来的问题，中国联通软件研究院研发了统一元数据服务，实现了一个元数据服务支持 Hive、Spark、Flink 和 Presto 等计算引擎，也就是说，通过 Hive 创建的数据表对象如果为另一个计算引擎 Spark 提供了读取权限，那么 Spark 也可以读到这个数据表的元信息，包括基本属性和实际物理存储位置。这样不同计算引擎不再需要复制数据，只需做好数据的可见性管理，另外一个计算引擎就可以使用这些数据做进一步的数据处理和分析。

此外，为了满足公司数据安全管理要求，中国联通软件研究院在数据访问层还实现了统一权限，基于统一用户中心建设可跨集群、兼容批流计算引擎、支持多租户的统一权限服务，拉通全域用户和权限，实现权限集中管理。

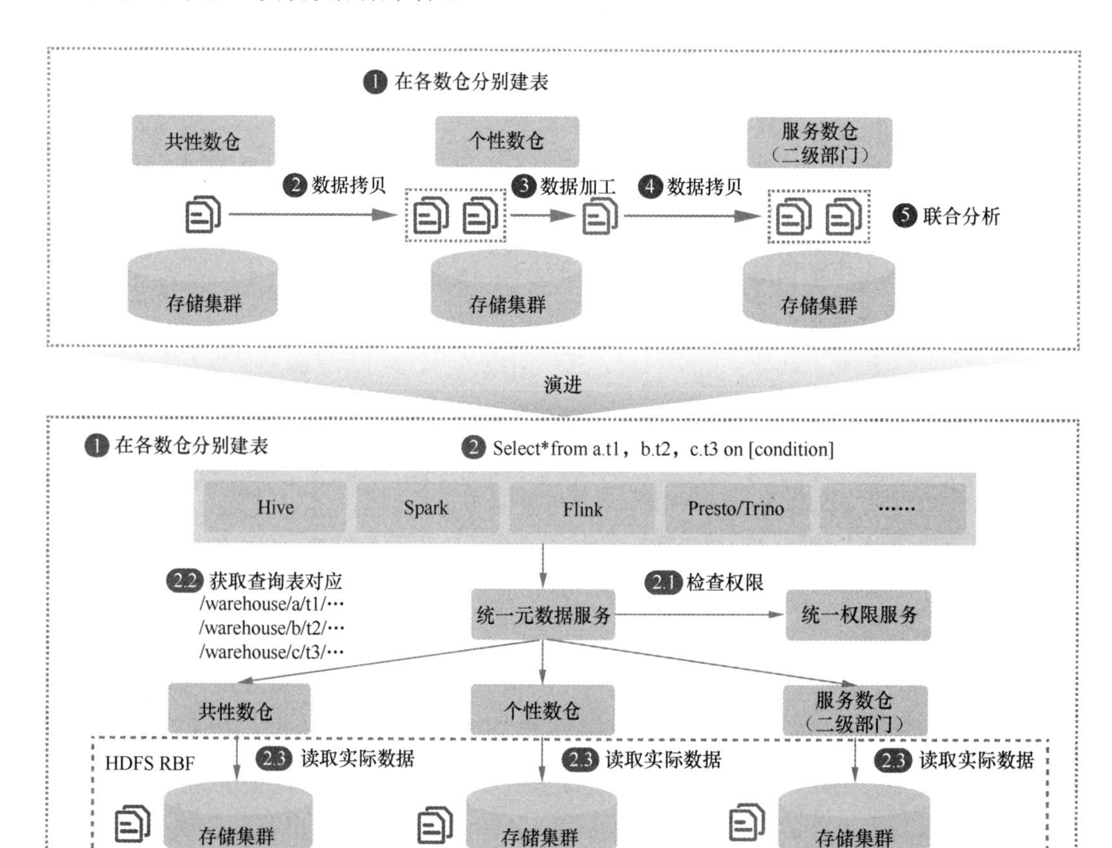

图 5-28　中国联通集团数据底座的计算架构

3．资源调度

在资源调度层面，中国联通集团数据底座采用 Kubernetes 技术实现跨数据中心的统一资源调度，实现数据计算和存储产品的云化服务。集团数据底座基于联通云 Kubernetes，建设具备资源隔离、弹性调度能力的超大规模计算资源池，构建批流计算引擎云原生化调度能力，实现资源统筹管理，提升资源利用率。当前已通过总部经分、新客服等应用试点，逐步完善实时体系，为实现统一平台、统一体系、资源有效利用奠定基础。

为了做好多个数据中心的计算资源的统一管理，中国联通软件研究院做了大量的调度系统研发工作。首先，每个数据中心的集群使用一个 Kubernetes 作为调度引擎，再通过 Kubernetes Federation 技术实现多个数据中心的统一资源管理。其次，由于集群内具有多样性的数据处理任务，计算引擎有 Spark、Flink 等多种，每个数据中心都为不同的计算引擎划分了特定的资源空间 Namespace，做好资源上线的控制，如数据中心 1 为 Flink Namespace 规划了 1024 CPU Core 和 20480 GB 内存资源的上限，为 Spark Namespace 规划 2048 CPU Core 和 40960 GB 内存资源的上限，这两个 Namespace 不会互相抢占资源，所有的 Flink 计算任务只会在 Flink Namespace 中申请资源。

图 5-29 所示为在一个实时流平台创建一个运行在 Flink 上的实时计算任务的资源管理流程，主要步骤如下。

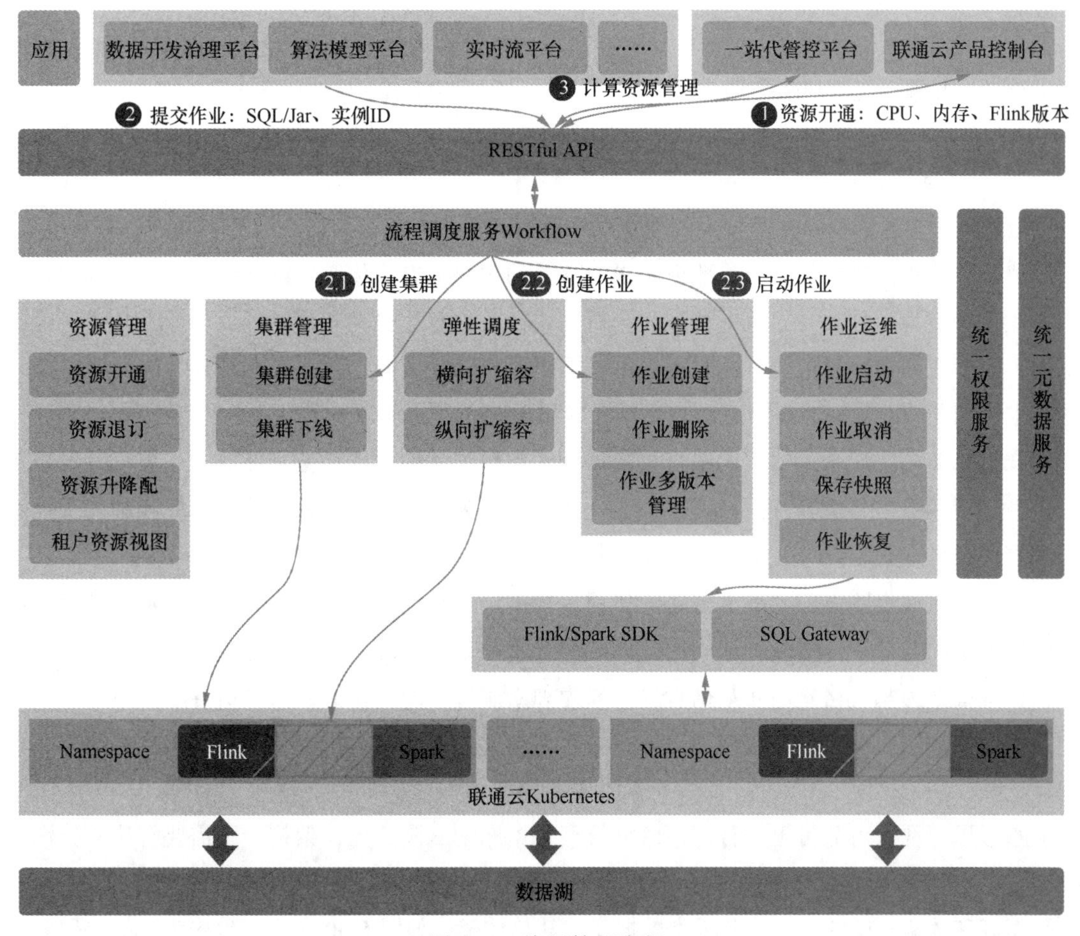

图 5-29　资源管理流程

- 申请开通资源，主要包括需要申请的 CPU、内存和 Flink 版本信息，如果该集群对应的 Flink Namespace 资源不足，则告知申请失败。

- 实时流平台会往对应的 Flink 实例上提交对应的 SQL 任务，创建计算任务的作业并启动任务。
- 集群资源管理会重新更新整个集群的资源情况。当计算任务结束后，实时流平台也会告知资源管理引擎，通知任务占用的资源释放，并将资源重新放入可被调度的资源池。

由于中国联通数据底座的超大计算和存储规模，采用 Kubernetes 技术为资源管理带来非常好的技术回报。在资源利用方面，基于 Kubernetes 弹性调度能力，充分利用集群资源，利用率较传统模式提高约 20%。在资源隔离方面，Kubernetes 更为严格，实现租户资源精细化管控。在快速交付上，Kubernetes 的快速启停和扩缩容能力比虚拟机高出数倍，结合 DevOps 的快速交付能力，使得业务交付周期约缩短为原来的 2/3。在管理运维方面，Kubernetes 具备快速构建、副本维持、故障自愈等原生自动化运维能力，降低了运维成本。

5.10.2　数据平台架构

数据湖是多元数据存储与使用的便捷选择，而云原生具有数据资产统一、基础资源成本低、高性能计算体验升级等优势，是数据湖未来部署的重要形态。传统平台架构下，数据湖和数据仓库往往被视为两种独立的数据管理和分析范式，各自有其优劣和适用场景。随着数据管理需求的不断演变和数据技术的不断发展，单一采用数据湖或数据仓库已经无法满足复杂多变的业务需求，因此，中国联通集团迫切需要数据湖和数据仓库的融合，实现二者的互补和优势结合，即湖仓一体架构。湖仓一体架构结合了数据仓库和数据湖的性能优势，在成本、灵活性、事务一致性、多元数据分析等方面具备显著的优势，可以为企业提供高效、兼容、低成本的数据存储和管理解决方案，帮助企业更好地实现数据驱动决策和业务创新。

在中国联通集团内部，基于湖仓一体的大数据平台架构可大幅降低数据冗余，实现高度灵活的数据加工与分析，提升资源利用效能。但分析型数据库为了保证数据计算的效率，其数据存储格式往往为私有格式，元数据管理一般为独立服务，因此在交互式分析等场景下，分析型数据库无法识别数据湖中的数据文件和各类数据仓库的元数据，仍会导致数据重复构建和冗余存储，并存在用户使用不灵活、数据分析业务链路长等问题。

基于以上现状可分析出，若期望将分析型数据库纳入湖仓一体架构，则需要解决数据湖存储格式兼容和湖上数据仓库元数据共享两个难题，因此中国联通软件研究院设计了可以同时支持数据湖和数据仓库的分布式分析型数据库，其总体架构如图 5-30 所示。首先为了解决数据湖和数据仓库都有独立的元数据服务导致两个系统元数据不可见问题，设计了一个新的元数据集群服务，为 Hive、Spark 等计算引擎提供元数据服务，这样所有数据对象对所有存储引擎都可以做到可以控制的可见性。其次是对计算节点做了大量的创新改造，一是增加了数据联邦能力，其内部新增了数据集成服务，可以连接包括对象存储、HDFS、Kafka 等在内多个外部数据源；二是为每个计算节点增加数据缓存层和云数据缓存层，用于解决跨节点数据访问的性能问题。

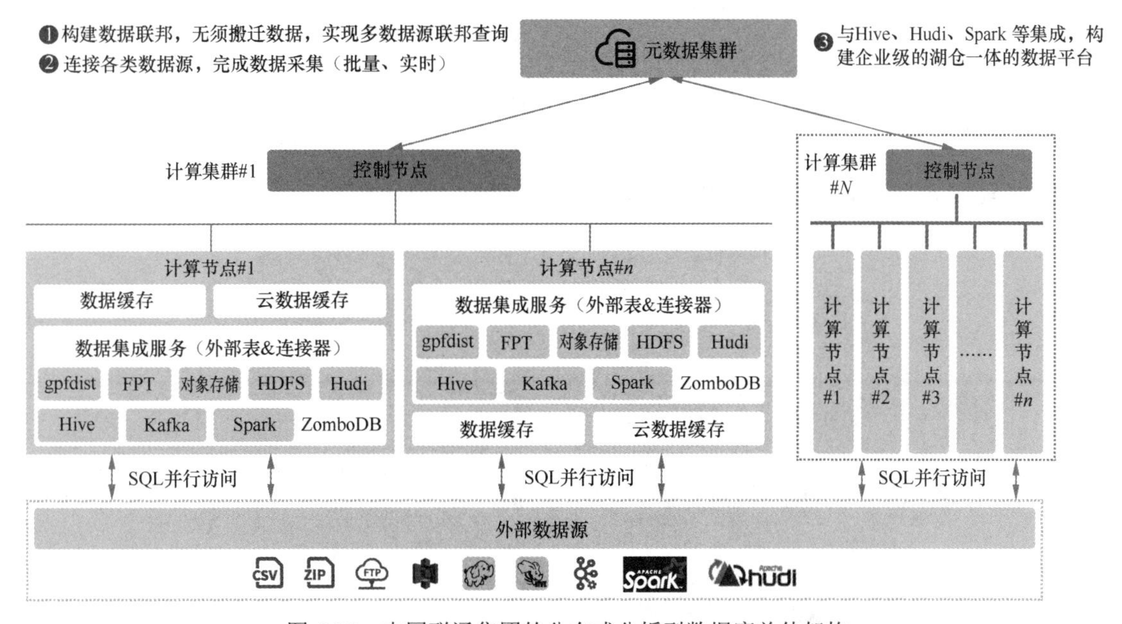

图 5-30 中国联通集团的分布式分析型数据库总体架构

元数据服务是数据仓库的关键服务，它定义了数据仓库有什么，明确了数据仓库中各个数据对象的内容和位置，说明了数据的提取和转换规则。当前，由于 Hive 被广泛使用于数据仓库或数据湖场景，Flink、Spark 等主流的批流计算引擎均可对接 Hive Metastore（HMS）服务。鉴于此，中国联通选择了基于 HMS 服务来打造统一的元数据集群。分析型数据库元数据融合的技术实现主体思路是以 HMS 为基础，实现其与湖上各数据仓库的元数据准实时同步。为实现元数据层面的租户隔离，将 CUDW[1] 产品的 Database 与 HMS 的 Catalog 做映射；作为租户隔离单元，湖上数据仓库的 Database、Table、Partition 分别与 CUDW 的 Schema、Table、Partition 做映射，以此进行元数据的同步和维度拉齐。

分析型数据库 CUDW 的湖仓一体融合，除了元数据层面的融合，另外一个关键技术点为针对数据湖开源数据存储格式的兼容。MPP 数据库为了保证计算效率，往往会定义私有数据格式配合并行计算实现计算提速，在这样的背景之下，开源数据存储格式兼容的核心问题变成“如何在保证计算效率的前提下实现多种数据格式的兼容”。针对这个问题，中国联通软件研究院在开源数据格式兼容方面引入 Arrow 框架作为外部表数据读写的统一协议，如图 5-31 右侧部分

1 CUDW，即 China Unicom Data Warehouse，是中国联通集团数据仓库采用的分析型数据库，计算架构为 MPP 架构。

所示。Arrow 作为高性能的数据存储和处理框架，针对分布式计算环境提供高效的内存布局和数据结构，以及跨语言的数据交换格式。在技术上由 gpfdist 将外部数据加载入 CUDW 缓存层，基于 Arrow 实现开源数据格式的解析适配。以“gpfdist+Arrow”作为数据交换的中间层，将数据湖开源数据格式解析为 CUDW 的私有格式，实际计算过程仍然基于私有计算格式进行，并且结合 CUDW 的存算分离架构，数据解析过程的时间损耗仅在读入数据缓存之前产生一次，相对于数据分析场景重复计算特征，数据解析的损耗几乎可忽略不计。这个设计实现了在计算效率不损耗的前提下对开源数据格式的兼容，目前已兼容 Parquet、ORC、Avro、CSV、TXT 等 5 种数据格式。

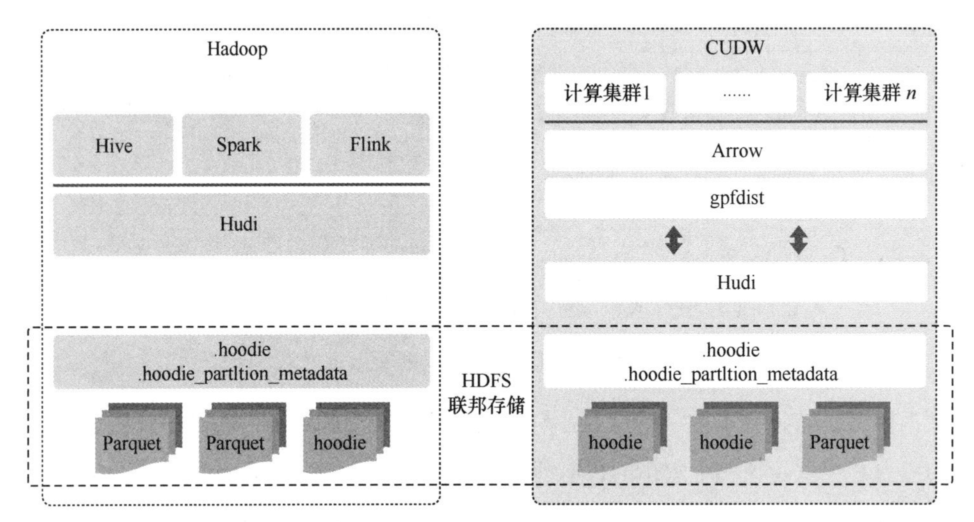

图 5-31　数据湖和数据仓库的数据交换

通过统一的元数据和“gpfdist+Arrow”这个数据中间层，数据平台提供了一种高效的跨平台数据交换机制，使数据能够在不同计算引擎之间迅速、一致地流动。其基于开源技术栈演进，设计注重性能优化，并可快速跟进开源社区的技术迭代，具有良好的技术开放性和延续性。分析型数据库的数据湖融合并非简单地将数据湖和数据仓库并行使用，而是在技术层面上实现了二者的深度整合和协同工作。中国联通集团数据底座的整合思路和方法具有高度原创性，可以为有类似需求的企业提供非常有价值的参考。

第 6 章

数据与 AI 的融合

现在我们的数据越来越多，数据越多，就有可能找到许多规律性的问题出来。一支大模型一定要有数据，没有数据，大模型、计算机再多也没用。

——郑纬民，中国工程院院士

6.1 推荐系统

随着互联网的普及，海量数据以惊人的速度生成和积累。如何从这些数据中提取出有价值的信息，并将其有效地转化为商业机会，是企业面临的一项重要挑战。在这一背景下，推荐系统作为一种智能化的数据处理工具，已经改变我们获取信息和消费内容的方式。

推荐系统的核心任务是根据用户的兴趣和行为，自动为其提供个性化的内容推荐。这种系统不仅能够提升用户体验，还能显著增加平台的活跃度和用户黏性。许多科技公司（如字节跳动、快手等）通过精确的算法和数据分析，成功实现了对用户需求的深刻洞察，从而推出了一系列受欢迎的应用和服务。这些公司都充分意识到，推荐系统不仅是技术手段，还是赢得市场竞争和用户忠诚的关键。

推荐系统的广泛应用体现在多个领域，包括电子商务、社交媒体、音乐和视频平台等。在电子商务平台，推荐系统通过分析用户的购买历史和浏览行为，向用户推荐可能感兴趣的商品等，从而在优化用户购物体验的同时提高了销售转化率。在社交媒体平台，推荐系统通过分析用户的社交网络和互动行为，为其推送相关的内容和好友等，从而增加用户的参与度和平台的活跃度。而在音乐和视频平台，推荐系统则根据用户的听歌和观看习惯，为其推荐新的曲目和影片等，使用户更容易发现与其兴趣相符的内容。

推荐系统在提升用户体验和商业效益方面发挥了重要作用，其背后隐藏着复杂的技术和原理。随着大数据技术的不断进步和AI技术的广泛应用，推荐系统也在持续优化。新兴的深度学习方法使得推荐系统能够捕捉到更复杂的用户行为模式和物品特征，从而提供更加个性化和精准的推荐。近年来，强化学习等前沿技术的引入，进一步推动了推荐系统的智能化，使得系统能够根据实时反馈不断优化推荐策略。

为了更好地理解推荐系统的基本原理，下面先简要介绍经典的协同过滤和内容过滤的基本思想。因为无论当前技术发展得多么先进，其底层逻辑依然基于用户和数据交互的协同，以及对数据的理解和用户兴趣的挖掘。之后重点讲解基于深度学习的推荐系统。

6.1.1 协同过滤

协同过滤（Collaborative Filtering）是一种基于用户行为和偏好的推荐方法，其核心思想是利用用户与物品之间的交互数据识别相似用户或相似物品，从而生成个性化推荐。协同过滤分为两大类：用户协同过滤（User-Based Collaborative Filtering）和物品协同过滤（Item-Based Collaborative Filtering）。

用户协同过滤利用用户之间的相似性进行推荐。具体来说，将每个用户当作矩阵的行、商品当作矩阵的列构建值为0和1的矩阵（0代表用户没有购买过对应的商品，1代表购买过），矩阵的行与行之间（即不同用户之间）可计算向量相似度。通常使用皮尔逊相关系数、余弦相似度或Jaccard相似度等度量。

当一个用户A需要推荐时，系统会找到与其行为相似的用户B，并基于用户B对用户A尚未接触过的物品的评分来推荐。这种方法的优点在于简单、易实现，且不依赖于物品的内容属性。然而，它面临着冷启动问题：对于新用户或新物品，由于缺乏交互数据，系统难以进行有效推荐。此外，随着用户数量和物品数量的增加，计算相似度的复杂度也显著增加，导致系统难以扩展。

物品协同过滤则侧重于物品之间的相似性。在此方法中，系统将每个商品当作矩阵的行、用户当作矩阵的列构建值为0和1的矩阵（0代表此商品没有被对应的用户购买过，1代表购买过），矩阵的行与行之间（即不同商品之间）可计算向量相似度。在为用户推荐与其历史购买商品相似的新商品时，这种方法通常更有效，因为用户的偏好相对稳定，而物品的相似性也更容易捕捉。物品协同过滤的一个经典应用案例是亚马逊的“与此商品相似”功能，该功能有效提升了用户体验和销售转化率。

协同过滤也存在一些局限性，例如稀疏性问题：用户和物品之间的交互矩阵往往非常稀疏，这限制了相似度计算的准确性。此外，由于协同过滤依赖于历史数据，若用户的兴趣发生变化，系统的推荐效果可能滞后，用户体验不佳。为了克服这些问题，研究者们不断探索改进的算法，包括矩阵分解、加权算法等。

6.1.2 内容过滤

内容过滤（Content-Based Filtering）是一种基于物品自身特征和用户偏好的推荐方法，强调物品的描述性特征与用户历史偏好的匹配度。其基本思想是，用户可能会喜欢与他们过去喜欢的物品相似的新物品。内容过滤的核心在于特征提取和用户画像的构建。在内容过滤中，首先需要对物品进行特征提取，这可以通过自然语言处理、图像处理等技术来实现。例如，在推荐电影时，系统可以提取出电影的类型、导演、演员、关键词等信息。然后根据用户的历史偏好构建用户画像，可以通过分析用户过去的行为记录等数据来实现。例如，用户 A 喜欢动作片和科幻片，系统将记录下这些偏好，并在推荐新电影时优先考虑相似类型的影片。

内容过滤的一个主要优点是能够有效处理冷启动问题，因为系统可以利用物品的特征信息生成推荐，而不依赖于用户的行为。这使得内容过滤在面对新用户或新物品的情况下仍然能够提供一定的推荐能力。此外，内容过滤可以很好地解释推荐原因，用户可以清楚地知道推荐的物品与其偏好的关联性。

然而，内容过滤也存在一些不足之处。首先，由于该方法只依赖于用户的历史行为和物品的特征，容易导致推荐的单一性和局限性，无法发现用户潜在的兴趣。此外特征提取的质量直接影响推荐的效果，若物品的描述信息不充分或不准确，推荐的效果也会受到影响。

在实践中，协同过滤和内容过滤各有优劣，许多现代推荐系统选择将二者结合，形成混合推荐系统，以发挥各自的优势。通过这样的综合方法，推荐系统能够提供更准确、多样化的个性化推荐，提升用户的满意度和参与度。

6.1.3 基于向量的近邻召回的推荐系统

随着深度学习技术的迅速发展，推荐系统也在不断演进，越来越多地采用深度学习方法来提高推荐效果。这些方法能够有效捕捉用户行为的复杂性和物品特征的丰富性，进而提供更加精准和个性化的推荐体验。

向量的近邻召回（Nearest Neighbor Retrieval）是推荐系统中的一项关键技术，它通过将用户和物品的数据表征压缩（嵌入）到一个低维向量空间中，进而计算其相似度。这一过程通常涉及使用深度学习模型（如神经网络）将用户和物品的属性数据映射到低维向量表示中。这样的向量表示不仅能够保留原始特征的信息，还能够捕捉到更深层次的语义关系。

向量的近邻召回如图 6-1 所示，系统会将用户的历史行为、偏好和物品的特征信息编码成向量（如左上多种图形组成的矩阵）。例如，在音乐推荐中，用户的历史播放记录和偏好的音乐风格可以被转换成一个低维用户向量，而每首歌曲的属性（如风格、演唱者等）也可以被转换为相应的低维物品向量。接着，通过计算用户向量与物品向量之间的相似度（如余弦相似度或欧几里得距离），系统可以迅速召回与用户兴趣最相似的物品（如图中右侧放大的区域，多首歌曲在向量空间中距离相近，表明相似度较高）。

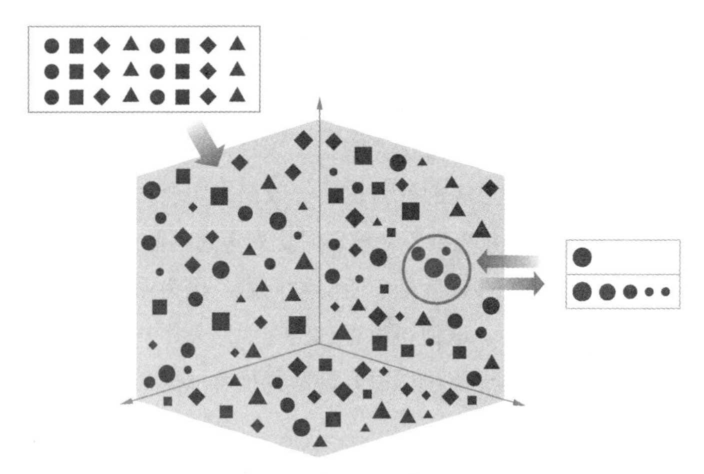

图 6-1　向量的近邻召回

与传统的基于内容或协同过滤的推荐方法相比，向量的近邻召回可以处理更大规模的数据集，并能够更好地适应用户的动态变化。此外，深度学习模型能够通过训练学习到更复杂的特征表示，大幅提升推荐的精准度。向量的近邻召回也面临一些挑战，例如冷启动问题和稀疏性问题。在用户或物品初始数据较少的情况下，系统的性能可能会受到影响。此外，随着用户数量和物品数量的增加，计算相似度的复杂度也会显著上升，如何平衡效率与效果是当前研究的热点。

6.1.4　基于点击率预估模型的推荐系统

在现代的大型推荐系统中，可供推荐的物品（比如商品、短视频等）库存都是百万甚至亿级别。因此受限于计算量和计算能力，一般根据向量的近邻召回得到的结果只能是相对粗糙的候选结果集，例如从百万规模的可供推荐的物品中找到接近的一万个候选结果。但是最终展示的结果需要是最能引起用户交互兴趣的几十个头部结果，所以需要一个更加复杂的计算来进行精细化的打分，最终根据打分结果进行排序，推荐出头部结果。

根据排序依据的差异，一般可以设计很多类目标进行建模。这里以最普遍使用的CTR预估模型为例来说明。通过创建点击率的预估模型，在进行推荐的时候可以对所有候选结果进行点击率的预测，并根据 CTR 的分数从高到低排序取头部结果，这也就是推荐给到用户后最有可能被点击的物品。

学术界和工业界在利用深度学习技术建立点击率预估模型方面有大量的工作成果，其中最为广泛应用的是 Wide & Deep 模型。Wide & Deep 模型是由谷歌提出的一种混合推荐方法，旨在同时捕捉到短期和长期的用户偏好。该模型将传统的线性模型与深度学习模型结合，通过不同的网络结构来处理不同类型的信息。

Wide 部分主要负责记忆性特征的学习，如用户的历史行为和固定属性。它采用线性模型，通过将特征直接连接，能够快速地捕捉到用户的短期兴趣。这对于那些用户行为快速变化的场景尤为重要，如广告推荐和电商产品推荐。Deep 部分则利用深度神经网络（Deep Nenral Networks，DNN）处理更为复杂和丰富的特征交互，以捕捉用户的长期偏好。这部分模型通过多层的神经网络，对输入的特征进行高阶特征组合和抽象，能够提取出更深层次的语义信息，从而提高推荐的个性化程度。这种模型在多个场景中取得了显著效果，尤其是在在线广告和内容推荐领域。通过有效整合短期和长期信息，Wide & Deep 模型为用户提供了更为精准的推荐，提升了用户体验和销售转化率。

尽管奇异值分解（Singular Value Decomposition，SVD）等经典模型在推荐系统中仍然有其应用价值，但深度学习技术的引入为推荐系统带来了更高的灵活性和适应性。结合传统方法的优势，深度学习模型能够有效解决一些长期存在的问题，如冷启动问题和稀疏性问题，从而进一步推动推荐系统的发展。总的来说，基于深度学习的推荐系统代表了未来发展的方向，通过不断创新和完善，这些系统将继续为各类应用提供更优质的推荐服务，提升用户的满意度和参与度。

6.2 基于LLM的数据治理与分析

6.2.1 智能化数据治理

企业数据治理的痛点在于人力投入大、治理进度慢、业务价值不能立即体现等问题，因此一些企业在数据治理的投入上会存在不清晰、不坚决的情况。然而数据资产运营的起点是数据汇集后权责清晰、管理边界明显，这倒逼着数据治理的成熟度需要迅速提升。

根据实际观察，我国企业数据治理的落地情况大体上分为以下 3 类。

- 做了数据资源的归集和整合，将企业内数据资源按照归属的业务系统挂载到数据目录上，从而方便数据运维和开发，但无实际业务上的治理。
- 不仅做了数据资源的归集和整合，还将数据按照各个业务的所有产权部门或组织做了轻度的业务层治理，明确数据资产权属，厘清数据使用过程中的权责。

- 数据资源的归集和整合、数据资产权属和业务属性都做好了治理，能够将数据按照业务用途来做目录管理，数据资产可以直接用于业务场景的信息流和数据流。

以银行监管的EAST系统（现场检查和分析系统）为例，它是银行监管机构用来管理各银行每天上报的经营明细数据的系统，对数据质量有很高的要求。例如，该系统要求银行系统内所有字段都满足“银行机构代码不能为空”，但是在各个应用的实现过程中，银行机构代码可能会被命名为“机构代码”“机构编号”“机构标识”等各种银行内的常用说法。另外，一些业务还涉及客户、合作方，它们可能也是银行机构，因此也需要满足这些约束，但是系统内对应字段可能叫作“客户编号”“客户代码”等，从字面上很难直接建立起关联关系，这就导致大量的质量问题产生。银行的字段数量特别大，涉及大量的人力工作，并且很容易出现工作疏忽和纰漏。根据公开报道，2024年1月就有多家银行因为EAST相关问题被处罚。

企业数据治理与安全合规的业务流程如图6-2所示。一般企业的业务系统数量在数十或数百，数据表可能以万计，数据字段数量可能在十万甚至是百万级别。因此数据质量标准和数据安全标准都是对数十万个对象做统一的管理，要保证数据管理的质量就需要投入较多的人力资源和计算资源。在做数据质量管理层面，又可以进一步地分为技术层数据质量管理和业务级数据质量管理：技术层数据质量管理可以比较容易地通过工具来实现自动化，而业务级数据质量管理就需要首先做好表或字段的业务语义梳理。企业的应用建设是多年的成果，将存量的大量系统的字段的业务语义梳理完整也是个非常大的工作量，采用人工投入费时、费力。

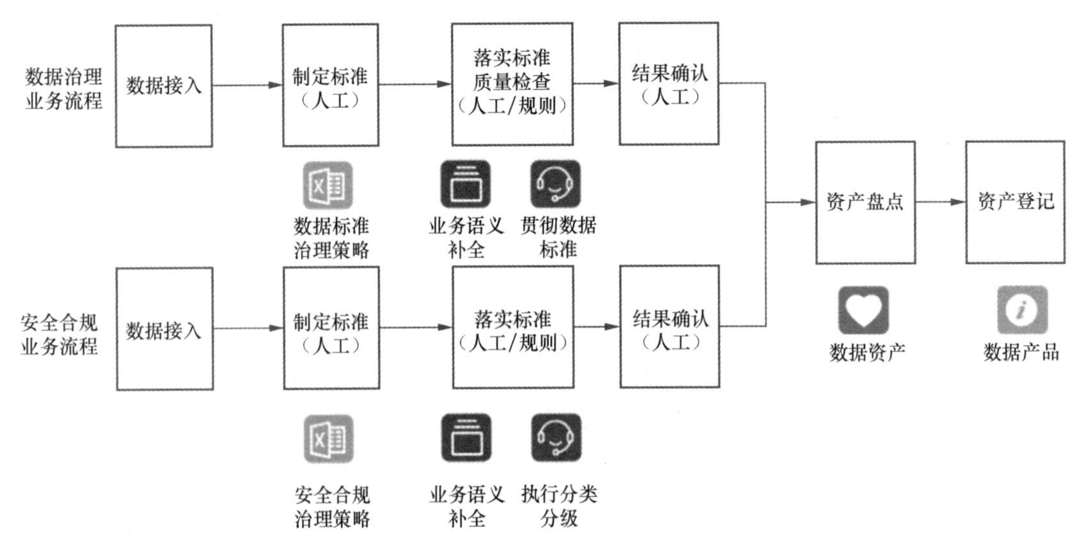

图6-2　数据治理与安全合规的业务流程

2024年以来，随着LLM的快速成熟，越来越多的数据治理Copilot技术出现，在一定程度上能够解决数据治理的人力投入大、结果产出缓慢等问题。LLM擅长语义理解，数据标准的制定和落地、数据业务语义的梳理等工作都可以通过大模型和企业内部知识库来有效地改进。

在实践中，我们针对数据分类分级阶段做了Copilot的试验和生产验证，并按照行业标准打造私有化的知识库或微调模型，总体效果可行，具备较大的实践价值。对企业数据的分类分级一般包括如下4个阶段：

- 选择要分析的系统，一般根据业务重要性、敏感数据分布、数据治理成熟度等指标来选择；
- 采集元数据，可以基于工具自动采集并做一定的人工标注，按照行业对应的标准来分类分级，商业版的分类分级工具会提供一定的自动化能力；
- 与业务侧确认人工标注结果的准确性，并将不准确的结果反馈给分类分级工具做迭代；
- 发布标准的分类分级结果。

一般企业的元数据字段数量都在几万到百万级别，按照相关的监管要求，数据要做到“应分尽分”，如果所有的字段都需要人工标注和复核，那么工作量就会很大，而且涉及所有在线业务的部门。采用工具来加速这个流程是必需的，技术上又分为基于规则匹配和基于算法两种方法。

基于规则匹配，即通过积累对元数据或数据内容的理解，通过一些匹配规则来识别对应字段的业务语义再按照行业标准来映射，例如电话号码、车牌号、身份证号、日期、邮箱等都可以对内容或字段描述做匹配来实现。这个方法的好处是对于数据特征明显的字段，匹配的准确率和召回率都很高，缺点是特征模糊的字段就无法精准匹配，面对同义词、近义词等场景也无法使用。另外，基于规则的匹配对于业务语义随着场景不同而有明显差异的数据也不适用，例如银行账号的数据特征非常明显，但是同样是银行账号，个人账号的敏感等级高，而企业账号的敏感等级一般较低，采用规则匹配的方法无法区分个人还是企业账号。

一个可行的方法是基于LLM算法来做数据分类分级。由于LLM擅长语义理解，而数据表注释和字段注释往往包含字段的业务上下文信息，可以将这些信息输入大模型，充分挖掘表注释和字段注释的关联，实现上下文语境识别。如图6-3所示，企业的数据管理人员首先评估各个系统的元数据质量，对于那些质量相对较好的系统，可以组织业务专家标注一些字段和对应的分类分级信息，再调试大模型，给未标注字段做推理，最后进行知识补充与调优，这样实施成本更低。按照实践情况，对于每个业务分类，一般只需要标注几十个到几百个字段（银行大体上有100个业务分类，也就是标注几千到上万个字段，即1%的总字段数），整体的准确度就比较高（80%以上）。

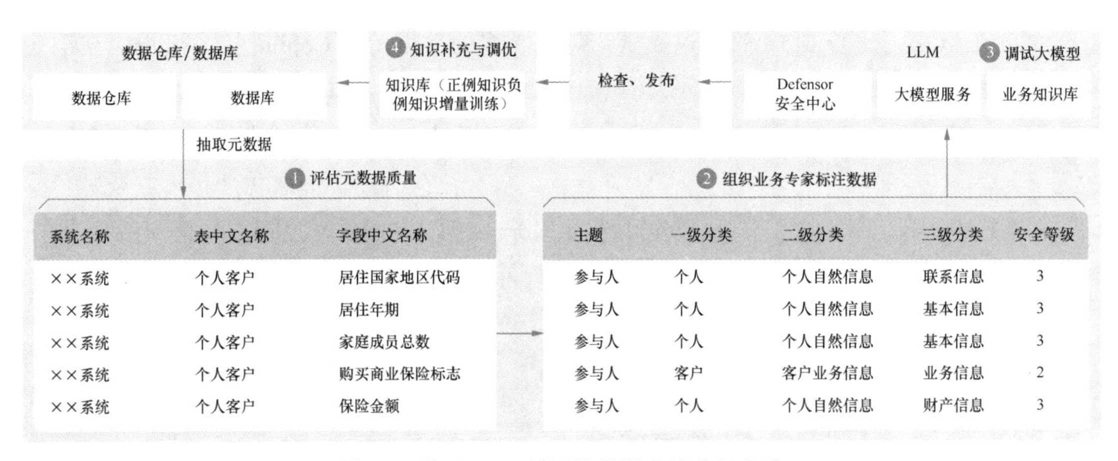

图 6-3　基于 LLM 算法的数据分类分级方法

基于大模型技术分类分级的原理如图 6-4 所示。分类分级的大模型推理包括对数据源进行前处理、模型推理和后处理 3 部分。前处理部分以提升输入模型的数据质量为核心，主要通过数据清洗与规范化处理实现。具体来说就是，通过一系列手段纠正、改进数据系统的中文注释，例如利用业务字典将缩写词、错词在读入数据的同时完成替换，或翻译英文字段补全中文注释。模型推理部分需要有很强的泛化能力，参数规模不需要太大。后处理部分包括计算结果的置信度，并对低置信度的部分利用外挂模型进行关键词 / 语义校对，从而减少人工核查的工作量，并尽量抑制大模型幻觉。经过在金融行业的多次实践，模型的泛化能力得到验证，通过人工标注 1200 个字段，并在 4 万个字段上的验证，分类分级准确性达到 90%，总投入为 2 人 / 周，节省了约 80% 的人力投入。

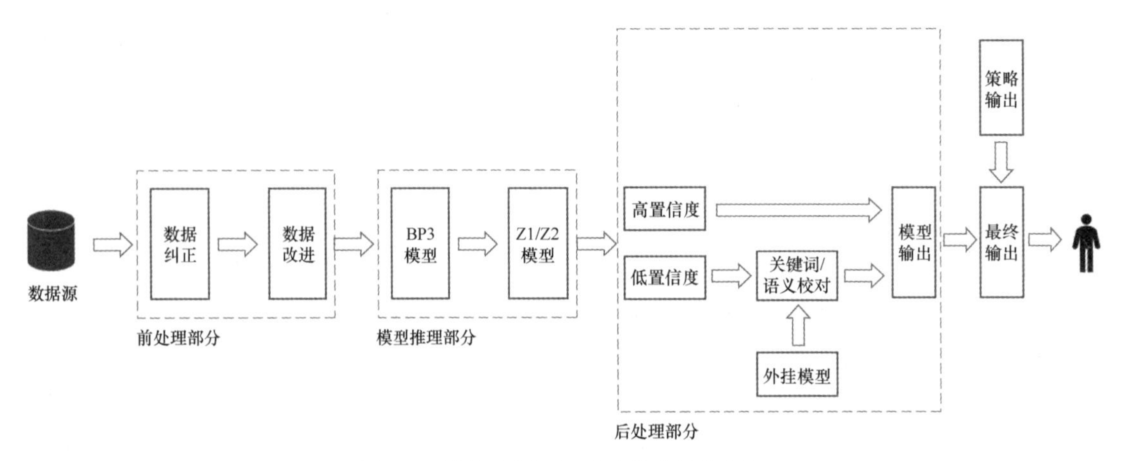

图 6-4　基于大模型技术分类分级的原理

6.2.2 基于LLM的数据分析

大模型技术兴起后，基于 LLM 的数据分析成了行业研究的热点，这个方向的研发目标是提供一个数据分析平台，其分析数据的方式完全基于人工问答，不再需要专业知识做数据探索、SQL 开发等工作，任何一个想用数据做分析的用户（包括企业高管）都能够直接使用系统做数据分析。大语言模型为数据探索和洞察提供了新的交互方式，从而大规模地降低数据使用者的门槛，培养企业的数据文化。一个典型的基于大模型问答的数据分析场景是将使用者或开发者的提问转化成对数据库的 SQL 查询，从而降低数据产品的开发成本。

目前对话式数据分析技术主要采用 NL2SQL 的技术路线。进入 LLM 时代后，NL2SQL 取得了显著的发展。最新的 NL2SQL 方法利用 LLM 的表征能力和上下文理解能力使得 NL2SQL 的性能得到了显著提升，可以处理更复杂的查询，并在多个基准数据集上取得了优异的效果，但是仍然面临较大的问题，主要包括数据稀缺、多样性查询和复杂查询挑战。

NL2SQL 模型通常需要大量的标注数据以进行训练，但获取大规模标注数据是一项昂贵和耗时的任务。针对数据稀缺的问题，企业可以在落地数据资产管理平台时通过归集高质量的数据资产来解决，充分利用企业内部的数据模型、数据指标、数据标签等有业务语义的数据资产，作为对大模型的提示词，帮助大模型理解企业的内部知识，从而解决因为数据稀缺导致的模型不准确、泛化能力不足的问题。

对话式分析的开发流程如图 6-5 所示，企业先针对各类数据分析场景准备好大量的数据标签和数据指标，为一些常用的数据字段做好业务语义的注释，作为大模型的知识库与数据分析软件一同发布。为了保证自然语言查询的精准度，建议为用户提供一些数据仪表盘，这样用户可以从某个感兴趣的仪表盘开始拓展问题并获得一些数据分析，这相当于给大模型一些问答背景信息，以避免过多、过早出现幻觉问题。当用户提出一些数据问题后，这些问题和企业已有的数据标签、指标等可以一起作为提示词发送给大模型，然后大模型将问题转换为 SQL 语句，从数据库中查询数据结果。

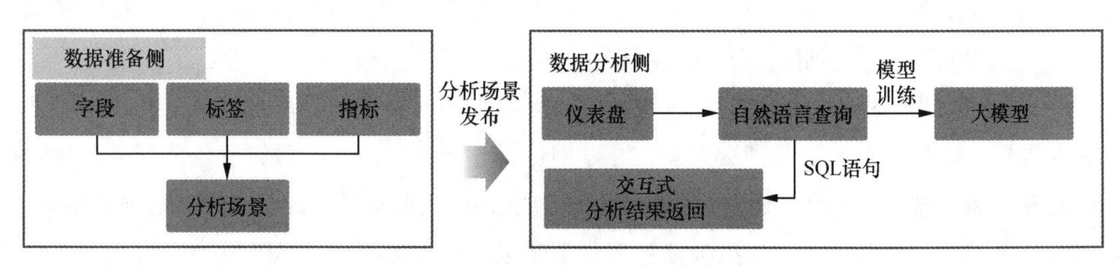

图 6-5 对话式分析的开发流程

现实世界中的自然语言查询具有很强的多样性，NL2SQL 模型在处理多样性查询时可能存在困难。针对用户的多样性查询问题，例如用户随意查询的关联度不大的问题，模型确实很难有明显的泛化效果。企业内一个有效的解决方案就是按照数据场景在企业内部发布数据应用，例如按照营销、人事、资产等主题域或场景做好初始数据集的准备工作，完善相关的业务语义，制定好对应数据集市的仪表盘，做好提问意图的预训练。当用户访问这些开放的仪表盘后，相关的语义提问就能够有效地被识别是否在这个数据集的范围内，意图理解能够更加精准。

处理一些复杂的查询需要模型具备更强大的推理和推断能力，目前的模型仍存在局限性，可以结合数据标签等资产来解决这部分的问题。假如用户提问“有多少工单的在线支持技术人员和最终解决者为同一个人”，企业可以预先定义一系列的数据标签，并将标签对应的查询准备好。这样大模型在处理该查询的时候就会直接召回该数据标签，那么准确性就可以得到保障，无须去推理复杂的 SQL 查询。

6.3　数据标注

数据标注位于模型开发的上游阶段，为数据添加标签可将原始数据转换为适用于机器学习模型的可理解格式，从而协助模式识别和预测功能。监督式机器学习模型使用标注数据做训练，学习相关模式并根据有标签样本进行预测。拥有高质量标签的数据可提供清晰、一致的学习信号，从而提高模型准确率。为数据添加标签还可以确保数据集的代表性和平衡性，从而避免模型因继承偏差而增加偏差的问题。在图像识别中，可以通过“猫”“狗”等标签定义对象类别，而在文本分析中，可使用标签指示情绪或命名实体。

早期数据标注主要是手动完成的，以构建和积累机器学习模型的训练数据集。尽管耗时多且成本高昂，但手动标注数据在准确率等方面具有优势。随着机器学习模型的发展，自动化数据标注的准确率不断提高，可以使用模型来辅助手动标注，例如将模型预处理后的数据发送给标注员审核并纠正模型的标注结果等，这就是使用 AI 辅助标注加快数据标注的速度。

数据标注是 NLP 领域非常关键的流程，主要包括数据收集、数据预处理、精准标注和质量审核、数据增强和扩充、训练验证和测试等子流程。

（1）数据收集。在大语言模型开发过程中，原始数据的质量和数量直接影响到模型的训练效果和性能。数据一般来自公开数据集、互联网、合作伙伴、数据提供方等。公开数据集是指已经被整理和发布的数据集，通常由学术界、研究机构或企业提供，经过了严格的筛选和处理，可以用于模型的训练和评估。如果公开数据集不足以满足需求，可以从互联网上合规地收集数据。合作伙伴或数据提供方可以提供特定领域或行业的数据，这些数据可能对于垂直领域的模型的训练非常有价值。在收集数据时需要注意数据的版权和合规问题，确保数据的使用符合法律法规和伦理准则。

（2）数据预处理。数据预处理包括对原始数据进行标准化、归一化、清洗等操作，以使数据符合模型的输入要求，也有助于提高模型的性能和泛化能力。数据标准化通常指将数值类数据转换成均值为 0、标准差为 1 的标准正态分布，而归一化则是指将数据缩放到 [0，1] 或 [−1，1] 的范围内。

数据清洗是指对原始数据进行处理，去除其中的噪声、错误或无效数据，以及去除重复数据、处理缺失值、修复错误数据等操作。文本分词是指对文本数据进行分词操作，将文本拆分成词语或子词的序列，这有助于模型理解文本的语义和结构。停用词处理是指移除文本中的停用词，即在文本中频繁出现但没有实际意义的词语，如“的”“是”“在”等。词干提取和词形还原是指对文本中的词语进行词干提取或词形还原操作，将词语转换成其原始形式，这有助于减少词汇的变化形式。

（3）精准标注和质量审核。标注方案直接影响到数据标注的质量和准确性，首先需要明确标注的任务类型和标注对象，例如实体名称、情感类别、语法结构等。由于数据标注工作量大，一般还要选择合适的标注工具或平台。

在进行质量控制和审核之前，需要设定清晰的规范。标注规范包括标注的定义、标注的范围、标注的方式等，需要尽可能清晰和具体，以确保标注的一致性和准确性。

标注数据的质量审核是确保标注数据质量的重要步骤。企业从标注完成的数据中进行随机抽样，并对随机抽样得到的数据样本进行人工审核，确保其符合预设的标准和规范。在多个标注任务中，可以进行交叉验证，根据审核结果提供反馈，并对标注结果进行修订。如果发现标注错误或不一致的情况，需要及时通知标注员进行修正，并可能需要对标注规范进行调整。

（4）数据增强和扩充。数据增强和扩充是指通过各种技术手段来增强数据集的多样性和丰富性，以提高模型的泛化能力和性能。数据增强技术包括但不限于同义词或近义词替换、句子重组、随机插入 / 删除 / 交换单词、大小写变换等。使用同义词或近义词替换原始文本中的部分词语，以生成新的句子，这有助于丰富数据集中的词汇和语义表达方式。句子重组指的是对原始文本中的句子进行重新排列或重组，改变句子的结构和顺序从而生成新的句子。随机插入 / 删除 / 交换单词包括随机地在句子中插入、删除或交换单词，以改变句子的表达方式，这有助于引入噪声和变化。为了让模型具有对于大小写的不敏感性，提高模型鲁棒性，还需要对数据语料做大小写变换，将文本中的字母进行大小写变换并生成新的文本。数据增强和扩充技术能有效地增加数据集的多样性和丰富性，解决数据稀缺或不平衡的问题，对提高模型的鲁棒性和适应性具有重要意义。

当数据标注完成后，就可以将这些数据用于模型算法的验证和改进。算法工程师一般会在准备好的原始数据集中划分出训练集、验证集和测试集。训练集是用于训练模型的数据集，它包含大部分的原始数据。在建立训练集时，需要确保数据的多样性和覆盖范围，以提高模型的泛化能力。验证集用于模型的调优和参数选择，在模型训练过程中用来评估模型的性能。测试集通常是模型未曾接触过的数据，用于模拟模型在真实场景中的表现。在建立测试集时，需要确保数据的独立性和代表性。通常是将70%的数据用于训练，15%的数据用于验证，15%的数据用于测试，但可以根据具体情况进行调整。

在进行数据划分时，需要确保数据集的随机化，以避免数据集产生偏差和不平衡问题，通常会对数据集进行随机打乱或随机抽样。此外还需要保证数据分布的一致性，确保在训练集、验证集和测试集中，数据的分布和特征尽量一致，以确保模型在不同数据集上的表现具有可比性。后续关键步骤即标注数据集，对建立的训练集、验证集和测试集进行标注，确保每条数据都有对应的标签或标注信息，以便于模型的训练和评估。

垂直领域大模型需要高质量的数据集，一般需要组建独立的团队来落实数据标注、对齐、安全合规等工作。当前行业的一个热点是用大模型来合成数据，一些研究论文证明了LLM能够自动化标注任务、确保大量数据的一致性，并通过针对特定领域进行微调或根据提示进行调整，显著降低了传统标注方法遇到的挑战。Meta的Llama 3开源大模型的训练就完全基于Llama 2生成的合成数据，并应用在Llama 3的代码执行反馈、编程语言的翻译、文档的反向翻译、长文本的问答、长文档摘要、代码库推理等领域。

6.4　向量数据库

大模型的记忆能力存在一些缺陷，包括时间局限性、幻觉问题和文字长度限制等。由于模型的预训练周期比较长，每次预训练开始时定好的训练数据集一般来自互联网，经过几个月的预训练并发布后，模型里的知识仍然是来自预训练开始时的数据，对于后续新发生的事件和非互联网的私域数据等缺乏认知，因此需要用其他方式来补充。幻觉问题主要出现在长对话后的部分内容遗忘，以及模型“说胡话”。

大部分LLM都有一定的文本长度限制，超出后LLM就会遗忘上下文，导致无法进行大型文件分析、每次对话需要重启等问题。向量数据库能够比较好地解决这个问题。例如，用户和ChatGPT有一份很长的对话，大模型服务的后台可以将所有对话以向量的形式保存起来，当这个用户再次提问时，大模型服务会先将问题转化为向量，对向量数据库中存储的已经发生的聊天记录进行语义搜索，找到与当前问题最相关的“记忆”，再合并数据一起发送给ChatGPT，极大地提高 ChatGPT 的输出质量。

向量数据库的作用当然不止步于文字语义搜索，在传统的 AI 和机器学习场景中，还包含人脸识别、图片检索、语音识别等功能。以图片检索为例，传统数据库可能是通过关键词去搜索，向量数据库是通过语义搜索图片中相同或相近的向量并呈现结果。先以离线的方式对所有历史图片进行机器学习分析，将每一幅图片抽象成高维向量特征，然后将所有特征构建成高效的向量索引，当一个新查询（图片）出现的时候，对其进行分析并产出一个表征向量，然后用这个向量在之前构建的向量索引中查找出最相似的结果，这样就完成了一次以图片内容为基础的图片检索。

向量检索是向量数据库的核心功能。将文本表示为向量，在向量数据库中进行相似性搜索，用于语义匹配、文档聚类等任务。通过计算文本向量之间的相似度，向量数据库能够快速找到与查询文本相似的文档或句子，从而实现高效的文本处理和语义分析。当有一份文档需要大模型处理时，可以先将这份文档的所有内容转化成向量（Vector Embedding），然后当用户提出相关问题时，将用户的搜索内容转换成向量，并在数据库中搜索最相似的向量，匹配最相似的几个上下文，最后将上下文返回给大模型服务。这样可以大大减少大模型的计算量，提高响应速度和降低成本。

为了有效支撑相关的业务场景，高维度数据向量的处理能力是向量数据库的关键能力要求，包括Embedding技术、相似性搜索技术和索引构建技术。此外作为AI推理流程的关键支撑引擎，向量数据库也需要满足处理数据安全、数据实时更新、扩缩容等需求。

由于 LLM 技术的快速发展，向量数据库产业也迎来大爆发，涌现了一大批开源或商业化的向量数据库，比较典型的代表产品包括开源项目 Pinecone、Milvus、Weaviate 等，我国的腾讯云 VectorDB、星环科技 Hippo 等分布式向量数据库。此外，一些关系数据库或 NoSQL 也通过增加向量数据库的扩展来增加向量计算能力，如 Elasticsearch、PostgreSQL、OceanBase 等。未来向量数据库将与其他数据库融合，提供多模态、一体化的数据库能力。

6.4.1 特征与向量

向量数据库专门用于处理和管理向量数据。向量数据通常指的是在多维空间中的点，可以是特征向量、文本嵌入等，一般是多个数值组成的数据，用来表示某种特征或者属性。向量数据库储存的大部分是高维向量，高维向量是特征或属性的数学表示，用于表示非结构化的数据（例如文本、图像、音频、视频等），一般由 AI 工具来生成。每个向量都有一定数量的维度，范围从几十到几千不等，具体取决于数据的复杂性和粒度。

传统的关系数据库只能基于文本做精准或近似匹配，缺少基于业务语义的匹配和关联能力。

例如“哈士奇”和“小狗”，如果应用需要在搜索“小狗”时找到一些“哈士奇”的照片，那么算法就需要给这两个词语打上一些特征的标签，然后基于这个特征来做搜索。这个过程就是特征工程，它能够使原始数据更好计算，也能更好地表达问题本质。对非结构化数据的处理的挑战在于其特征数量会快速膨胀。对于某个文本，这些特征可能包括词汇、语法、语义、主题、上下文等；对于某个音频，这些特征可能包括音调、节奏、音高、音色、音量等。假如给每个特征画一个坐标轴，设定有 10000 个特征，这样就有了维度为 10000 的坐标系，然后将所有的对象按照它的特征画到相应坐标系里面，这些对象就在一个高维坐标系里面都有个坐标。向量是具有大小和方向的数学结构，在计算机中可表示这些特征，这样搜索问题就转化为数学计算问题。

Embedding 技术是数据向量化的关键技术，是将某种类型的输入数据（如文本、图像、声音等）转换成稠密的数值向量的过程，转化后的数值向量通常包含较多维度，每一个维度代表输入数据的某种特征或属性。输入端是高维度的数据，输出端是向量形式，这样就将非结构化数据转换为能够被计算机高效运算的表达形式。

- 文本 Embedding 是 NLP 中的一个常见技术，是将文字或短语转换成数值向量的过程。这些向量捕捉了单词的语义特征，例如意义、上下文关系等。比如，使用词嵌入技术（如 Word2Vec 或 BERT），模型可以将具有相似意义的词映射到向量空间中的相近位置。
- 图像 Embedding 过程通常涉及使用卷积神经网络等模型来提取图像中的特征，并将这些特征转换为高维向量，以表示图像的内容、风格、色彩等信息，从而用于图像识别、分类或检索任务。
- 语音 Embedding 通常指的是将音频信号转换为表示其特征的向量，这包括音调、节奏、音色等，从而可以进行声音识别、音乐生成等任务。

6.4.2　相似度的度量

根据查询向量找到最相似的向量集合，需要一个可以量化计算的方法，这就是相似度的度量。目前有多种方式可以度量相似度，包括余弦相似度、欧几里得距离和曼哈顿距离等。

（1）余弦相似度的计算。如果两个向量的方向一致，即夹角接近零，那么这两个向量在物理空间上就相近。对于高维稀疏的向量，要确定两个向量的方向是否一致，就要度量两个向量夹角的余弦值。假如两幅图片经过 Embedding 后都标注了 6400 维的特征向量，分别为 $(x_1, x_2, \cdots, x_{6400})$ 和 $(y_1, y_2, \cdots, y_{6400})$，它们之间的余弦距离就可以用两个向量夹角的余弦值来表示：

$$\cos\theta = \frac{(x_1 y_1 + x_2 y_2 + \cdots + x_{6400} y_{6400})}{\sqrt{x_1^2 + x_2^2 + \cdots + x_{6400}^2} \times \sqrt{y_1^2 + y_2^2 + \cdots + y_{6400}^2}}$$

当余弦值等于 1 时，这两幅图片完全重复；当余弦值接近 1 时，两幅图片相似，可以用于图片分类。夹角的余弦值越小，两幅图片越不相关。

（2）向量之间欧几里得距离的计算。欧几里得距离计算两个向量在空间中的直线距离的绝对值，假如两幅图片都标注了 n 维的向量特征，那么它们的欧几里得距离为：

$$d(x,y)=\sqrt{\sum_{i=1}^{n}(x_i-y_i)^2}$$

欧几里得距离主要计算绝对距离，其中开方运算对处理器来说非常复杂（一般需要使用牛顿迭代法来求解开方运算），计算量相对较大。因此一般适用于低维向量的计算，即 n 的值相对较小的情况。

对比余弦距离和欧几里得距离的公式：对于同样的一组向量，余弦距离计算只是计算相对值，因此余弦距离更多地反映相对差距，主要是乘法、加法运算，计算量也小很多；欧几里得距离反映绝对距离，计算量相对大，不过在一些情况下能够更好地体现出真实情况。例如两个用户都喜欢历史类的视频，一个用户每天登录一次，另外一个用户每天登录十次，从余弦距离计算两个用户是相似的，但是加上登录次数的维度，他们的欧几里得距离是比较远的，差异性就很大。

（3）曼哈顿距离的计算。曼哈顿距离来自城市交通的实际场景，顾名思义，在曼哈顿街区从一个十字路口开车到另一个十字路口，实际驾驶距离就是“曼哈顿距离”，度量两个向量沿坐标轴方向的距离之和。N 维空间中两个向量 $(x_{11}, x_{12}, \cdots, x_{1n})$ 与 $(x_{21}, x_{22}, \cdots, x_{2n})$ 的曼哈顿距离计算方式为：

$$d=\sum_{k=1}^{n}\left|x_{1k}-x_{2k}\right|$$

对比欧几里得距离和曼哈顿距离：欧几里得距离是基于欧几里得几何空间的距离计算，它是点之间的直线距离；曼哈顿距离是基于曼哈顿市区的街道网格上的距离计算，它是点之间的城市块距离。曼哈顿距离的计算都是加法，欧几里得距离需要大量乘法运算和开方运算，并且数据可能都是浮点数，计算机对浮点数的加法计算能力远大于乘法，并且没有计算误差。因此在高维度的距离计算上，曼哈顿距离的成本更低、计算效率更高。欧几里得距离适用于需要考虑点之间直线距离的场景，如图像识别、地理位置定位等，而曼哈顿距离更适合相似性判断、推荐等计算。

6.4.3 向量检索的召回率与准确率

召回率是向量数据库的 KPI，衡量检索系统能够返回多少相关结果的比例。Top-k 召回率指的是向量数据库在检索某个问题返回的前 k 个结果中，有多少个是与查询向量最相似的相关结果。召回率反馈的是数据库中有多少准确的数据能够被向量数据库检索出来，体现出检索系统的查全率。召回率计算方式为：

Recall@k = 相关结果数 / 库中所有相关结果数

例如，在向量库中存储了 10 个猫的图片向量，如果 Top-5 召回中有 3 个返回结果是猫图片向量，则 Recall@5 = 3/10 = 0.3。

准确率是检索出的相关结果数与检索出的结果总数的比例，体现出检索系统的查准率。例如，Top-5 返回结果中 3 个是猫的图片向量，另外两个不是，那么准确率就是 3/5=0.6。

召回率在很多向量检索的应用场景中更重要。推荐系统需要给某个用户推荐其感兴趣的商品，就希望向量数据库能尽量检索出库内已有的满足该用户兴趣特征的所有商品，这样推荐给用户可能带来更大的商业利益。在医疗诊断领域，假定给定的病例库中有 N 个某个专病的病例，当医生想去研究某个专病的某种特征时，检索数据库时就希望能够尽量找到这 N 个病例用于后续研究，尤其是一些罕见病的病例。在这些场景下，向量数据库的召回率非常重要。

对于搜索引擎，准确率可能更重要一些，避免搜索结果中出现一些无关网页从而影响用户体验。在文本内容审核中，向量检索可以用于检测和过滤不当内容，因此准确性在这里非常重要。

在向量数据库中，提高召回率通常会降低查询速度，而提高准确率则需要更精确的索引构建。由于向量检索的场景都是高并发的实时检索场景，因此需要根据业务需求权衡并确定优先指标。

6.4.4　向量检索与索引技术

目前向量数据库主要落地的应用场景是推荐系统、图像检索、文档搜索等，主要功能之一是快速找到与查询向量最相似的向量，通常基于余弦相似度、欧几里得距离或其他相似性度量查找与查询内容最相似的量。例如查询“小猫”，向量邻近的输出包括“猫”“狗”等动物。Embedding 技术将实体转换为计算机易于处理的数值形式，同时减少信息的维度和复杂度，使得不同实体之间的比较（如计算相似度）变得可行。如果要区分两个对象或确认两个对象是否语义上相似，计算这两个坐标的距离就可以，这就是相似性搜索（Similarity Search）。只要特征维度足够多，理论上任何事物都可以区分开，这也就是大模型参数量越来越大的原因。

向量数据的数据模型是高维向量，主要查询操作是基于索引做相似性搜索。相似性搜索目标是在向量数据库中找到与查询向量最相似的向量，一般通过计算查询向量和库中向量的距离或相似度来实现。对于大规模数据集的检索，一般采用近似最近邻搜索（Approximate Nearest

Neighbor，ANN）算法，而在小数据集上可以执行精准最近邻算法如暴力搜索算法（Brute-Force Search）。

暴力搜索算法是一个比较简单的查询算法，它会计算查询向量与向量库中存储的所有向量的相似度，从而找到最相似的向量。该算法的计算效率低，只适合小规模数据集，但准确度较高。

近似最近邻搜索是一种在高维空间中快速查找与查询向量最相似的向量的技术，允许一定的误差范围来获得更快的搜索速度。提高向量库的搜索算法的效率主要有两个路径：一是通过降维等方式将高维数据映射到低维空间从而支持快速近似搜索，例如局部敏感哈希算法；二是将数据空间划分为多个更小的子空间，从而减小搜索范围、避免全量数据的计算，一般通过聚类或树、图结构来对向量数据做聚类分区，每次搜索只会对最接近的分区进行搜索。基于树的代表性算法有 k 维树，基于图结构的代表性算法是分层可导航小世界（Hierarchical Navigable Small World，HNSW）。

查询的性能依赖于索引结构的有效性和向量空间的维度。对于大规模的非结构化数据集，数据维度很高，直接进行全量扫描或者基于树结构的索引会导致效率低下或者内存爆炸。因此，内存消耗低、检索性能高是这个场景下索引算法的主要考量因素，而对精准度可以降低要求。对规模较小的数据集，可以使用倒排索引等支持暴力搜索，从而保证检索有更高的精准度。

向量数据库的索引算法有多种，每个算法有特定的适用领域。在做业务侧的架构设计时，可以从精准性、检索性能、索引构建速度、内存消耗、向量数据规模、向量数据维度、动态更新需求以及本身硬件资源等几个维度来考量，选择合适的索引算法。下面介绍倒排索引（IVF）、k 维树（k-Dimensional Tree）、乘积量化（Product Quantization，PQ）和倒排乘积量化（Inverted File with Product Quantization，IVFPQ）这 4 种算法，以及索引算法的技术选型。

1．倒排索引

倒排索引的基本原理是将向量数据集通过算法（k-means 等）划分为多个子集，每个子集称为一个聚类中心（Voronoi 格）或一个簇。每个簇都有一个代表性的向量，称为聚类中心向量。然后索引为每个聚类中心构建一个倒排文件，将聚类中心向量与属于该簇的向量进行关联并挂载到倒排表后面。

在进行搜索时，首先根据查询向量找到与之最相似的聚类中心向量，然后在该聚类中心对应的倒排表中查找更接近查询向量的具体向量。最后根据相似性得分对检测结果排序，并将最相关的结果返回给用户。这种两级索引结构可以极大地减少搜索的计算量，提高搜索效率。

2．k 维树

k 维树是一种用于构建向量索引的数据结构，用于在 k 维空间中高效地组织和检索数据。k 维树有二叉搜索树的形态，搜索树上的每个节点都对应 k 维空间内的一个点。

使用 k 维树构建索引是一个递归过程。在每一步中，选择一个维度和一个分割点，将数据点划分为两个子集，一个子集中的点在该维度上的值小于分割点，另一个子集中的点大于或等于分割点。k 维树以树形结构组织数据点，树的根节点代表整个数据集，而子节点代表经过划分后的子树。通过树的结构，k 维树将整个 k 维空间划分为多个区域，每个区域对应树中的一个节点。这种空间划分使得在进行空间查询时，可以快速定位到相关的区域。

图 6-6 左侧所示为一个 k=2 的二维空间，数据集有 6 个样例数据；右侧所示为构建的二叉索引树。开发者在向量数据库检索某个向量后，向量库利用 k 维树可以快速缩小搜索范围。首先从根节点开始，根据查询点的坐标选择相应的子节点进行搜索，直到找到叶子节点。然后根据需要回溯到父节点，检查是否有更近的点在其他子空间中。

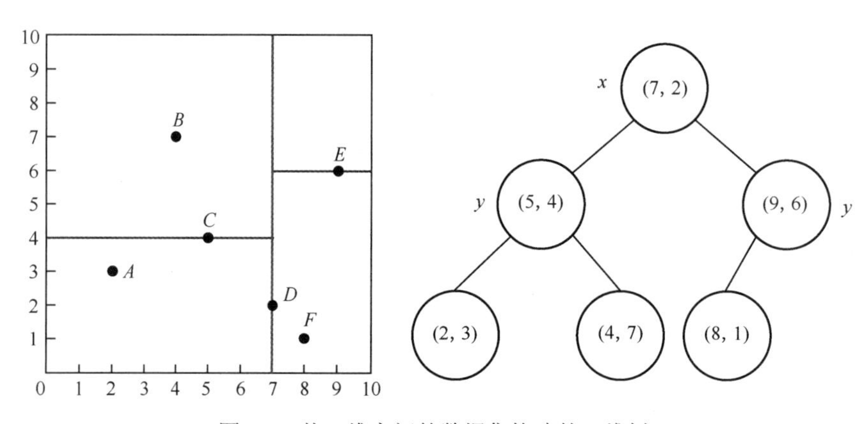

图 6-6　从二维空间的数据集构建的 k 维树

在低到中等维度的数据集上，k 维树可以显著提高空间查询的效率，特别是在数据点分布较为均匀的情况下。随着维度的增加，k 维树的性能会迅速下降，因为高维空间中的数据点分布更加稀疏，导致树的平衡性变差，搜索效率降低。

3．乘积量化

乘积量化是（PQ）目前工业界大规模使用的向量索引方法，它可以显著压缩高维向量以减少内存使用，并且可以加快最近邻搜索速度。

PQ 技术将高维向量拆成多个子向量，设定向量 $\boldsymbol{X}$ 为 $N \times D$ 维，要将其分解为 M 组 D/M 维的子向量，然后对这些子向量使用 k-means 聚类，这样每个子向量有 n 个映射结果，即码本（Codebook），原始向量就可以用码本的笛卡儿积来表示。

PQ 编码过程如图 6-7 所示，数据库中一共有 N 个 128 维的向量，首先将每个 128 维的向量切分为 M=4 组，每组是 N 个 32 维的子向量。然后对每组的 N 个 32 维子向量做聚类计算，一般采用 k-means 算法，假设聚类（Cluster）设为 256，那么 N 个 32 维子向量就会被分为 256 个簇，标记每个簇的中心点（Centroid）。之后为每个簇编码，由于簇的数量设定是 256 个，因此就只需要 8 位的 ID（取值 0 到 255 之间）就可以表示。再计算这 N 个 32 维的子向量最近的簇，并用对应簇的 ID 来标记这个 32 位的子向量。假设第一个 128 维的向量切分为 4 个 32 维子向量，计算后的簇 ID分别为 124、56、132 和 222，那么这个 128 维向量在索引中就记录为 (124,56,132,222)，在内存中占用的空间从 128B 降低到 4B。

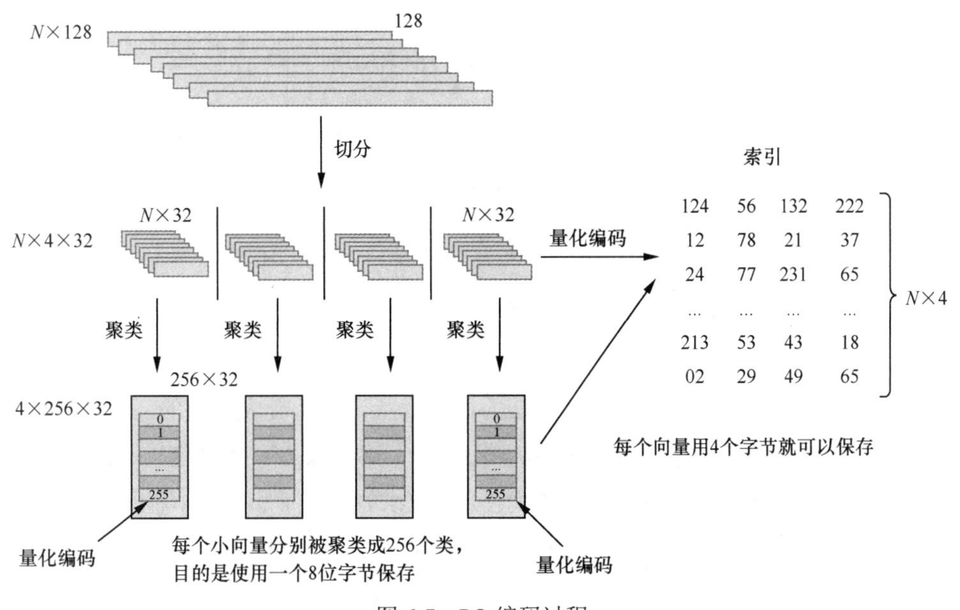

图 6-7 PQ 编码过程

基于 PQ 技术检索向量的过程如图 6-8 所示，查询对象是一个 128 维的向量，向量库首先将其切分为 4 个 32 维的子向量，再计算这些子向量与 256 个簇中心的距离，存储在一个 4×256 的距离矩阵中。然后计算这个矩阵与索引里面每个向量之间的距离之和，例如索引中第一个向量是 (124,56,132,222)，那么就要计算这个 4×256 的矩阵与 1×4 矩阵 (124,56,132,222) 的距离，循环遍历索引中的所有向量，并最终取距离最小（Top-k）的几个向量。

假设数据库中之前有 1 亿个 128 维的向量，给定查询向量也是 128 维，如果不采用 PQ 算法，那么就需要执行 1 亿次距离计算，每个距离计算是 128 维与 128 维向量的余弦距离计算。采用 PQ 算法后，仍然是执行 1 亿次距离计算，但是每个距离计算变成了 4 个 32 维与 1 维的距离计算，因此降低了计算复杂度，并且计算过程中内存占用也较少。而坏处是损失了部分精度。

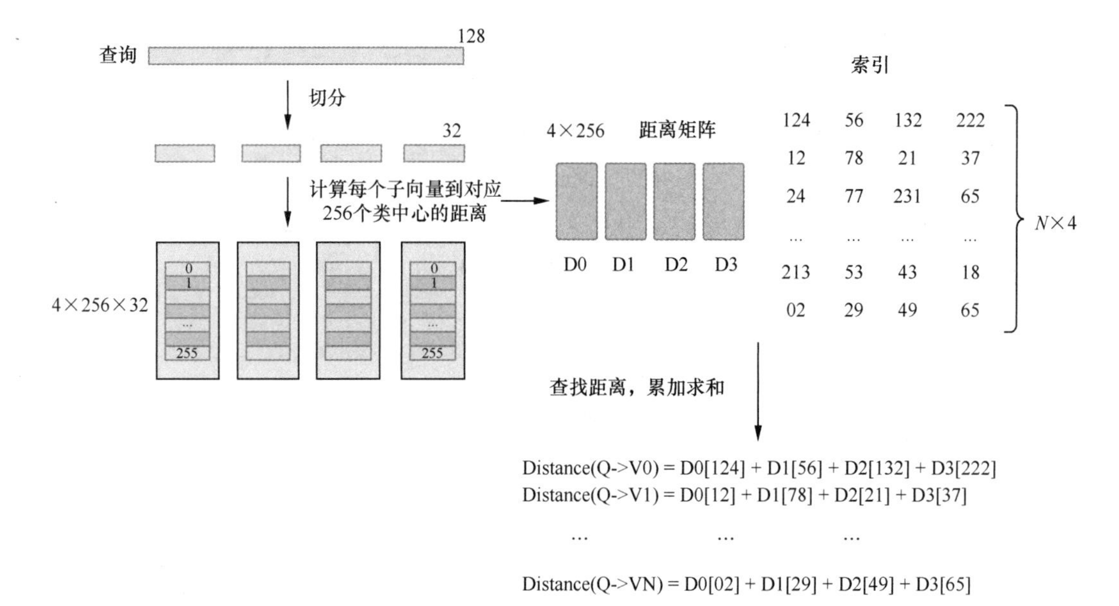

图6-8　基于PQ技术检索向量的过程

4．倒排乘积量化

倒排乘积量化（IVFPQ）算法是PQ算法的加速版，特别适合大规模的高维向量的相似性检索，它结合了倒排索引和PQ两种技术的优势，能够大幅度提高检索的速度、降低内存开销，同时保持倒排索引的精准度。它的原理是首先使用聚类算法（如k-means）将数据集划分为多个簇，然后为每个簇建立一个倒排索引，再在每个簇内应用PQ进行量化。

当要搜索某个向量时，数据库首先通过倒排索引快速定位到与查询向量最相关的簇，然后在这个簇内进行PQ和搜索，这样减少了需要量化比较的数据量。与PQ算法是对全域的向量进行计算不同，IVFPQ算法只需要对被检索向量跟某个簇内的向量进行计算。假设簇的数量是1024个，那么节省下来的计算量是非常可观的。

5．索引算法的技术选型

倒排索引、k维树等索引算法都是为了快速缩小搜索范围来提高检索效率，因此其精准度都较高，但是在高维空间中性能会下降。

不同索引算法在各个维度上的表现如表6-1所示。在检索精准度上，暴力搜索算法最高，乘积量化最低，倒排乘积量化因为结合了倒排索引和乘积量化技术的优点，因此精准度高于乘积量化而低于倒排索引。

在检索性能上，乘积量化和倒排索引都比较好，k维树要差一些，但是如果数据集比较大，乘积量化和倒排乘积量化会有更好的检索性能表现。在内存消耗上，乘积量化最低，k维树较高。在索引构建速度上，乘积量化最低，k 维树比倒排索引和倒排乘积量化都要高。

表 6-1 不同索引算法在各个维度上的表现

索引算法	检索精准度	检索性能	索引构建速度	内存消耗
暴力搜索	高	低	快	高
倒排索引	高	高	快	中等
k 维树	高	高	慢	较高
乘积量化	低	高	快	低
倒排乘积量化	高	高	慢	中等

Meta 开源的 FAISS 库是当前非常受欢迎的搜索库，它针对高维空间的稠密向量提供了高效、可靠的相似性聚类和检索方法，可以支撑十亿级向量的搜索。FAISS 库提供了这几种索引的具体实现，目前在开源社区有很高的活跃度，对相关技术比较感兴趣的读者可以尝试去学习 FAISS 库的相关知识。

6.5 知识图谱

知识图谱是一种利用图结构来表示和描述现实世界中的实体、概念及它们之间关系的知识库，旨在将各种领域的知识整合并表示为统一的语义网络，以便计算机能够理解和推理这些知识，从而支持各种智能应用，如搜索引擎、智能问答系统、推荐系统等。谷歌公司在 2012 年首次利用知识图谱提高搜索质量，引起了社会各界纷纷关注。从应用场景来区分，知识图谱可以分为通用知识图谱和领域知识图谱两大类。

通用知识图谱通常以互联网开放数据为基础，从互联网上抽取知识，为用户提供搜索和问答，比较典型的示例为 DBpedia。DBpedia 拥有超过 2800 万个实体与 30 亿个资源描述框架（Resource Description Framework，RDF）三元组，谷歌等搜索引擎会检索其数据以提供更丰富和可解释的搜索结果。

领域知识图谱又称行业知识图谱，通常面向某一特定领域，如电商、金融、制造业、医疗健康等。领域知识图谱的数据主要来自企业内部或行业，对知识抽取的质量要求高，往往需要从结构化数据和非结构化数据中联合抽取知识并人工验证。由于知识的质量和准确度比较高，其应用形式也就更加多元化，除了搜索和问答场景，还可以进一步用于支撑决策、业务流程域等。金融领域知识图谱在业务流程领域使用较多，例如银行使用金融知识图谱进行风控决策，券商将知识图谱用于风险因子挖掘、智能投顾等实时应用场景。“股权穿透”是一种典型的应用落地场景，一般来说股权关系网通常是由高管、企业及关联公司构成的复杂图结构，以股权为连接，向上穿透到目标企业最终实际控制人，向下穿透到该企业任意层股权投资的所有企业及其股东。

知识图谱构建流程如图6-9所示，其中知识抽取、知识融合、知识加工等既是知识图谱的构建过程，也是知识图谱的更新过程。知识图谱的构建包括人工和自动化两种方式，较小规模的知识图谱可以采用“专家+众包”的方式来人工构建，而大规模的知识图谱只能用自动化技术。

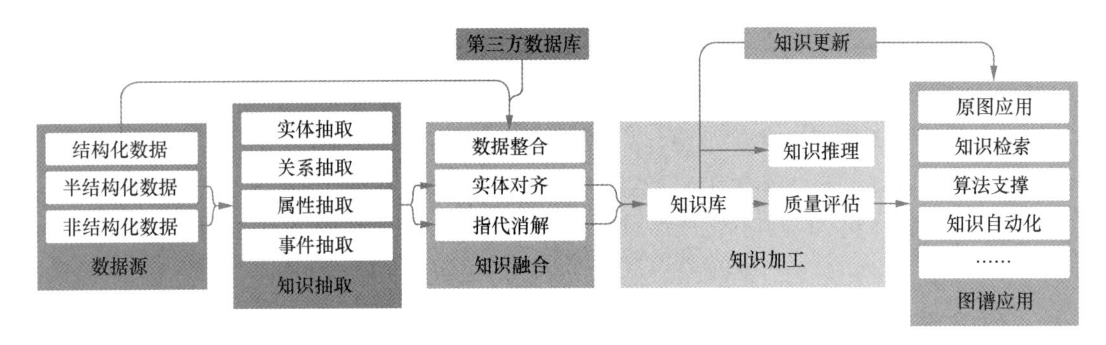

图6-9　知识图谱构建流程

6.5.1　知识的表示方法

知识表示的目标是将人类知识转化为计算机可理解的形式，主要用于将知识以图的形式进行表示，并支持知识的查询和推理。在知识图谱中，每个实体可以用一个节点表示，不同实体用边连接起来，形成表示知识网络的图结构，主要包括实体、属性和关系。

知识的表示有以下两种方式。

- 基于离散符号的知识表示。离散符号的表示特点是显式知识更易于解释，缺点是大量的隐式知识无法用符号来表达，计算机的计算更加麻烦。资源描述框架是常见的符号表示方法，知识以三元组的形式出现，结构为“资源-属性-属性值”。资源实体由URI表示，属性值可以是另一个资源实体的URI，也可以是某种数据类型的值。
- 基于向量的知识表示。这种表示方式更适合计算机来理解和计算，将实体和关系投射到向量空间，这样每个实体和关系就可以用向量表示，计算机可以做各种数值计算，从而发现一些新的规律或关系。

基于向量的知识表示采用数值方式，方便计算机的理解和操作，可以借用各种机器学习和深度学习算法来发现很多隐式关系。不过这样带来了一个问题，即相关计算都是高维度的矩阵计算，对算力要求太高。Embedding 技术可在某种形式上将高维度的矩阵计算转换为低维度的矩阵计算，缓解计算能力要求太高的问题。因此知识图谱 Embedding 技术在工业界中得到了大量的应用，主要包括链接预测、实体对齐、问答系统等。

6.5.2 知识抽取与推理技术

知识抽取是实现自动化构建大规模知识图谱的重要技术，从不同来源、不同结构的数据中进行知识提取，包括实体识别、实体关联、关系抽取、属性抽取和知识推理等，并将抽取后的知识存入知识图谱。自然语言处理技术是让计算机理解人类语言并进行相应分析的技术，包括分词、词性标注、命名实体识别等。NLP 分词效果如图 6-10 所示，输入的文本为“John was born in Liverpool, to Julia and Alfred Lennon.”，经过 NLP 处理生成标记后的文本，首先在分词后对单词做词性的标注，如“John”“Liverpool”是专有名词，标记为 NNP；“was”“born”为过去时态的动词，标记为 VBD；等等。之后再做实体识别，如将“John”“Julia”“Alfred Lennon”都识别为人名。

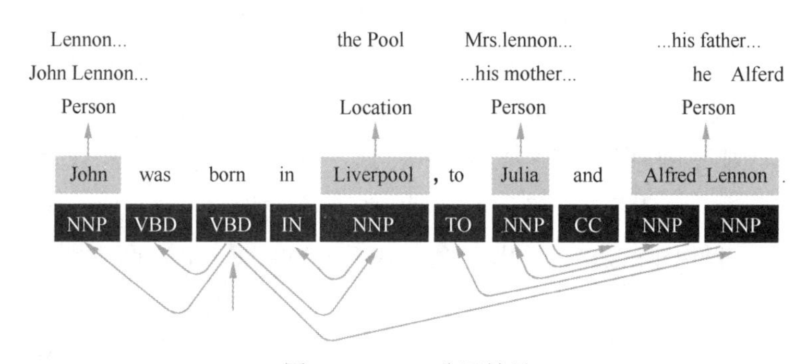

图 6-10 NLP 分词效果

实体识别（Named Entity Recognition，NER）是指从文本中检测出命名实体，再将其分类到知识图谱已有的类别如人物（John、Julia、Alfred）、地点（Liverpool）等中。早期的实体识别方法主要采用人工编写规则的方式，在小数据量上效果较好。随着数据量级提升，就需要使用模型来识别实体，包括基于统计模型和深度学习的方式。

- 基于统计模型的方式需要预先对实体做大量的特征工程，如是否首字母大写、是否以句点结尾、是否包含数字、是否在某个外部字典、在文档中的词频等，然后使用隐式马尔可夫模型等来做计算。
- 基于深度学习的方式，直接以文本中词向量为输入，通过神经网络实现端到端的命名实体识别，不再依赖人工定义的特征。

实体关联（Entity Linking）是指在命名实体识别的基础上进一步确定实体的具体指代对象，即将文本中的实体链接到知识库中的相应条目，这样就可以给实体更清晰的上下文信息。例如将“John”对应到知识库中的“John Lennon”。实体关联的过程一般分为以下几个阶段：

- 对于每个实体，在知识库中找到一系列可能的候选结果；
- 针对候选结果与给定实体，计算相似度，从而确定最佳匹配；
- 消除可能的歧义问题，从而确定在上下文中的具体含义。

关系抽取（Relation Extraction）是指从文本中识别并抽取出实体与实体之间的关系，如从上下文中抽取出“John是Alfred的儿子”这个关系，需要在实体识别之后再计算。关系抽取方法分为基于模板的关系抽取和基于监督学习的关系抽取。早期的实体关系抽取方法大多是基于模板的关系抽取，由领域专家手动编写模板，在文本中匹配具有特定关系的实体，在规模小的数据集上可以使用。基于监督学习的关系抽取需要先标注大量数据以获得特征，然后将关系抽取问题转化为分类问题。因此，关系抽取特征的定义对于抽取的结果具有较大的影响，也是当前的研究热点。

知识推理（Knowledge Reasoning）是一种利用AI技术来处理和推理知识的方法，其核心在于将知识转化为计算机能够理解和处理的形式，使得人们可以更加高效地利用知识来解决问题和进行推断。推理是通过已有知识推断出未知知识的过程。推理的方法大致可以分为逻辑推理和非逻辑推理，其中逻辑推理包含严格的约束和推理过程，而非逻辑推理的过程相对模糊。

图6-11所示为图6-10所示句子经过NLP处理后的图结构。通过实体识别、实体关联和关系抽取等技术，就可以构建出抽取后的图结构。基于这些关系，相关的数据就可以存储到图数据库中，用于完善知识图谱，或对接业务需求。

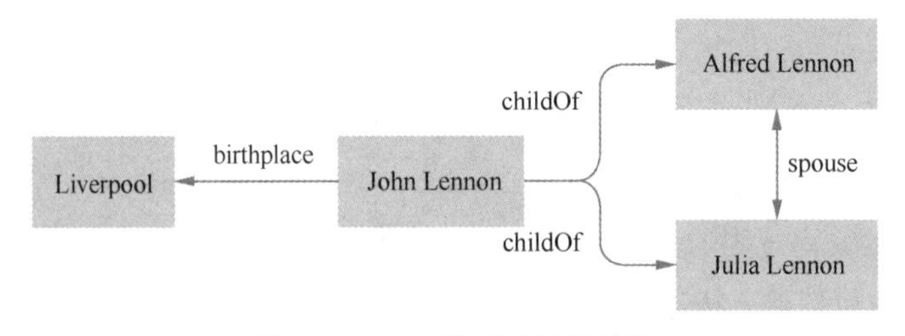

图6-11　NLP处理后的图结构

根据对行业的观察，企业应用出于可靠性考虑，仍然更依赖于人工定义规则，但可扩展性和推理鲁棒性都较差。目前，在学术领域有大量论文关注怎样利用机器学习，特别是表示学习方法从大量噪声数据中自动归纳和总结出规则，但规则可靠性多需要人工校验，而基于表示学习的方法可解释性差。

6.5.3　知识存储与图模型

知识的存储是指将知识有效地保存和管理，典型的知识图谱存储引擎分为基于关系数据库的存储（如 Wikidata 的后端存储为 MySQL）和基于原生图的存储，不过更多的知识存储采用图数据库，因为图数据库具有良好的图结构存储和查询性能，能够有效地支持知识图谱的构建和应用。

在图论中，图是二元组 $G = (V, E)$，其中 V 是节点集合，E 是边集合。知识图谱数据模型基于图论中对图的定义，用节点集合表示实体，用边集合表示实体间的联系。在实际落地上，还有节点和边的属性等信息，目前知识图谱的图结构模型主要分为 RDF 图和属性图两种。

RDF 图模型使用标准的图模型，技术标准由 W3C 组织定义，每个支持 RDF 的数据库都支持该模型，与其匹配的查询语言是 SPARQL。RDF 图模型主要包括节点和边，假如当前输入的语句是“张三和赵六都参加了图数据库项目，王五参加了 RDF 三元组库项目，张三认识李四和王五”，图 6-12 所示的是对这段文字做知识提取后生成的 RDF 图结构。节点是图中的定点，一般具有唯一 ID，如 HTTP URI 或者字符串等，如图 6-12 中的“ex:zhangsan”“ex:lisi”；边是节点之间的连接，或者说谓词，边的入节点为主语、出节点为宾语，如图 6-12 中标记了“参加”“认识”的实线。由一条边连接的两个节点形成一个主谓宾的三元组（subject，predict，object)，如图 6-12 中的（“zhangsan”，“参加”，“graphdb”）。一个 RDF 图定义为三元组 (s, p, o) 的有限集合。节点“ex: zhangsan”有两个属性，分别为姓名“张三”和年龄“29”。RDF 图对于节点和边上的属性没有内置的支持。

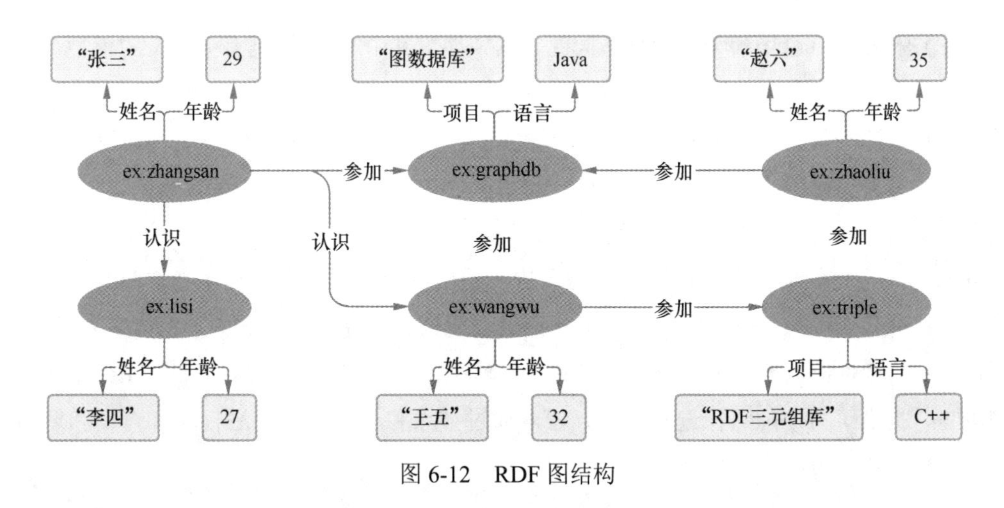

图 6-12　RDF 图结构

属性图被大量的图数据库厂商采纳，包括 Neo4j 和 ArangoDB 等图数据库。属性图模型也包括节点和边，相比 RDF 图还增加了属性，一般是 (Key,Value) 对，节点和边都有一个或者多个属性。属性图结构如图 6-13 所示，每个节点有一个编号，都有对应的属性描述，例如节点 1 的属性：姓名 =“张三”，年龄 =29。一般采用 Cypher 或 Gremlin 来做复杂的属性图上的查询或分析。属性图的定义包括：

- 每个节点具有唯一 ID，具有若干条出边和若干条入边；
- 每个节点具有一组属性，每个属性是一个 (Key,Value) 对；
- 每条边具有唯一 ID，具有一个头节点和一个尾节点；
- 每条边具有一个标签，表示联系；每条边具有一组属性，每个属性是一个 (Key,Value) 对。

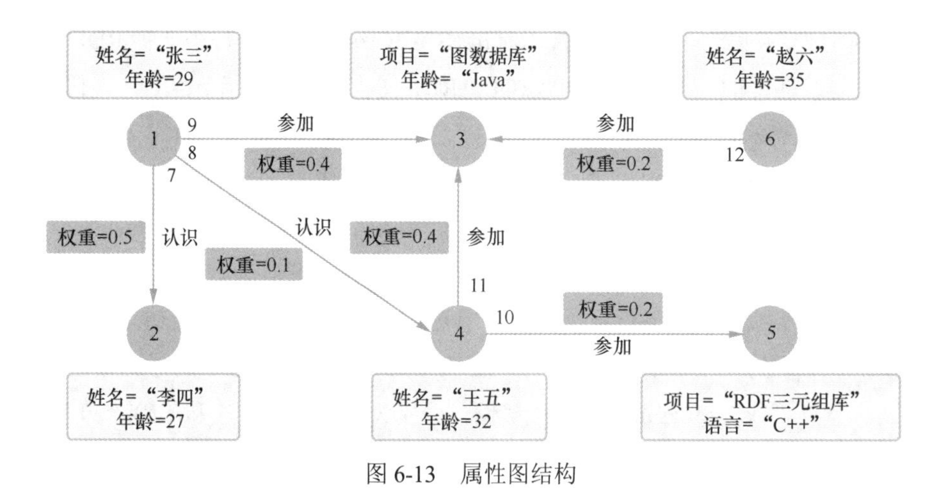

图 6-13　属性图结构

RDF 图模型和属性图模型是两种不同的数据模型，其中 RDF 图是有强语义的模型，适合复杂关系建模，能够清晰定义资源之间的层次关系和逻辑规则，从而有更高级的推理和表达能力，但是在大规模数据集上的计算和分析性能会比较差，因此广泛应用于语义网、知识图谱构建等。属性图的语义偏弱，但是非常适合执行高效的路径查找或者便利操作，在大数据集上性能出色，因此在社交网络分析、推荐系统中使用得更多。

SPARQL 用于查询基于 RDF 图的知识图谱，使用三元组模式来描述和查询图数据，以匹配模式的方式进行查询。Cypher 是类 SQL 的声明式查询语言，使用 ASCII 图形符号来表示图数据，以更直观和可读性高的方式描述查询和模式。与 SPARQL 相比，Cypher 是专为图数据库设计的查询语言，提供了方便的路径遍历语法，可以通过节点和关系的路径进行深入查询和遍历，适用于图分析、图遍历和复杂的图查询。

6.5.4　图数据库与图计算技术

图数据库是面向图数据的一种在线数据库管理系统，支持对图数据模型的增、删、改、查，一般符合事务保障对图数据操作的完整性和一致性要求，对图数据的写入、检索、查询等性能要求较高，与 OLTP 类数据库的要求更加相似。与关系数据库不同，图数据库将“关系”直接存储在数据库中，这样在查询“关系”（尤其是多跳关系）时，图数据库能够极大地提升性能。在真实的世界中，社交网络的底层结构是图，城市交通是图，知识本身也是图，这些领域的关系复杂，业务需求依靠关系数据库很难满足，需要图数据库提供存储和计算能力。

免索引邻接是原生图数据处理的关键要求，即每个节点维护着指向其邻接节点的直接引用，这相当于每个节点都可看作其邻接节点的一个“局部索引”，用其查找邻接节点比使用“全局索引”更能节省时间。这就意味着图导航操作代价与图大小无关，仅与部分子图的遍历有关。如果使用关系数据库，这种情况下就需要关系表的关联（JOIN）来解决，计算速度就会指数级地变慢。免索引邻接带来的性能优势相比用关系数据库关联是巨大的。使用图数据构建一些用于支撑海量数据对象之间的关联关系的检索类业务（如社交网络分析等），相比使用传统关系数据库有如下几点优势：

- 图数据的数据结构是无 Schema 的，可随业务场景进行数据模型的修改；
- 充分利用图结构，可存储大规模的、表示数据关联关系的数据；
- 实时返回查询结果；
- 使用数据关联关系进行查询时，可避免传统关系数据库使用 JOIN 语法庞大的性能开销，具备多层关系查询和高性能查询的特性。

为了支持大规模的图存储和查询，需要对图进行分布式存储。目前商业图数据库多采用分片技术来做分布式管理，就是根据节点或者边的数据，按照某个分布函数切分并分布在多个存储实例中。少量图数据库采用分库的方式来实现分布式管理，即按照不同的业务需求将不同的图数据分布在不同的存储实例中。这个方法的坏处是如果某个应用要处理的图超过了单个存储实例的能力，那么这个应用的性能无法得到保障。

图计算引擎用于在大数据集上做全局的图分析和计算，例如要回答“当前我国企业平均有多少个下游供应商？”这样的问题，就涉及全局的图计算，一般更偏向大规模的统计分析，类似 OLAP 数据分析。图计算通常需要处理大规模的图数据，因此需要高效的计算引擎来支持大规模的并行计算。比较著名的图计算引擎有谷歌的 Pregel，在谷歌内部，它用于计算网页排名。一些开源的图计算框架包括 Apache Giraph 和 Apache GraphX。图分析算法是一个重要的算法类别，经常用于解决复杂的问题，典型的图分析算法包括最短路径搜索、社团检测、中心性算法、相似度算法等。

6.6　AI数据安全的挑战与防护技术

AI 的安全性是当前热门的研究领域。2013 年，谷歌研究院克里斯蒂安·塞格迪（Christian

Szegedy）等人在图像分类领域发现了对抗样本现象，即在原始输入样本的图谱上人为地增加轻微扰动，就可以让DNN的图片分类系统输出错误的结果。AI使用的数据也会有安全问题，如数据投毒攻击、隐私泄露等。此外，软硬件基础架构问题也可能导致关键数据被篡改、模型决策出现错误等问题。不仅要考虑算法和模型层的安全，还需要研究网络安全和数据安全的影响。中国电子技术标准化研究院发布的《人工智能安全标准化白皮书（2023版）》指出，AI的安全风险包括如下6种。

- 用户数据用于训练，放大隐私信息泄露风险。
- 算法模型日趋复杂，可解释性目标难实现。
- 可靠性问题仍然制约AI关键领域应用。
- 滥用误用AI，扰乱生产生活安全秩序。
- 模型和数据成为核心资产，安全保护难度提升。
- 网络意识形态安全面临着新风险。

目前对大模型的安全风险的研究相对于生成式大模型本身的研究要少很多，本节介绍生成式大模型在开发、训练、部署和应用等生命周期各个阶段面临的多种技术安全风险（包括对抗样本攻击、数据投毒、后门攻击等）以及对应的防御手段，还将介绍预训练大模型的数据风险。

6.6.1　对抗样本攻击与防御

对抗样本攻击是针对深度学习算法的安全攻击方法，即在样本中加入难以察觉的细微扰动，让图像识别系统或目标检测系统输出攻击者想要的错误结果。对抗样本攻击的目标是训练完成的模型。对抗样本攻击的流程如图6-14所示，该攻击的目标是让停止标识牌被误识别为限速50 km/h的限速标识牌，如果这类攻击成功，会对自动驾驶带来非常大的安全风险。

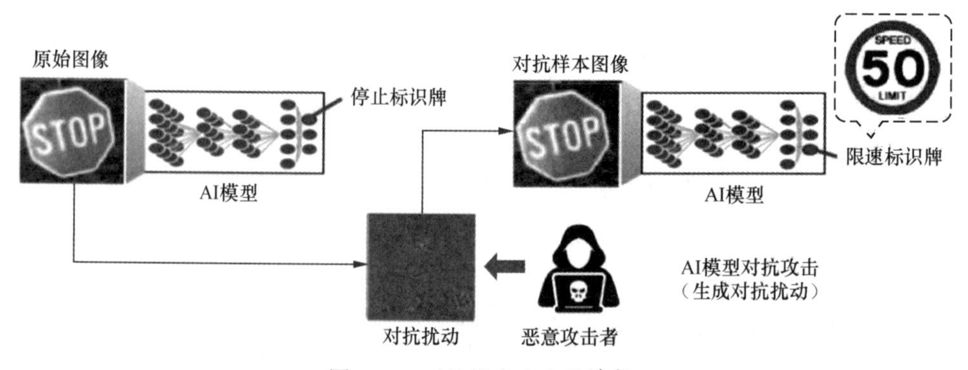

图6-14　对抗样本攻击的流程

对抗样本攻击的原理是由于深度学习模型对输入数据比较敏感，因此精心设计的扰动会引导模型做出错误的预测。首先攻击者需要尽量知晓模型背后的算法以及使用的参数，由于很多模型都是开源，因此这一步一般不会太难，从而可以采用白盒攻击方法。在攻击过程中，可以与模型多次交互，在每一次交互过程中都加入少量的扰动，通过将改变后的输入样本导入模型，多次训练后就可能导致模型参数发生改变。

根据攻击者能够获得的先验信息的不同，对抗攻击可以被分为白盒攻击和黑盒攻击。

- 白盒攻击假设攻击者可以获得目标模型的全部信息，包括训练数据、超参数、激活函数、模型架构与参数等。
- 黑盒攻击假设攻击者无法获得目标模型的相关信息，只能获得目标模型的输出信息，因此黑盒攻击更贴合实际应用场景。例如在一些交通标识牌上添加对抗贴纸，一些自动物体识别算法就可能无法正确识别交通标识牌的内容，对自动驾驶系统带来巨大的风险。

防御对抗样本攻击的策略有多种，包括预处理、提高模型鲁棒性和增加恶意检测 3 类。

- 预处理是在图像输入网络之前对图像进行去噪、随机化、重构、缩放、变换、增强等操作，减轻对抗扰动对模型分类的影响，通常无须对模型进行修改，可以直接应用于已经训练好的模型，计算开销较低。
- 提高模型鲁棒性则通过修改模型架构、训练方式、正则化、特征去噪等方式实现，增强模型抵抗对抗样本的能力，但需对模型进行重新训练，计算开销较大。
- 增加恶意检测，即通过检测用户输入的图像是不是恶意图像来阻止对抗攻击。

对此类攻击的防御旨在研究如何消除对抗样本带来的威胁。虽然关于对抗样本的研究越来越多，但是设计具有理论保证且实用的对抗样本防御方法仍然有很大的挑战。

6.6.2 数据投毒攻击与防御

数据投毒攻击是通过污染模型训练阶段的数据来实现攻击的手段，通过构造特定的样本数据（毒化样本）来影响模型的学习过程，从而实现部分控制模型表现的能力。数据投毒攻击的流程如图 6-15 所示。由于神经网络模型需要大量的训练数据，攻击者在训练数据集中添加少量的毒化样本后，模型就可能学习到一些意料之外的模式，从而产生错误的输出。根据论文 *A Targeted Attack on Black-Box Neural Machine Translation with Parallel Data Poisioning* 的研究，针对已经有千万级数据训练的在线模型，只需要 0.006% 的恶意样本，攻击者就有 50% 的概率完成数据投毒攻击。

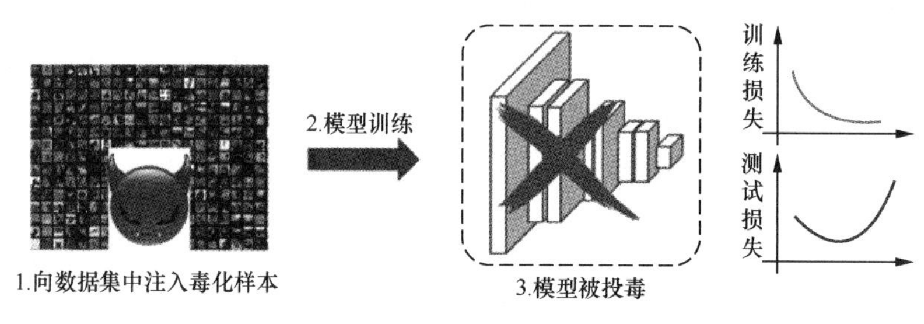

图 6-15　数据投毒攻击的流程

在电商领域，攻击者通过刷单等形式在平台上以低成本产生大量虚假数据，从而影响推荐算法的效果。在垃圾邮件检测场景，攻击者可以构造部分垃圾邮件并将部分垃圾邮件标注为正常，从而影响邮件服务商的垃圾邮件检测模型的训练过程和预测结果。由于大模型训练使用大量的公开数据，只要攻击者在训练数据中增加一些特殊的投毒数据，系统很容易受到攻击者的影响。

微软聊天机器人 Tay 的数据投毒故事，是行业内一个比较著名的因为数据投毒导致服务下线的案例。2016 年，微软发布了名为 Tay 的聊天机器人，目标受众是青少年，提供包括聊天、讲故事等功能。该服务开放后就被用户针对性地通过对话来投毒，导致迅速下线。

应对数据投毒较直接的一种防御方法就是鲁棒训练，即提高训练算法的鲁棒性，使其能够在训练过程中检测并抛弃毒化样本，从而避免模型被攻击。另外一个方法是对数据本身做有效的检查，识别并删除可能导致模型出现问题的投毒样本。

6.6.3　后门攻击与防御

网络安全领域的后门攻击指的是绕过安全控制获得对程序或系统的访问权。AI 模型后门攻击一般是指攻击者将隐藏后门嵌入 DNN，使得被攻击模型在良性的样本上表现正常，当输入中藏有自定义的触发器时，模型会激活隐藏后门并输出对应的数据标签。例如对于人脸识别系统的后门攻击，可以让攻击者冒充他人绕过安防系统，在未经授权的情况下进入受保护的区域。

后门攻击通过两个操作来完成：后门植入和后门激活。后门植入是指在训练阶段，攻击者将预先定义的后门触发器植入目标模型，从而获得一个后门模型，通常是通过修改一部分训练数据，并在这些数据上设置触发器，将标签设置为攻击目标所对应的标签来实现。网络在训练过程中会学习所有目标标签的关联特征，从而不断强化目标标签和触发器的关联，对触发器保持高度敏感，而在正常任务上表现正常。后门激活是指在推理阶段，任何包含后门触发器的测试样本都会激活后门，并控制模型输出攻击者指定的结果。

目前针对后门攻击的防御策略主要有3种：后门模型检测、后门样本检测和后门移除。后门模型检测的目标是判断给定模型是否包含后门触发器，可以根据模型在某种情况下的后门表现来判断。DeepInspect是一个黑盒木马检测框架，能够识别出各个类别中扰动数据的离群点，从而指示是否有后门触发器存在。

后门样本检测的目标是识别训练数据集或者测试数据集中的后门样本，其中对训练样本的检测可以帮助防御者清洗训练数据，而对测试样本的检测可以在模型部署阶段发现并防御后门攻击。Neural Cleanse是一个常用的样本检测方法，对于每个目标类别，Neural Cleanse创建一个最小大小的触发器，该触发器能够将所有其他类别的正常（清洁）样本误分类为目标类别。通过计算该触发器的大小并与设定的阈值进行比较，可以识别是否存在异常触发器。如果触发器大小过小且能产生误分类，表示可能存在后门攻击。

后门移除的目标是将检测出来的后门从模型中清除，以实现模型净化。Fine-Pruning方法比较常用，它使用剪枝技术从后门模型中裁剪掉与触发器关联的后门神经元，并在正常的数据上做微调，从而恢复模型在正常样本上的性能。

6.6.4 预训练大模型的数据风险

大模型采用预训练—微调的训练范式，首先在大量的未标注数据上进行预训练，继而在下游任务的标注数据上微调得到垂直领域模型。模型的预训练使用公开收集或人工标准的数据，利用无监督或自监督的方式训练一个大容量参数模型，在这个模型的基础上针对场景化的少量标注数据进行微调，这样既可以复用模型数据，又简化了模型开发流程。预训练模型通过学习数据中固有的模式和规律来进一步发挥和创造新内容。由于训练过程中没有严格限制输入和输出空间的范围，一些研究陆续发现了包括数据风险、敏感内容生成风险和模型供应链风险。当前的模型参数急剧增加，预训练模型会不可避免地记住数据，当遇到合适的上下文时，这些被记住的数据就会被模型吐出来，从而造成数据泄密风险。隐私数据泄露是比较常见的问题，一般是由于敏感数据未经严格处理就被用于模型训练。训练数据泄露是指通过模型反向推断出训练数据是什么。

米拉德·纳斯尔（Milad Nasr）等人在2023年11月发表了论文*Scalable Extraction of Training Data from (Production) Language Models*，展示了如何仅花费约200美元就能从ChatGPT中进行训练数据提取攻击，并提取数兆字节的训练数据。他们对其他模型也做了类似攻击，得到了不同模型泄露训练数据的样例，如图 6-16 所示，实现方式是通过重复单词的提示，使模型偏离正常轨道并暴露训练数据。

图 6-16　大模型泄露的隐私数据样例

第 7 章

企业 AI 应用的方法论与知识融合

把第一代的知识驱动和第二代的数据驱动结合起来，通过同时利用知识、数据、算法和算力 4 个要素，构建更强大的 AI。

——张钹，中国科学院院士

7.1 通用模型、推理模型与智能体

在 AI 技术体系中，模型与智能体的分类及演进路径深刻影响着应用场景的拓展与落地效果。本节将梳理通用模型、推理模型与智能体的核心概念及技术特征，并选取 DeepSeek 作为案例，介绍它在架构创新与工程优化方面的突破。

7.1.1 通用模型

通用模型是指经过大规模预训练、具备任务处理能力的模型。这类模型通常通过海量数据（如文本、图像等）进行训练，构建跨领域的通用语义理解能力，能够完成日常对话、内容生成、翻译，以及图文、音视频信息处理等多种任务。其核心特征如下。

- 通常具有数十亿甚至数千亿的参数，能够捕捉复杂的语言结构和语义信息。
- 通常采用“预训练 + 微调”模式。预训练阶段通过无监督学习（如语言建模）学习通用知识，微调阶段则通过少量标注数据适应特定任务。
- 通常具备文本、图像及音视频等多模态任务处理能力。

通用模型通常依赖提示词来补偿能力短板，例如在提示中要求模型分步思考或提供示例等。典型的通用模型包括 OpenAI 的 GPT 系列（如 GPT-3、GPT-4）、Meta 的 LLaMa 深度求索公司的 DeepSeek-V3 等。

7.1.2 推理模型

推理模型是指专注于逻辑推理、问题解决和复杂决策的模型。这类模型不仅需要具备语言理解能力，还需要具备一定的逻辑推理和数学计算能力。其核心特征如下。

- 采用分步骤的推理方式，将复杂问题分解为多个子问题并逐步解决。
- 可以自动生成结构化推理过程，因此使用推理模型时所需的提示更加简洁——只需要明确任务目标和需求，而不需要逐步指导。
- 适用于有复杂推理任务的场景，尤其是数学问题求解、代码生成与调试、复杂问答系统、科学计算、数据分析等。
- 需要针对特定任务进行专门训练或优化，并对输入数据的格式和结构有较高要求。

典型的推理模型包括 OpenAI 的 GPT-01 和深度求索公司的 DeepSeek R1。

在实际场景中，通用模型和推理模型可以结合使用，以充分发挥两者的优势。例如，将通用模型用于初步理解和文本生成的任务，而将推理模型用于需要逻辑推理的部分。

7.1.3 智能体

智能体（Agent），是具有自主性、学习能力和推理能力的计算机程序，是一种能够通过感知环境信息、进行决策和执行动作的智能实体。它可以依靠 AI 赋予的能力通过独立思考、调用工具来逐步完成特定任务，并能够在此过程中不断进行自我完善。

举个例子。某用户要借助大模型（如 ChatGPT）对某行业进行调研，并完成调研分析报告。他可能会按照如图 7-1 所示的流程来进行。

使用智能体后，他的工作流程大概率会为图 7-2 所示。

可以看到，智能体承担了调研员的工作（任务规划、问题拆解、结果摘要、输出报告等），能够极大地提升工作效率。

OpenAI 的 Deep Research 是一款面向深度研究领域的工具，帮助用户处理复杂的研究任务。与之前大模型的 AI 搜索功能相比，它的核心优势在于具备多步研究能力和规划能力。传统的 AI 搜索通常提供快速答案或摘要，类似于标准聊天机器人的响应方式。而 Deep Research 能够像人类研究者一样，规划研究步骤、迭代式搜索，并生成详细的结构化报告。这种能力使其更适合处理复杂、需要多源信息综合的任务。

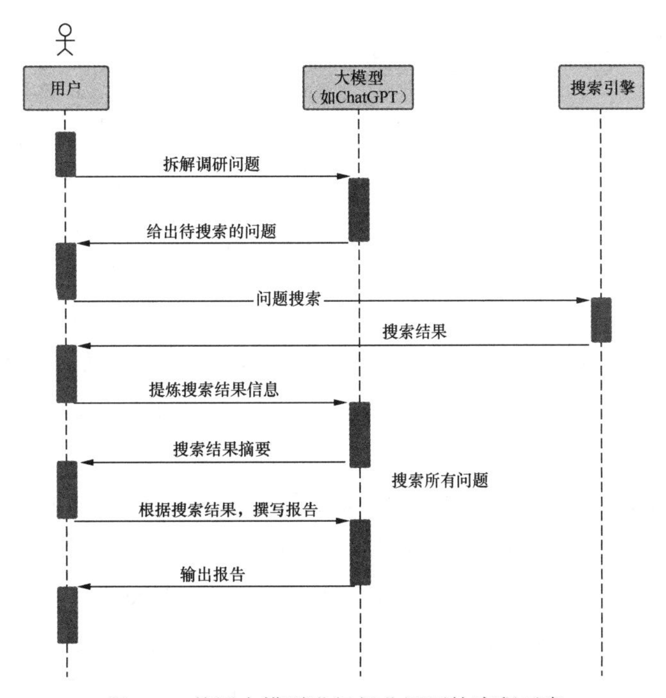

图 7-1　使用大模型进行行业调研的流程示意

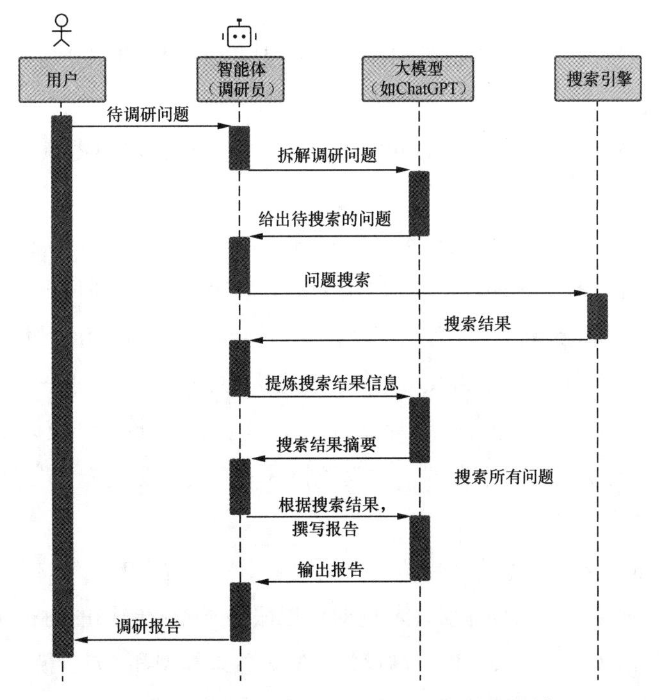

图 7-2　使用智能体进行行业调研的流程示意

7.1.4　典型案例：DeepSeek大模型

DeepSeek 大模型主要分为 V 系列和 R 系列，其中 V 系列是通用模型，主要面向通用领域的对话与内容生成；R 系列强调推理与思维链，在深度逻辑推理方面表现突出。

于 2024 年底发布并开源的 DeepSeek-V3，提出了如下 3 大关键技术。

- 多头潜在注意力机制（MLA）：相较于 Transformer 注意力模型，能够显著地降低计算与存储成本。
- 混合专家模型（MoE）架构：采用稀疏激活策略，将模型参数扩充至 6710 亿级别。
- 多 Token并行预测（MTP）：一次前向传播可以生成多个 Token，提升生成的效率和用户体验的连贯度。

基于多种技术创新，DeepSeek-V3 模型的单次训练投入下降到 600 万美元左右，其性价比十分突出。值得一提的是，DeepSeek 提供了一种在 GPU 算力资源不足的情况下通过算法和模型架构优化层面的创新来提供高模型性能的方案。此外，DeepSeek-V3 的开源策略获得了广泛关注，大量开发者基于 DeepSeek-V3 来二次蒸馏或在垂直领域微调，推出更多优秀的专业模型。

DeepSeek R1 于 2025 年初正式开源，定位是“深度推理专家模型”，在多步推理领域达到了 GPT-4o 的水平。

- 采用强化学习技术，使用机器学习来合成数据和自动化的评分，可以让模型自动优化复杂的逻辑推理过程。
- 提供显式思维链（chain of thought）技术，在输出中呈现思考过程，增强了结果的可解释性。
- 拥有 6710 亿参数，能够捕捉复杂的语言模式和语义信息，具备强大的语言理解和生成能力。
- 在推理阶段采用了模型压缩、量化和加速技术，显著提升了推理速度，降低了部署成本。

R1 模型在知识推理和领域特定任务上表现优异，能够处理需要深度领域知识的复杂问题。

DeepSeek 的横空出世可以说是为我国的 AI 技术发展提供了新方向——通过工程极致优化、有足够的耐心、敢于尝试新路径来克服芯片算力受限等问题，在算法领域达到了国际一流水平。

不过，DeepSeek 大模型依旧没有解决大模型技术本身的幻觉问题，且 R1 模型的幻觉情况要明显高于 V3 模型。

蒸馏模型是 DeepSeek 大模型给业界的一个重要启示，通过在专业领域基于 DeepSeek-V3 来蒸馏一个专业模型，需要的算力要小很多，同时可以服务于专业领域的问答和推理需求。不过，还需要仔细对比不同版本模型（如 7B 蒸馏模型、32B 蒸馏模型和 671B 模型）在复杂问题的推理过程和答案生成等方面的准确性。

7.2　企业AI应用落地方法论

从当前的实践来看，大模型适用于知识获取类和内容生成类的任务。在知识获取类应用方面，大模型已经从互联网中学习了大量的公域知识，AI 搜索、论文搜索、知识问答等应用可以非常方便地基于大模型实现技术升级。在内容生成类应用方面，文本翻译、网页摘要、代码生成、文本生成和 PPT 生成等应用如雨后春笋般出现。

由于幻觉问题和不可解释性，除了日常办公类的应用场景，在生产制造、财务、数据管理、经营分析等业务领域，大模型技术是否也能高效落地呢？目前，各行业都在努力探索并寻求有效的方法。

7.2.1　企业AI应用落地条件

2023 年 10 月底，德勤数智研究院提出了一种生成式 AI 的验证方法，旨在帮助创新领导者判断某个想法是否能通过利用生成式 AI 变成一个真正有用的应用。该方法提出了以下两个重要的因素。

- 任务工作量：在没有使用生成式 AI 的情况下完成任务所需的人力。
- 验证难易程度：验证或核实生成式 AI 输出所需的努力。

基于这两个因素形成了一个二维分类体系，如图 7-3 所示。对采用生成式 AI 技术的应用案例进行分类。

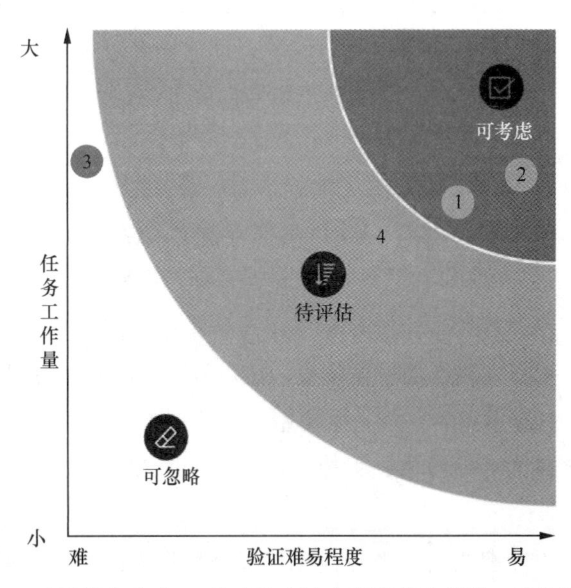

图 7-3　对采用生成式 AI 技术的应用案例进行分类的二维分类体系

如果某个应用场景原本需要的人力较大，并且相对容易验证，那么使用大模型技术来升级的成功率较高。在德勤数智研究院的报告中列举了几个例子，如图7-4所示。

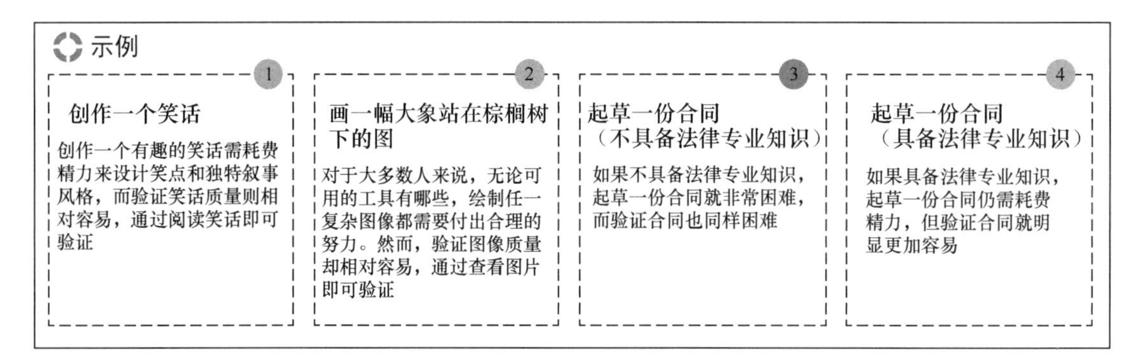

图7-4　德勤数智研究院的报告中的相关案例

- 完成“创作一个笑话”和“画一幅大象站在棕榈树下的图”这两个任务，需要某个员工投入较多的时间，而使用大模型技术就可以大幅节省时间，同时员工很容易对大模型生成的结果进行验证。
- 在“起草一份合同（不具备法律专业知识）”任务中，由于缺少必要的法律专业知识，起草合同需要预先投入大量精力去学习这些知识。使用大模型技术虽然可以快速生成合同，但员工很难验证合同的准确性，因此这类应用就很难用大模型技术来实现。
- 在“起草一份合同（具备法律专业知识）”，此时因为掌握法律知识，所以员工可以很容易验证大模型生成的合同。因此这个场景也值得尝试大模型技术。

7.2.2　企业AI落地场景

除了任务工作量和验证难易程度，从实际可执行性上，综合国内多位专家的观点，我们总结了以下3个关键要素。

- 模型所需的数据已经就绪。由于专业应用需要大模型能够掌握相关的领域知识，因此企业需要用相关数据来训练或引导模型，这也就要求相关AI应用需要的数据已经准备好，且技术团队已经掌握了基于基础模型进行模型微调或者蒸馏的方法。
- 场景需要具备较高的商业价值。大模型的成本高，如果商业价值不高，长期上看，价值不成立。
- 尝试找到小模型不能解决的问题。优先选择小模型无法解决的问题，如推荐系统等基础智能化场景可由小模型处理，企业应聚焦小模型难以应对的复杂场景。

7.2.3 企业AI场景实践案例

确定 AI 应用场景后，我们建议不要过于追求端到端的应用，在很多应用场景中可以采用人机结合模式。

案例：某大型工厂基于 AI 技术提高审核新的制造工艺设计资料的效率

在智能制造领域，某工厂希望基于大模型技术来提高组织和审核制造流程工艺设计资料的效率。该工厂为大型企业，各类大型设备的设计资料繁多，其中还涉及数千份规范。该工厂为落地大模型技术，已经完成了基础数据的准备（收集了各种说明书、部署图、各类细节参数），并整理了过往的审核资料和人工审核结果，处于模型所需的数据已经就绪的状态。

该工厂设定的目标是基于 AI 技术开发一个全自动审核新的制造流程工艺设计资料的程序。但是从可验证的角度来看，我们并不建议直接设定这样的目标，因为其中的设计工作非常复杂，即使技术人员通过 AI 程序生成了一个最终的审核报告，设计人员也无法有效验证审核结果的准确性，只能逐个分析 AI 生成报告的逻辑严谨性和每个细分审核结果的准确性，因此并没有有效减少工作量。此外这部分逻辑推理要求非常高，AI 很难生成达到高级设计人员的推理水平，出现逻辑错误的概率非常高。

在这个场景下，我们推荐基于 AI 技术开发一个辅助设计人员的知识问答系统。由于大型设备的参数多、工艺流程复杂，要求所有设计人员都充分掌握这些背景知识非常困难，通常大量的人力也都投入在搜寻资料、查找关键参数、理解相关的技术规范等过程中。如果我们提供的 AI 系统能够帮助设计人员快速检索定位规范内容和位置，并提供相关资料的原始且准确的数据源，那么就能够减少在搜寻资料、查找关键参数、理解相关的技术规范上花费的成本，从而大幅度提高设计人员的效率。

7.3 大模型与企业知识融合

随着企业 AI 应用的落地，如何有效叠加企业知识成为落地关键。本节将介绍大模型与企业知识融合的挑战与解决方案，为企业构建知识增强型 AI 应用提供建议。

7.3.1 大模型数据调优难题：Demo与上线的差距

将外部数据整合到大模型中，是 AI 应用落地的关键一步。目前，检索增强生成（Retrieval Augmented Generation，RAG）、微调、GraphRAG 等在各个行业已有大量应用。然而，在企业开发基于RAG技术的AI应用时，经常会遇到“Demo一周完成，达到上线的准确性却需要半年甚至更长时间”的难题，利用外部数据调优模型通常需要耗费大量时间进行大量的实验。

对于如何使用数据增强大模型，目前还没有一个解决方案可以解决所有行业的问题。微软亚洲研究院提出了一种任务分类方法，根据应用需要的外部数据类型和计算任务的特点，将大模型接收的用户查询分为以下4层。

- 显式事实查询（Level-1）：能够直接从数据中检索明确的事实。
- 隐式事实查询（Level-2）：需要推理或整合数据中的隐含信息。
- 可解释推理查询（Level-3）：需要理解并应用领域特定的理由和逻辑。
- 隐式推理查询（Level-4）：需要从数据中推断出隐含的推理逻辑。

显性事实查询的关键挑战在于如何在数据库中精确地定位事实，因此，基础的RAG方法成为了首选。

隐性事实查询要求整合多个相关事实，所以采用迭代式的RAG方法或基于图结构、树结构的RAG实现更为适宜。这些方法能够同时检索独立事实并建立数据点之间的联系，以及通过数据库工具来增强外部数据的搜索能力。

针对可解释推理查询，运用提示调优和链式推理提示技术可以增强大模型对外部指令的遵循度。

对于最具挑战的隐藏推理查询，则需要从大量数据中自动提炼出问题解决策略。在这种情况下，离线学习、上下文学习及模型微调就成为解决问题的关键手段。

7.3.2 LLM的知识机制

浙江大学的研究团队在 *Knowledge Mechanisms in Large Language Models:A Survey and Perspective* 一文中总结了大模型利用多层级知识的情况，如图7-5所示。

图7-5 大模型利用多层级知识的示意

（1）底层是记忆，以及基于大模型的知识召回。这部分是基座大模型的能力，包括长文本的上下文建模、多任务学习、跨语言的迁移、文本生成能力等。目前，DeepSeek、讯飞星火、阿里通义千问等基座大模型已具备这样的能力，并且该领域的技术进步可谓日新月异。

（2）中间层是对复杂任务的理解与应用，包括大模型可以基于知识做规划和推理，需要理解企业真实运作的物理世界，能够拥有长久、准确的记忆。除了基座大模型，企业还需要结合企业内部数据来构建知识系统（如知识库、知识图谱），以赋予基座大模型以下三方面的能力。

- 满足数据范式的企业业务模型：很多企业在数据中台或者业务系统中都有体系化的业务模型的数字化描述，这部分知识能够帮助基座大模型从企业数据中找到业务实体之间的隐式和显式关系。
- 知识系统对接真实 IT 系统：大模型中包含的知识是训练或调优之前的知识，而不是当前系统的真实情况。为了解决知识的时效性问题，企业需要将知识系统对接 IT 系统，实时获取最新数据和知识，并通过有效的手段让基座大模型掌握这些知识，以用于用户查询的推理过程。
- 基于知识系统的复杂推理能力：在知识系统提供了各类显性和隐性事实后，大模型需要通过调优或上下文学习的方式来具备复杂推理能力，通过分析数据中的模式和结果来学习真实业务中的推理流程，能够对复杂问题进行拆解、规划等。

（3）最上层是使用大模型来创造新知识，在基础科研领域有较大的应用价值，如生物医药研发（发掘新药物分子）、艺术创作、数学证明等。

7.3.3 企业AI应用的基础设施只需要DeepSeek吗

参考浙江大学的研究成果，如果大模型能够具备对复杂任务的理解和推理能力，就需要解决如下 3 个问题。

问题 1：如何让企业大模型理解企业的业务模型，从而理解真实的物理世界？

问题 2：如何让企业大模型有持久而准确的记忆？

问题 3：如何让企业大模型根据企业的业务知识进行复杂的任务推理？

针对这 3 个问题，我们设计了如图 7-6 所示的企业 AI 基础架构。

图 7-6 左侧是企业现有的信息化和数字化系统，企业数据主要分散在企业的文档资料、业务数据库和数据中台中。为了更好地让大模型使用企业知识来增强问题处理能力，我们认为企业需要构建知识库和知识图谱。知识库用于大模型的训练、蒸馏和上下文学习，以及加载到向

量数据库中为大模型提供检索服务。知识图谱用于构建复杂任务的推理能力，以及让大模型发现和利用数据中的显式和隐式知识。

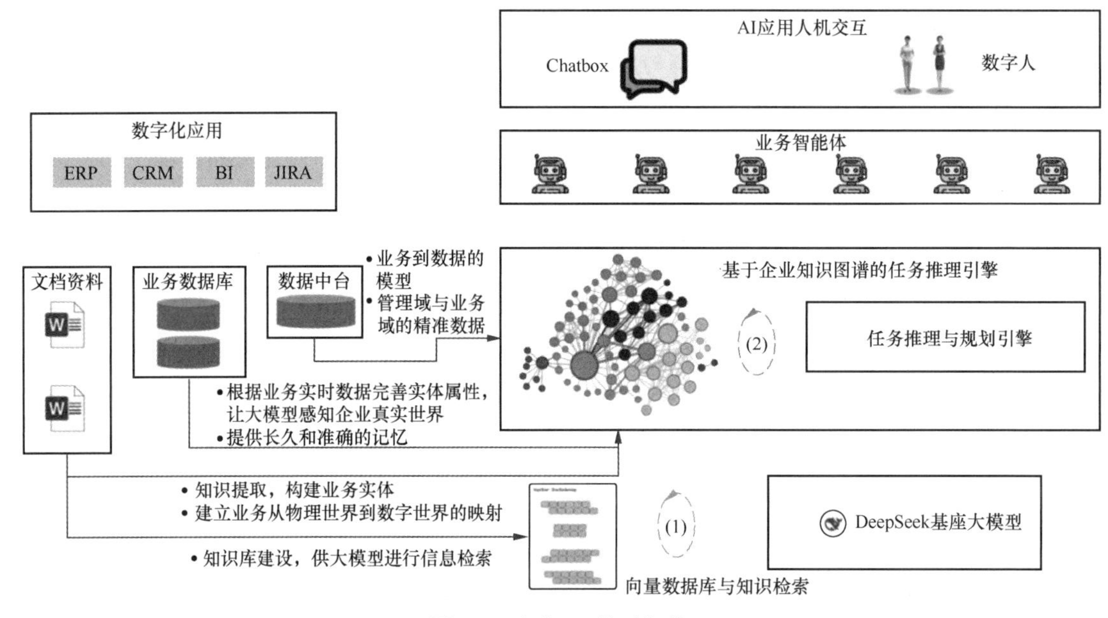

图 7-6　企业 AI 基础架构

类似于建设数据仓库需要进行体系化的数据工程一样，企业构建知识库和知识图谱需要为企业 AI 基础架构构建知识工程，保证 AI 应用需要的数据处于就绪状态。因此，针对本节开始的 3 个问题，我们的建议如下。

针对问题 1，我们建议从企业内部文档和业务系统中进行知识提取，构建体系化的业务实体，并保存在大模型可以使用的知识图谱中。这样可以让大模型通过技术手段建立业务从物理世界到数字世界的映射。

针对问题 2，因为业务系统的数据库中存有实时并且准确的业务行为数据，所以我们建议从这些数据库中获取实时数据并完善业务实体的属性。这些准确且实时的业务知识可以作为大模型推理环节的关键输入信息，用于上下文学习或者预训练。

针对问题 3，需要企业根据自身需求来完善或者开发满足自身业务的推理引擎，我们建议采用一些基于知识图谱的推理引擎。目前，微软提出的 GraphRAG 方法，蚂蚁集团开源的 KAG 推理引擎，可以作为参考。

7.4 知识工程中的大模型应用

在应用大模型技术之前，企业采用 TF-IDF 分词、NER、知识合并等基于小模型的技术来加速从各种文档或外部资料中提取知识的过程，存在较大的误差，需要进行大量的人工比对工作，投入产出比较低。因此，知识图谱技术在企业中的落地效果不佳。

通过大模型技术来升级知识工程，以企业内部和外部的文档作为输入，以文档中涉及的企业业务实体和相关属性知识为输出，可以将这些知识更新到企业知识图谱中。在进行多个实验后，我们发现大模型技术能够有效地解决之前采用小模型技术未能解决的关键问题。

7.4.1 大模型参数差异与NER任务的影响

使用规模参数较小的 BERT 模型和千亿级参数的 DeepSeek R1 模型，分别处理如下原始文本。

在最新的季度财报中，XYZ 集团宣布以 12 亿美元的价格收购了位于硅谷的初创公司 ABC 科技，后者专注于开发基于区块链技术的安全支付解决方案。此次收购预计将增强 XYZ 集团在全球金融科技市场的竞争力，并进一步巩固其作为行业领导者的地位。

先使用 BERT 模型分析这段文本，得到的结果如下。

XYZ 集团和 ABC 科技都是组织或公司，12 亿美元是金额，硅谷是地点，区块链技术是技术关键词。

再使用 DeepSeek R1 模型分析这段文本，得到的结果如图 7-7 所示。

可以看到，DeepSeek R1 模型得到的结果更丰富和准确，以 BERT 为代表的小模型（如 BERT-large 有 3.4 亿参数）在 NER 任务中，存在以下局限。

- 上下文理解深度有限。对于复杂的句子结构或长距离依赖关系，其理解能力有限。如文中的“后者”，BERT 模型无法关联到“ABC 科技”。
- 处理复杂句子结构的能力不足。对于包含复杂语法结构或多步骤推理的句子，BERT 的表现可能不如 LLM。如文中的“巩固其作为行业领导者的地位”，无法识别为这是公司的战略目标。
- 泛化能力有限。BERT 模型主要依赖于预训练数据集中的内容，对于未见过的专业术语或新出现的概念，其识别能力较弱。如文中的“安全支付解决方案”没有被识别到。

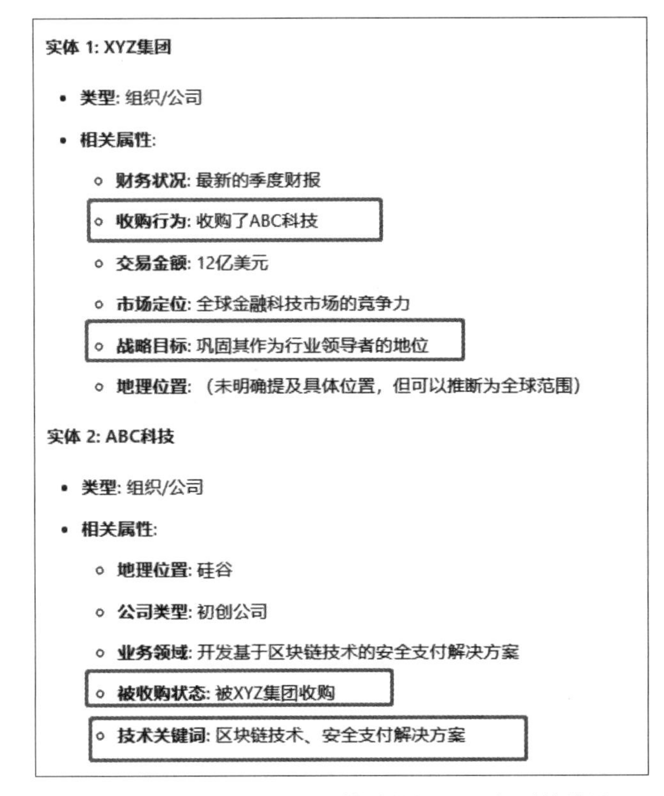

图 7-7　使用 DeepSeek R1 模型进行 NER 得到的结果

- 多层实体关系的处理能力不足。BERT 模型在处理多层次、多维度的实体关系时表现不佳，通常只能识别出基本的实体标签，而难以提取出更深层次的关系和属性。如识别结果所示，BERT 只能输出单层实体，而 DeepSeek R1 模型可以识别多层实体，并提取出隐含的关系（收购、被收购）。

因此，在 NER 任务中，大模型在上下文理解深度、复杂逻辑结构、泛化能力、多层实体识别等方面的能力明显优于以 BERT 为代表的小模型，这将极大地便利企业知识工程建设，提高知识工程的建设效率，让企业能够从非结构文档中获得更全面、更准确的业务数据。

7.4.2　知识增强对实体识别的优化

再看一个文本例子。

湖南岳阳县中洲乡民心蔬菜专业合作社社长何科义，凭借从当地村民手中流转过来的 312 亩土地的承包经营权，从信用社贷到了 40 万元，搭建钢架大棚 40 个，增加蔬菜种植面积 50 余亩。如今，他所创立的民心蔬菜专业合作社已是一家国家级合作示范社，实现年销售额增加 80

余万元，每年利润新增近 7 万元。

直接使用 DeepSeek R1 模型分析这段文本，得到的结果如图 7-8 所示。

```
[
  {
    "实体类型": "人名",
    "属性": {
      "姓名": "何科义"
    }
  },
  {
    "实体类型": "组织",
    "属性": {
      "名称": "湖南岳阳县中洲乡民心蔬菜专业合作社",
      "类型": "农民专业合作示范社",
      "级别": "国家级",
    }
  },
  {
    "实体类型": "地点",
    "属性": {
      "地址": "湖南岳阳县中洲乡",
      "土地面积": "312亩",
      "新增种植面积": "50余亩"
    }
  },
  {
    "实体类型": "金融",
    "属性": {
      "贷款金额": "40万元",
      "贷款机构": "信用社"
    }
  },
  {
    "实体类型": "设施",
    "属性": {
      "类型": "钢架大棚",
      "数量": "40个"
    }
  },
  {
    "实体类型": "经济指标",
    "属性": {
      "年销售额增加": "80余万元",
      "每年利润新增": "近7万元"
    }
  }
]
```

图 7-8 使用 DeepSeek R1 模型分析文本示例

继续使用 DeepSeek R1 模型外接企业知识库做知识增强。首先从知识库中召回相关知识，主要包括“个人客户”和“贷款合同”两个实体，得到的结果如图 7-9 所示。

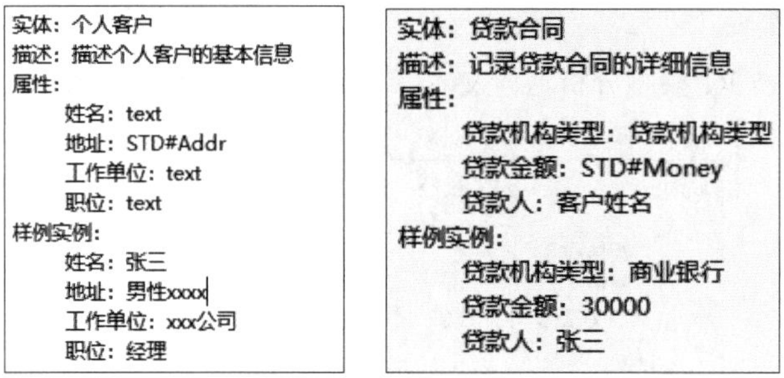

实体：个人客户
描述：描述个人客户的基本信息
属性：
　　姓名：text
　　地址：STD#Addr
　　工作单位：text
　　职位：text
样例实例：
　　姓名：张三
　　地址：男性xxxx
　　工作单位：xxx公司
　　职位：经理

实体：贷款合同
描述：记录贷款合同的详细信息
属性：
　　贷款机构类型：贷款机构类型
　　贷款金额：STD#Money
　　贷款人：客户姓名
样例实例：
　　贷款机构类型：商业银行
　　贷款金额：30000
　　贷款人：张三

图 7-9　从知识库中召回“个人客户”和“贷款合同”两个实体

在知识增强后，DeepSeek R1 模型召回的结果如图 7-10 所示。

可以看到，在没有外接企业知识库时，大模型已经可以比较全地召回所有的实体文本，但因为缺少额外的约束和指导，实体类型的准确率较低，部分实体分类存在模糊、不符合预期的情况。例如，它把“贷款金额”模糊地归类为“金融”，把“人名”“组织”识别为两个实体，而我们期望“组织”是“人名”的工作单位。

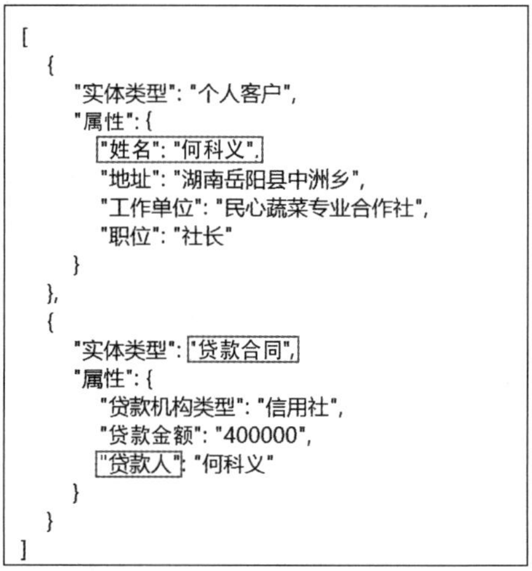

```
[
  {
    "实体类型": "个人客户",
    "属性": {
      "姓名": "何科义",
      "地址": "湖南岳阳县中洲乡",
      "工作单位": "民心蔬菜专业合作社",
      "职位": "社长"
    }
  },
  {
    "实体类型": "贷款合同",
    "属性": {
      "贷款机构类型": "信用社",
      "贷款金额": "400000",
      "贷款人": "何科义"
    }
  }
]
```

图 7-10　使用 DeepSeek R1 模型分析文本示例

在增加企业知识库完成知识增强后，识别结果的准确性明显增强，会严格按照知识中定义的实体和属性关系进行识别。在这个例子中，从知识库通过语义相似度召回了“个人客户”“贷款合同”两个实体的定义，再把召回的知识作为问题上下文一起提交给模型，得到了准确的识别结果。

另外，使用知识增强后，模型的泛化能力会减弱，召回率降低，如“设施”“经济指标”这些知识库中没有的实体就没有被识别到。因此在准确度优先的场景下，这个结果可能符合预期，但在召回率优先（如需要尽可能多地发现新实体）的场景下，可能会带来一些问题。

因此，我们可以得出以下两个结论。

- 仅使用大模型的提示工程，实体召回率较高，但准确率较低。
- 知识增强可以有效提高准确率，但会降低召回率。

7.4.3　易混淆知识的识别策略

下面的案例用于探究在知识增强的 NER 任务中，模型对易混淆知识的分辨能力。

案例：某企业将知识图谱挂载到大模型

我注意到您提到的关于债券投资合规性的问题。根据您提供的信息，贵公司自 2020 年 7 月起，投资了阳光城集团股份有限公司发行的资产支持票据，具体包括 2020 年度第一期和第二期的优先 A、B 份额，账面余额分别为 4.73 亿元和 7.68 亿元。然而，根据《保险资金运用管理办法》（中国保险监督管理委员会令 2018 年第 1 号）和《保险资金投资债券暂行办法》（保监发〔2012〕58 号）的规定，资产支持票据并不在保险资金可投资的范围内。

在企业知识图谱中已经有相关的业务实体的建模，主要包括“票据”和“虚拟账户交易”，也有比较完善的实体属性的定义。在企业知识图谱中，“票据”和“虚拟账户交易”的描述，如图 7-11 所示。

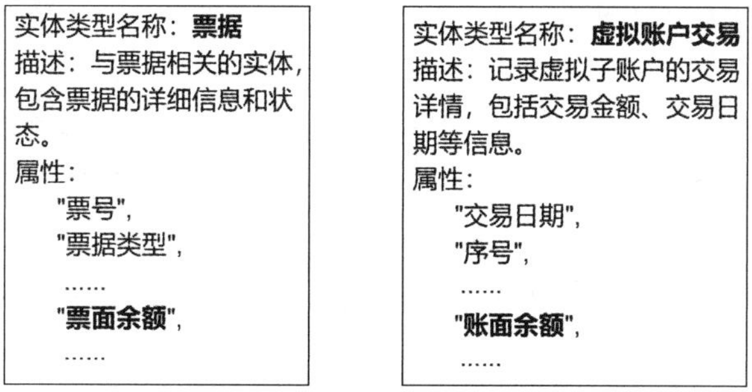

实体类型名称：**票据**
描述：与票据相关的实体，包含票据的详细信息和状态。
属性：
"票号",
"票据类型",
……
"票面余额",
……

实体类型名称：**虚拟账户交易**
描述：记录虚拟子账户的交易详情，包括交易金额、交易日期等信息。
属性：
"交易日期",
"序号",
……
"账面余额",
……

图 7-11 “票据”和“虚拟账户交易”的描述

在这个例子中，知识图谱给出的知识中包含“票据（实体）. 票面余额（属性）”和“虚拟账户交易（实体）. 账面余额（属性）”，这两个实体属性有一定的相似性，模型需要判断优先匹配外层实体还是内层属性。而原始文本同时包含实体“票据”和属性“账面余额”，应优先匹配实体，然后再匹配属性。如果只是通过文本相似度的检索，那么文本中“账面余额分别为 4.73 亿元和 7.68 亿元”会误导模型匹配为实体“虚拟账户交易”，因为它刚好有个属性名字就是“账面余额”。

将企业知识图谱挂载到 DeepSeek R1 模型后再进行分析，得到的实体识别结果如图 7-12 所示。

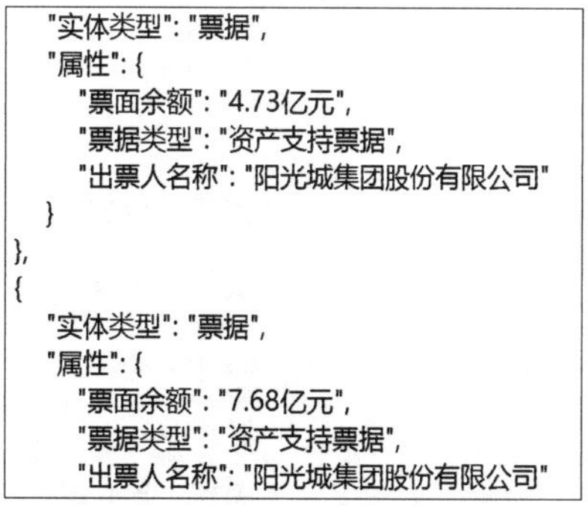

```
  "实体类型": "票据",
  "属性": {
    "票面余额": "4.73亿元",
    "票据类型": "资产支持票据",
    "出票人名称": "阳光城集团股份有限公司"
  }
},
{
  "实体类型": "票据",
  "属性": {
    "票面余额": "7.68亿元",
    "票据类型": "资产支持票据",
    "出票人名称": "阳光城集团股份有限公司"
```

图 7-12 使用企业知识图谱增强后，DeepSeek R1 的分析结果

可以看到，模型准确地将这段话识别为实体“票据”，而没有识别为实体“虚拟账户交易”，因此知识增强后的推理结果符合预期。知识增强后的大模

型对于易混淆的多层级知识，可以较准确地根据知识的内外层关系，区分优先级，因此可以准确地补充业务实体的多层级属性，用于在知识图谱中存储长久并且准确的实时数据。

7.4.4 知识长度与识别准确率的关系

既然知识增强后的大模型在执行NER任务时有很好的准确度提升，那么从知识图谱中召回的业务实体和属性越多（也就是给大模型提供的上下文越长），大模型的识别效果是不是就越好？为此设计一个对比实验。

我先来理一下这个问题。甲先生投诉说他办理的信用卡分期业务和客服介绍的不一样。2019年12月，A银行的客服帮甲先生办理了“好享贷”业务，当时客服说是在保持原有信用卡额度不变的基础上，额外增加48000元的信用额度，方便他在大额消费时使用。但甲先生认为自己办理的是每月还款3000元的分期业务，而不是信用卡以外的分期业务，所以他投诉了。

这个问题反映了信用卡业务的多样性和复杂性。甲先生办理的分期业务并不是传统意义上的账单分期，而是信用卡原有额度之外的自动分期服务。银行在甲先生的信用卡原有额度基础上额外提供了一笔用于分期付款的信用额度，甲先生可以选择自动分期的金额，如1000元、3000元、5000元，也可以选择自动分期的期数，如6期、12期等。

对比实验1：为实体“贷款合同”手动增加100个业务属性，部分属性如图7-13所示。

实体类型名称：贷款合同
描述：记录贷款合同的详细信息，包括合同编号、贷款机构等。
属性：
"上月末余额",
"累计逾期本金",
"利率浮动方式",
"到期日期",
"业务品种描述",
"年FTP利息收入",
"季FTP利润",
"本期逾期本金",
"借新还旧贷款品种",
"还款方式",
"客户编号",
"贷款机构",
"逾期最长时间",
"贷款种类",
"当前期数",
"自然年积数",
"滚动年积数",
"实际自然年日均",
"年FTP利润",
"收益率",
"滚动月积数",
"还本方式",
"滚动月日均余额",

"罚息",
"自然季积数",
"借据金额",
"业务品种",
"还款频率",
"借新还旧标识",
"贷款合同编号",
"贷款展期标识",
"利率浮动类型",
"季初余额",
"累计清收金额",
"折人民币余额环比",
"展期标识",
"利率浮动比例",
"币种",
"欠息金额",
"自然年日均余额",
"放款日期",
"自然季日均余额",
"自然月积数",
"贴息贷款标识",
"发放日期",
"累计逾期次数",
"贷款机构类型",
"贴息比例",
"借据状态",

"上季末余额",
"前日余额",
"借据余额",
"基准利率",
"合同金额",
"折人民币余额",
"担保方式",
"贷款机构代码",
"分期还款标识",
"本期逾期利息",
"还款期数",
"还息方式",
"合同编号",
"执行利率",
"贷款合同期限",
"滚动季日均余额",
"月初余额",
"减值准备",
"日FTP利息收入",
"总期数",
"折人民币余额同比",
"借新还旧借据号",
"折人民币汇率",
"业务号"

图7-13　为实体“贷款合同”手动增加的部分业务属性

将这些业务属性作为上下文供大模型学习，再由大模型分析给定的文本，结果如图 7-14 所示。

```
"实体类型": "贷款合同",
"属性": {
  "还款方式": "分期还款",
  "客户编号": "未明确",
  "贷款机构": "A银行",
  "贷款种类": "信用卡分期",
  "借据金额": "48000元",
  "业务品种": "信用卡分期",
  "还款频率": "每月",
  "贷款合同编号": "未明确",
  "币种": "人民币",
  "放款日期": "2019年12月",
  "发放日期": "2019年12月",
  "贷款机构类型": "银行",
  "借据状态": "未明确",
  "期限": "6期或12期",
  "贷款编号": "未明确",
  "合同金额": "48000元",
  "合同编号": "未明确",
  "执行利率": "未明确",
  "贷款合同期限": "6期或12期"
```

图 7-14 将 100 个业务属性作为上下文，大模型的识别结果

可以看到，使用实体的完整属性（共 100 个属性），文本中的“自动分期的期数，如 6 期、12 期等”这一句的识别存在问题，“6 期、12 期”按实际语义应匹配“总期数”，但是大模型错误地匹配为“期限”和“贷款合同期限”两个属性。

对比实验 2：为该实体提供 20 个业务属性，并删除语义无关的属性，保留语义接近的属性。以期数为例，我们保留了“逾期最长时间”“当前期数”“期限”“累计逾期次数”“贷款合同期限”“总期数”这 6 个属性，结果如图 7-15 所示。

将剪裁后的业务实体和属性以上下文方式给模型学习后，大模型识别的结果如图 7-16 所示。

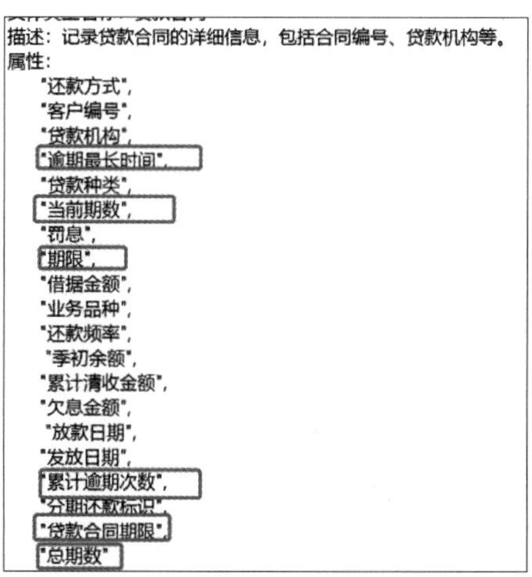

```
描述：记录贷款合同的详细信息，包括合同编号、贷款机构等。
属性：
    "还款方式",
    "客户编号",
    "贷款机构",
    "逾期最长时间",
    "贷款种类",
    "当前期数",
    "罚息",
    "期限",
    "借据金额",
    "业务品种",
    "还款频率",
    "季初余额",
    "累计清收金额",
    "欠息金额",
    "放款日期",
    "发放日期",
    "累计逾期次数",
    "分期还款标识",
    "贷款合同期限",
    "总期数"
```

图 7-15 为实体“贷款合同”增加 20 个业务属性

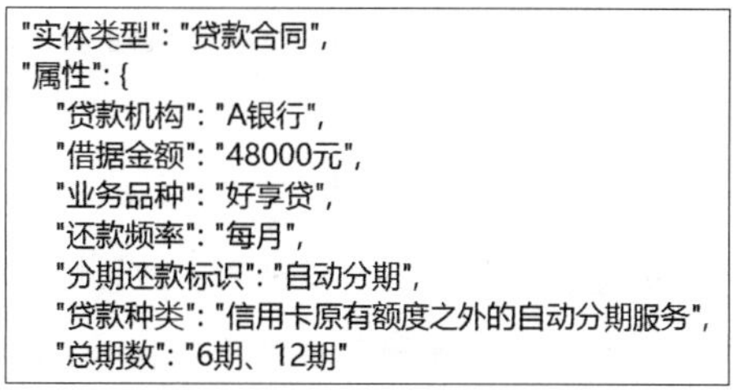

```
"实体类型": "贷款合同",
"属性": {
  "贷款机构": "A银行",
  "借据金额": "48000元",
  "业务品种": "好享贷",
  "还款频率": "每月",
  "分期还款标识": "自动分期",
  "贷款种类": "信用卡原有额度之外的自动分期服务",
  "总期数": "6期、12期"
```

图 7-16 将 20 个业务属性作为上下文，大模型的识别结果

可以看到，之前“6 期、12 期”被错误地分析和匹配，而此次模型分析的结果准确地将其作为属性“总期数”的值。因此，当单个实体属性较少时，即使出现概念相近的易混淆属性，模型的匹配效果仍比较好。若属性太多导致上下文较长，模型注意力分散，较难匹配到语义最接近的属性上。因此在上下文过长的情况下，最佳实践是做属性裁剪，过滤掉与原文本语义相似度低的属性，保证上下文控制在较低的长度。

7.4.5　推理能力对大模型识别效果的影响

我们希望用大模型从文本中提取关键信息，特别是公司、金融产品、业务部门及它们之间的关系。

案例：某企业用大模型技术从文本中提取关键信息

近期摩根士丹利宣布上调特斯拉股票评级至“增持”，并认为其电动汽车业务前景广阔。

对比实验1：不使用推理，直接使用 DeepSeek-V3 模型，给定如下提示。

你是一个专业的金融分析师，请从以下文本中提取关键信息，特别是公司、金融产品、业务部门及它们之间的关系。

DeepSeek-V3 模型用 4 s 完成了检索过程，得到的结果如图 7-17 所示。

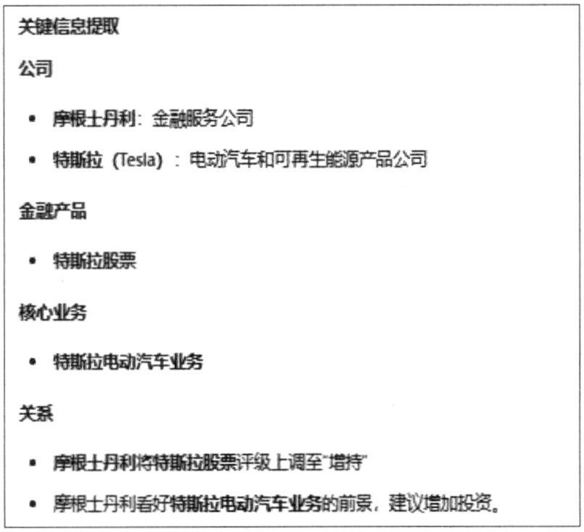

关键信息提取

公司

- **摩根士丹利**：金融服务公司
- **特斯拉（Tesla）**：电动汽车和可再生能源产品公司

金融产品

- **特斯拉股票**

核心业务

- **特斯拉电动汽车业务**

关系

- **摩根士丹利**将**特斯拉股票**评级上调至“增持”
- 摩根士丹利看好**特斯拉电动汽车业务**的前景，建议增加投资。

图 7-17　不使用推理，直接使用 DeepSeek-V3 模型检索

对比实验2：使用 DeepSeek-V3 的思维链推理，给定如下提示。

作为一名专业的金融分析师，你擅长从金融文本中提取关键信息，特别是公司、金融产品、业务部门及它们之间的关系。你的目标是准确、恰当地理解文本的含义，并以清晰、简洁的方式呈现你的分析结果。在分析过程中，你需要一步一步地思考，先抽取实体，分析实体中是否有实体，然后分析并构建实体之间的关系，最后审视每个关系是否合理。

采用 DeepSeek 的深度思考方式耗时 11 s，得到的分析结果如图 7-18 所示。

实体：
摩根士丹利：ORG
特斯拉：ORG
特斯拉股票评级：PRODUCT
电动汽车业务：PRODUCT

关系：
摩根士丹利 (ORG) - 上调 -> 特斯拉股票评级 (PRODUCT)
摩根士丹利 (ORG) - 看好 -> 电动汽车业务 (PRODUCT)
特斯拉 (ORG) - 拥有 -> 电动汽车业务(PRODUCT)

图 7-18　采用 DeepSeek 的深度思考方式进行分析

可以看到，在提示中引导模型用思维链模式进行推理，可以在一定程度上发现隐含的实体和实体间关系；因为增加了反思逻辑，所以在理论上准确率也会有所提升。

对比实验 3：使用 DeepSeek R1 的深度思考模式，给定如下提示。

我会提供一段文本，请尽可能全面地提取金融领域实体，并给出实体之间的合理关系。

我提供的文本是：摩根士丹利宣布上调特斯拉股票评级至“增持”，并认为其电动汽车业务前景广阔。

DeepSeek R1 花费约 67 s 得到了如下结果。

1．评级调整关系

摩根士丹利→ [上调评级] →特斯拉股票

特斯拉股票→ [获得评级] →增持

2．所有权关系

特斯拉股票→ [对应标的] →特斯拉公司

3．业务关联

特斯拉公司→ [核心业务] →电动汽车业务

电动汽车业务→ [所属行业] →电动汽车行业

4．行业分类

摩根士丹利→ [所属行业] →金融行业

特斯拉公司→ [所属行业] →汽车制造行业

5．价值评估

摩根士丹利→ [前景判断] →电动汽车业务（通过“前景广阔”表述建立）

DeepSeek R1 深度思考中发现了隐含的供应链关系，如“电动汽车业务→ [依赖] →电池技术 / 清洁能源产业链”，市场影响力“评级调整可能引发特斯拉股票→ [价格波动] →证券市场”，行业联动效果“电动汽车行业发展→ [促进] →可再生能源 / 智能驾驶等相关产业”。

可以看到，使用诸如 DeepSeek R1 深度思考进行推理，可以大大提高隐含的实体间关系的召回率。在某些需要识别复杂内在关系的 NER 任务中，使用推理模型可以有效提升识别效果。但要注意到，开启深度思考后，资源开销和响应耗时也会大幅增加。

总之，在一些数据工程任务中，分析任务不仅要识别实体还要识别实体间内在关系，推理能力的增强能有效提升关系识别的召回率和准确率。DeepSeek R1 的深度思考能力比 DeepSeek-V3 要高一些。同时，推理效果的增强会带来额外的资源消耗和性能下降，需要权衡。

7.4.6　大模型驱动的知识工程流水线

从文档资料中提取知识业务实体和属性的数据工程流水线，如图7-19所示。这条流水线主要包括5步：语义块拆分、待选对象提取、知识召回、实体提取和知识更新。

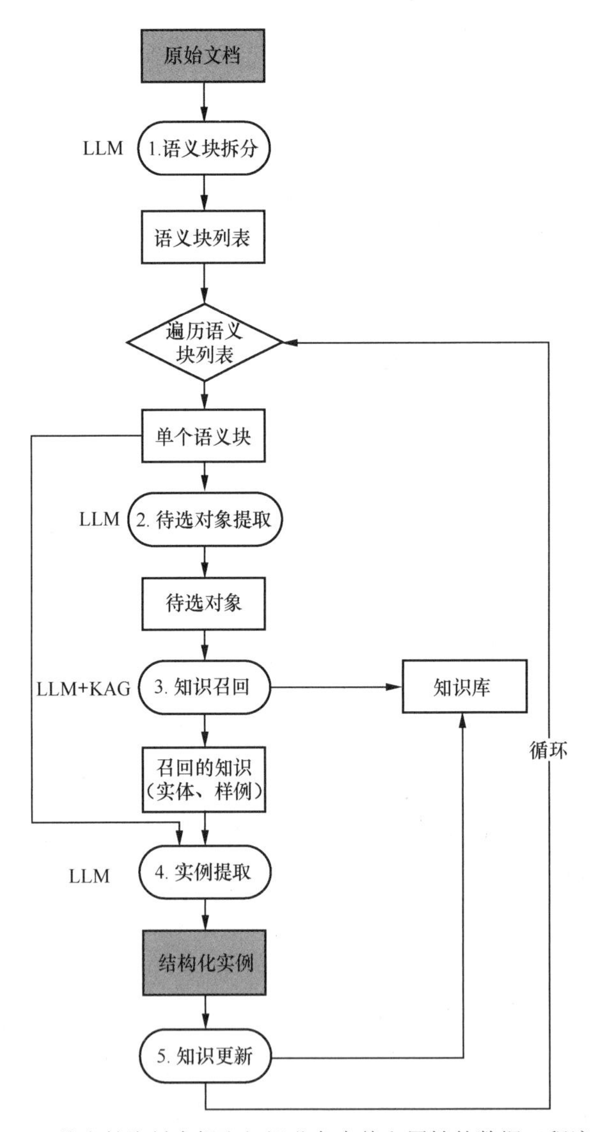

图7-19　从文档资料中提取知识业务实体和属性的数据工程流水线

（1）语义块拆分。

语义块拆分的目的是减少上下文长度，避免大模型因注意力分散而产生“幻觉”，需要对原始文档进行语义块拆分。这一步有助于将长文本分解为更小、更易处理的单元，从而提升后续处理的效率和准确性。

语义块拆分这一步的输入是原始文档，通过大模型将文档按段落或段落内的顺序拆分为多个语义块，并为每个语义块编号，确保结构清晰；输出是语义块列表。语义块拆分是文本处理的第一步，其核心目标是将复杂的文档分解为逻辑清晰的片段。通过提示工程，大模型能够智能地识别文档中的段落边界和语义单元，从而生成一个有序的语义块列表。这一过程不仅减少了模型的上下文负担，还为后续的文本分析和知识提取奠定了坚实基础。

（2）待选对象提取。

待选对象提取的目的是通过结构化待选对象，减少文本中的噪音，提高知识召回的准确率。这一步旨在从语义块中初步识别出可能的关键对象，为后续的知识检索提供精准的输入。

待选对象提取这一步的输入是单个语义块，通过大模型初步识别语义块中的待选对象，并输出“对象类型”和“对象值”的键值对；输出是待选对象列表，待选对象提取是从语义块中筛选出潜在关键信息的重要环节。通过提示工程，大模型能够从文本中识别出具有特定意义的对象（如人名、地点、事件等），并将其结构化为键值对形式。这种结构化处理不仅减少了文本中的无关信息，还为后续的知识召回提供了高质量的输入数据。

（3）知识召回。

知识召回的目的是从知识库中召回最小范围的实体和属性，以减轻模型推理时的上下文负担，同时确保召回的知识与待选对象高度相关。

知识召回这一步的输入是待选对象，处理逻辑包括以下 4 步：

- 优先通过图检索进行精确匹配；
- 如果图检索无结果，则使用向量检索召回语义最相近的知识实体；
- 通过图检索获取与待选对象关联的其他知识，以发现可能存在的隐含实体；
- 对属性进行裁剪，过滤掉与待选对象语义相似度较低的属性。

这一步的输出是召回知识（实体和样例）。

知识召回是连接文本与知识库的关键步骤，通过结合图检索和向量检索，系统能够从知识库中精准定位与待选对象相关的实体和属性。图检索提供了精确匹配的能力，而向量检索则弥补了图检索在语义相似性上的不足。此外，通过属性裁剪，系统进一步优化了召回结果，确保输出的知识既精准又简洁。

（4）实例提取。

实例提取的目的是利用最小范围的文本和知识，最大限度地减少模型生成内容时的“幻觉”

问题，同时提取出结构化的实例。

实例提取这一步的输入包括单个语义块和语义块对应的召回的知识，将召回的知识作为上下文，结合对应的原始语义块，调用大模型进行实例抽取；输出是结构化实例。

实例提取是将文本与知识库信息融合的核心环节。通过将召回的知识作为上下文，大模型能够更准确地从语义块中提取结构化实例。这一过程充分利用了上下文学习的优势，确保提取的实例既符合文本内容，又与知识库中的信息高度一致，从而有效减少了模型生成内容的偏差。

（5）知识更新。

知识更新的目的是将提取的结构化实例补充到知识库中，以提升后续知识识别的准确率和覆盖范围。

知识更新这一步的输入是结构化实例，首先将实例导入知识图谱，再将实例进行向量嵌入（包含导图节点的索引）后更新到向量存储；输出是更新后的知识库，包括知识图谱和向量库。

知识更新是知识库持续优化的关键步骤，通过将提取的结构化实例导入知识图谱，并将其向量化后存储，系统不仅扩展了知识库的覆盖范围，还提升了后续知识召回的效率。这一过程实现了知识库的动态更新，使其能够更好地支持未来的文本分析和知识提取任务。

以上5步构成了从文档资料中提取知识业务实体和属性的数据工程流水线。每一步都通过精细化的设计和先进的技术，最大限度地提升了知识提取的准确性和效率，减少了大模型生成内容的偏差。这一流程不仅适用于当前的生成式AI应用，也为未来的知识驱动型AI系统提供了可扩展的框架。

第 8 章

数据领域技术趋势与思考

数据因 AI 而变得越来越重要，数据要素是新型生产力的代表，数据挖掘能力成为新时代的国家重要竞争力。

——邬贺铨，中国工程院院士

8.1 数据技术的自主可控

自主可控是决策者在规划数字化基础设施的一个重要的考量因素。由于数字化基础设施一般都是为了未来十年甚至更久的时间设计的企业架构，因此设计者需要把这方面内容放到技术规划中去。倪光南院士对“自主可控”有一个比较全面的诠释，主要包括以下 5 个维度。

- 知识产权的自主可控：知识产权的所有权决定了能否使用所持有的技术，最理想的情况是所有的知识产权都能自己掌控，但是这一般比较难做到，因此可以争取足够自主权的授权，或者部分知识产权的买断，也可以实现自主可控。
- 技术能力的自主可控：有足够规模的、能够真正掌握该技术的科技队伍。技术能力可以分成多种层次，例如一般技术能力、产业化能力、构建产业链能力和构建产业生态系统能力等。产业化能力的自主可控要求技术不能停留在样品或试验阶段，而应能转化为大规模的产品和服务。产业链的自主可控要求在实现产业化的基础上，围绕产品和服务，构建比较完整的产业链，以便不受产业链上下游的制约，具备足够的竞争力。产业生态系统的自主可控要求能打造支撑该产业链的生态系统。
- 发展主动权的自主可控：有了知识产权和技术能力的自主可控，企业或组织一般是能自主发展的，但是不能只看到现在，还要着眼于今后相当长的时期，对相关技术和产业而言，都能不受制约地发展。信息领域技术和市场变化迅速，因此不仅要关注该项技术是否在短期内效益较好，还需要看到长期上是否能够自主可控。

- 供应链自主可控：一个产品供应链可能很长，如果其中一个或某些环节不能自主可控，能设计出来，但不能生产出来，需要依靠进口产品，也不能满足自主可控。
- 满足国产资质：一般说来，“国产”产品和服务容易符合自主可控要求，因此实行国产替代对于达到自主可控是完全必要的。现在人们大多是根据产品和服务提供者资本构成的资质进行界定，包括内资（国有、混合所有制、民营）、中外合资、外资等，如果是内资资质，则认为其提供的产品和服务是国产的。

实现完全的自主可控固然很好，但也意味着比较大的投入，包括技术的自研、技术路线的选择、合作方的选择与战略，还有可能会对产品或者项目的进度有一定的影响，尤其对于一些市场化运作的行业或者市场，决策者可能会在业务需求的响应度和自主可控之间徘徊。企业决策者在制定相关的路线和技术方案的时候，就需要充分考虑实现自主可控需要付出的成本，也就是投入产出比。

张显龙在《自主・可控：信息产业创新之中国力量》一书中，将信息产业的创新分为 3 个阶段，即引进创新、合作创新和自主创新。自主可控表示企业可以自发地在业务范围内创新，形式上可以是从引进创新、合作创新逐步到自主创新，也可以是完全从零开始自主创新，无论哪种方式都要求企业有较大的资源投入，包括技术战略、团队建设、文化传导和流程管控，因此也往往有更高的产出要求。

自主可控通常包括完全自主可控、部分自主可控、既不自主也不可控这 3 种程度，其投入、产出与适用对象的对比如表 8-1 所示。

表 8-1　不同程度的自主可控的投入、产出与适用对象的对比

	投入	产出	适用对象
完全自主可控	组建大的技术团队，非常注重知识产权的控制，需要坚定的自主研发的战略，有清晰的研发路线图；大部分技术自主研发或采购其他自主可控产品，极少使用海外的产品或服务；谨慎使用开源软件或技术，技术栈上的产品或软件都需要达到自主可控的指标	强大的研发和技术能力；有量化的知识产权产出，包括专利、软件著作权等；以自研产品加国产自主可控产品构建基础架构；一般需要有非常大的业务产出，如服务需要产品化	系统软件研发企业、基础硬件设备厂商、云厂商，或关系到国计民生的行业、涉密行业、政府、国有企业等，有庞大用户基础的服务提供商，有较大的技术资金投入和长期规划的企业
部分自主可控	组建规模合适的技术团队，以管控和掌握总体技术为主，适度地研发，注重知识产权的保护；注重长期的控制能力，如选择可以长期合作的内资的技术厂商或服务伙伴；内部可以选择开源软件，谨慎使用海外产品	以灵活地响应业务目标为主；外部服务为主、自研为辅的研发能力，有一定的技术创新能力；一般不需要大规模对外输出，不需要产品或服务的标准化	应用软件开发企业、市场化竞争的行业

续表

	投入	产出	适用对象
既不自主也不可控	灵活地按照业务需求进行技术建设	只关注业务需求	娱乐、消费类企业，无用户或外部数据积累的企业，无资金做长期技术投入的组织

8.2 开源技术的发展与挑战

在大数据技术和 AI 技术的发展过程中，开源快速推动了这些技术在各行业的快速发展和落地。

Hadoop 是较早成功的开源项目，引发了整个大数据技术的浪潮。从 2012 年开始，随着 Hadoop 和 Spark 技术的广泛使用，大数据技术公司开始在 Hadoop 之上研究数据存储与分析的技术与系统，在发挥大数据的可扩展性能优势的同时，降低大数据系统开发的难度，为开发者提供类似数据库的开发体验。到 2014 年，整个社区出现 20 多个 SQL 引擎，从而大大降低了基于 Hadoop 来处理结构化数据存储和分析问题的难度。不过 2016 年之后，基于 Hadoop 的大数据技术创新逐渐减少，大量核心项目的主要开发人员转向机器学习领域。

早期设计上的一些架构缺陷导致 Hadoop 技术体系在满足大数据上云的需求上进展缓慢，如 HDFS 不擅长处理文件数量过多、3 副本导致存储成本高等问题。此外，HDFS、HBase 等项目的设立主要是以低成本的方式来提供大数据的存储和检索能力，而现今企业更迫切地需要大数据平台具有多样化的数据分析能力、简易的运维管理与性能调优体验，以及半结构化数据和非结构化数据的存储与分析能力，Hadoop 技术生态并不能很好地满足相关的需求。从 2018 年开始，Hadoop 技术生态企业在资本市场发生一系列的重要事件，先是“Hadoop 三驾马车”中的 Cloudera 和 Hortonworks 的股价持续低迷，随后被迫合并，两家的产品也随之开始融合；2019 年，MapR 因为经营不善，被 HPE 低价收购后逐渐淡出市场。自此美国市场上的 3 家主流 Hadoop 发行商只剩下最后一家，Cloudera 随后也迅速调整了产品策略并全面拥抱云计算，开始了开源大数据技术体系演进的新阶段。

与 Hadoop 技术的发展高开低走不同，Spark 和 Flink 技术目前仍然处于技术和业务的高速发展阶段。2012 年 UC Berkeley 开源 Spark 项目并迅速被 Apache 基金会接受为顶级项目，其核心是通过弹性数据集作为大数据分析的基础数据描述接口和 API 规范，结合内存计算、DAG 计算模型、Lazy Evaluation 等优化技术，满足交互式分析、离线批处理等领域的性能需求。由于其架构比 MapReduce 更加高效，此外大内存、SSD 等硬件技术也在快速普及，从

2015 年开始，Spark 逐渐成为主流的计算引擎并开始替代已经被广泛使用的 MapReduce，为多样化的大数据分析提供更加强大的性能保障。此后，UC Berkeley 的研究团队成立了专门的商业化公司 Databricks 来支撑 Spark 的技术运营，并逐渐发展出 SparkSQL、Spark MLlib、Spark Streaming 等主要的项目，分别用于满足结构化数据的交互式分析、机器学习和实时数据的计算需求。

从 2015 年开始，物联网技术蓬勃发展，大量的传感器数据需要及时处理，此时出现了多种流计算引擎，Flink、Storm、Spark Streaming 是比较有代表性的几个开源流处理引擎。Storm 出现较早，延时较低但是可用性、可运维性比较差，逐渐淡出市场；Spark Streaming 随着 Spark 技术的广泛落地而得到有效推广，虽然 Spark 的可用性、可运维性比较好，但是实时计算延时偏高，即使在 2018 年推出了更低延时的 Structured Streaming，仍然不及 Flink 等后起之秀。Flink 从一开始就吸收了 Storm 的低延时优势和 Spark 的容错性特性，也更加专注于实时计算引擎本身的突破，除了 Data Artisans 在支撑该项目的运营，大量的互联网企业也在其上进行大规模投入，因此无论是核心功能还是技术成熟度都得到非常快速的提升。2019 年，阿里巴巴收购 Flink 的母公司 Data Artisans，Flink 在我国获得更好的品牌背书，其发展超过了其他的流计算技术体系。在数据存储、资源调度等技术领域，Spark 和 Flink 都选择与 Hadoop 生态及其他技术生态兼容，如 Spark 和 Flink 都选择同时兼容 YARN 和 Kubernetes 来做资源调度框架，也都支持 HBase、HDFS 等 Hadoop 存储体系和 S3 等对象存储体系。这样既可以更加专注于自身技术的发展，也有更好的生态兼容性，尤其是对云计算技术生态兼容，从而保证了 Spark 和 Flink 技术迭代的有效性，并快速拥抱了云计算趋势。

2020 年后，随着企业数字化需求的快速增长和云原生技术的进一步普及，分布式技术向更加方案化的方向发展，行业里围绕着某些比较突出的技术架构问题提出了一些解决方案，例如面向湖仓一体架构的 Hudi 和 Iceberg，面向数据联邦分析的 Presto 和 Trino 技术，支撑更高实时性业务的流批一体架构，以及满足多部门灵活数据业务需求的数据云技术（如 Snowflake）等。这些新的分布式技术的出现和逐渐成熟，让大数据的业务化发展有更快的趋势。

随着开源技术的逐渐成熟，行业内基于大数据技术的商业化落地进程开始加速，一些互联网企业和商业软件公司投入大量研发资源来满足用户的产品化需求，也诞生了多个成功的基础软件公司，研发了一系列的分布式存储引擎、分布式计算引擎和分布式数据库。知名数据库统计网站 DB-Engines 数据显示，目前国内外开源数据库和商业数据库数量相当（接近 200 个），其流行程度对比如图 8-1 所示。不同类型数据库的开源和商业比例有较大的差异。

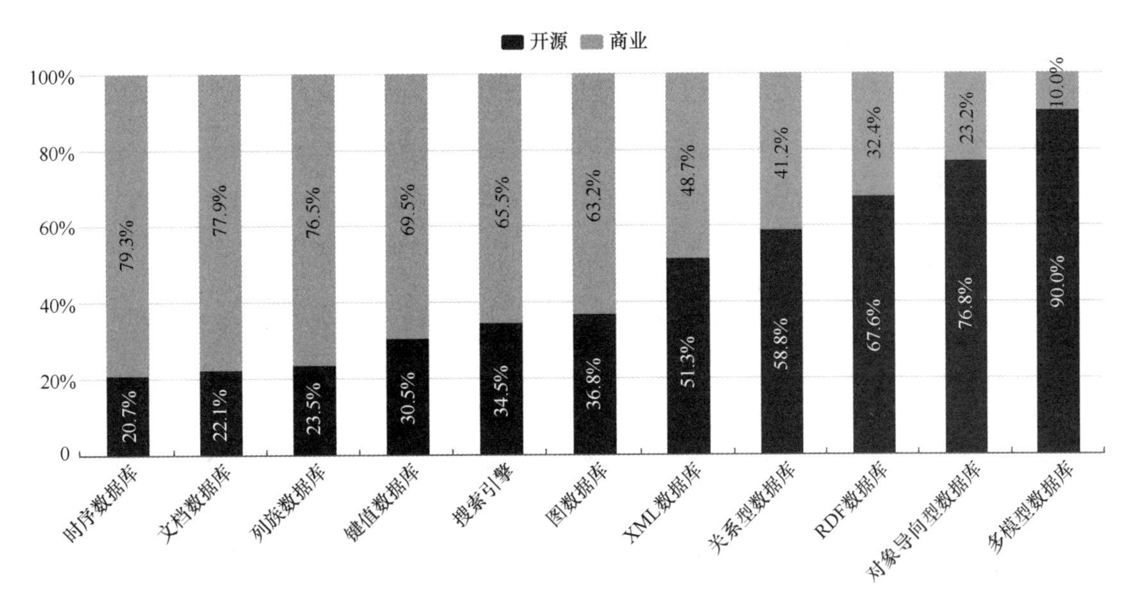

图 8-1 不同类型数据库中开源与商业流行程度对比

MongoDB 的数据库技术主要来自其公司的研发团队，开源社区对其技术的贡献比较少。MongoDB Community Server 是开源版本，采用了 AGPL 开源协议，也就是用户可以免费使用开源的代码，但是如果二次开发并用于销售，那么也需要开源这个二次开发的产品。MongoDB Enterprise Advanced 是为企业客户提供的包含多种企业级增值功能的版本，MongoDB Atlas 是运行在公有云上的 DBaaS 服务，这些技术不开源。

Elastic 公司主要提供文档搜索 NoSQL 数据库 Elasticsearch，还提供一些配套的工具，如图形化的数据管理和分析工具 Kibana、用于收集数据的轻量级工具 Beats 和用于处理数据的工具 Logstash。Elastic Stack 的部分功能是开源的，采用了 Server Side Public License（服务器端公共许可证）开源协议；部分是闭源的，包括监控、安全、机器学习能力、数据异常检测、数据合规检测等。

Snowflake 主要在公有云上提供云原生数据仓库产品服务，帮助企业用户建设数据湖、数据仓库、数据科学、数据工程等基础数据系统，支持用户在多个公有云的 IaaS 上部署相关的计算资源，由 Snowflake 来代收 IaaS 和数据仓库的服务费用，所有代码和技术都是闭源的。

阿里云的大数据平台 MaxCompute 是基于早期 Hadoop 平台的自研版本。E-MapReduce 是在云上整合了 Hadoop、Presto、ClickHouse 等开源组件的产品。实时计算产品是通过收购 Flink 母公司获得的开源项目并持续开源。数据管理工具 DataWorks 为闭源自研产品和数据科学工具，PAI 为闭源自研产品。

可以看到，业内主要的代表公司大部分都有闭源的自研技术，并不是全部产品都走开源技术路线。部分厂商在数据库发展早期通过开源技术的方式来快速创造开发者生态，并借助生态让产品有更多的机会获得用户或提升质量，而随着商业化的开展，厂商就会开始专注自研技术或者通过调整开源协议等方式来更好地满足各种形态的企业级产品需求，不再依赖开源社区来完善产品。

开源技术生态目前被较多的企业作为早期获得用户生态或技术推广的手段。从软件工程管理的视角来看，通过开源社区来开发软件，由于社区本身的松散管理模式和跨地域的沟通问题，在软件过程和质量控制上会比企业自主研发更难。开源社区生态的好处是能够吸引一些企业用户快速地采用相关技术，因此数据库产品有更多的机会与实际业务对接，快速地试错和纠正。但是如果企业已经有足够体量的用户，其产品应用的场景足够多，就无须依赖开源生态来优化产品。

企业通过技术开源来获得用户的主要经营模式包括以下 3 种。

- 免费开源版本 + 付费企业版本及服务模式：依托开源版本与开源社区来开发基础版本，使市场和用户可以使用。同时，通过企业研发资源来打造和维护稳定的、有服务支持的付费企业版本并提供相应服务。免费开源基础版本越成熟、越完善，就越会与付费企业版本形成竞争，从而用户选择付费企业版本的意愿会相应降低，因此有必要将两种版本的软件差异化。相关厂商代表有 Elastic 等。
- 免费开源软件 + 付费服务模式：用户可以完全免费使用开源项目的所有功能，但是由于很多用户自身缺乏对开源架构、功能的深刻理解，通常需要雇佣商业团队来进行技术支持，包括系统搭建、性能优化等。免费的开源软件越成熟、越完善，购买付费服务的用户就越少，相关厂商代表有 Cloudera 等。
- 免费开源软件 + 数据库即服务（Database as a Service，DBaaS）模式：将数据库软件部署在云端，客户向公有云厂商支付计算和存储服务的费用，向数据库公司支付产品订阅的费用。相关厂商代表有 MongoDB 等。

开源技术和自研技术在软件研发上并没有孰好孰坏之分。开源技术的主要优势在于能够通过免费的技术获取来快速形成用户生态，从而加速场景化产品的迭代，而其在软件质量控制、需求进度管理、安全能力等方面有一定的劣势。自研技术的优势是可以通过严格的软件过程管控来保证产品研发的进度、质量和安全能力，而获取早期用户生态就需要更强的客户需求发现能力或业务推广能力。

对企业管理者来说，选择开源还是商业软件要从企业自身的实际情况来综合考虑。开源软件通常免费或低成本，有助于降低企业的软件许可成本，源代码的开放性使得企业可以根据自己的需求对软件进行定制和修改。如果这个开源社区足够健壮和活跃，那么可以从社区持续获得技术帮助和分享最佳实践。但是开源软件的不足之处也是显而易见的，如果内部技术团队建设不够强，那么缺少商业软件的正式技术支持可能会影响业务；内部团队需要承担软件的维护和更新义务，企业的产品安全、流程管理等管理性要求也需要自己制定等，这就要求企业内部围绕相关开源软件建设对应的开发和运维团队。此外，企业还需要从响应业务要求、软件持续迭代等视角来思考选择开源软件潜在的挑战。

对数据工程师和开发者来说，拥抱开源是明智的选择。大数据领域有很多成功的开源项目，如 Spark、Hive、Hadoop、Flink 等，有活跃的社区支持，参与开源项目可以帮助开发者提高技能，学习最佳实践，与全球的开发者交流，积极参与社区的活动等。当然，拥抱开源并不意味着必须仅使用开源工具，或者完全排除商业软件。开发者应该根据项目需求、团队技能和资源情况来选择合适的工具和平台。

8.3 数据中台的发展历程与思考

数据中台是由我国企业提出的数据平台架构，在业界有非常大的影响力。近年来随着一些龙头企业开始在组织上去中台化，部分舆论也开始讨论数据中台是否会消亡。本节将分享作者对数据中台的观察，以及对其未来发展趋势的判断。

关于数据中台的趋势判断，一个重要的因素就是 Gartner 对它的分析。Gartner 于 2019 年发布《2019 人工智能技术成熟度曲线》，当时数据中台的呼声已经逼近顶峰，该趋势一直持续到 2022 年左右。然而到了 2024 年 8 月，Gartner 新发布的《2024 年中国数据、分析和人工智能技术成熟度曲线》表示，“数据中台”即将消亡，取而代之的是“数智基建”。

那么数据中台真的要消亡吗？先给出我的结论：不会！

数据中台的目的是利用数据赋能业务和创造价值，它是一种企业内部新的数据管理模式，通过复用共性的数据能力来支撑各个业务，从而提高企业使用数据效率的管理模式。从管理学视角来看，提升企业组织效率的体系建设能给企业带来价值，因此数据中台在长期上看有很高的价值，值得企业详细地规划和运营。

数据中台于 2015 年被阿里巴巴提出，当时数据中台的核心任务就是建设全域大数据。从 2018 年开始，在互联网媒体的宣传和互联网头部公司示范效应的共同作用下，大量传统企业开始进行数据中台的建设。根据中国信息通信研究院的调研，已建设数据中台企业的出发点超过 60% 为对内的数据服务（但在开展项目前暂无明确的业务需求），另有不足 40% 为对外数据服务的需求。企业内部业务对数据中台有较大需求的业务域主要包括营销、风控、经营分析、产业链管理、生产经营数据打通共享、支撑前端其他应用等。从数据中台的服务对象和运营部门来看，已建设数据中台的企业中，55% ～ 65% 的企业的数据中台服务于决策层领导、数据管理部、数据应用部和业务部门的数据分析师，约 30% 企业的数据中台直接为业务部门一般基层人员提供服务。

在 2020 年左右，大量的数据中台项目建成，但部分项目由于并没有根据企业自身需求进行规划设计，建设成果受到了成本高、不敏捷、成效难以衡量等质疑，引发了有关“拆中台”的探讨。中国信息通信研究院做了进一步的调研，在其于 2023 年 6 月发布的《数据中台实践指南（1.0 版）》中指出，被调研企业在数据中台建设的过程中遇到多种问题，包括投入不足、系统开发能力不足、业务部门配合不足等问题。被调研的企业中近半企业遇到过人员投入不足的问题，有 40% 企业存在系统开发及工程化技术能力不足的问题，此外还有业务部门配合不足、业务人员素养不足、数据分析及应用能力不足、资金投入不足、业务需求理解不足、缺乏具体应用场景等问题。

为什么数据中台项目的成功率要低于数据仓库类项目？简单地说，这是因为数据仓库是一种相对完善的 IT 项目，有成熟的技术架构体系和实施方法论。数据中台并没有参考标准，涉及企业的数字化战略、配套的组织架构、业务数字化特征以及经验模式的微调，而不同企业的所属行业、信息化程度、组织架构、业务能力等不同，数据也就不同，所以每一家企业的数据中台都是独一无二的，这样就导致在实施落地上行业内可参考的案例不多，持续运营难度大。

数据中台没有达到预期的广泛成功，主要是因为价值主张过于宽泛，或依赖业务模式改造（如线下业务迁移到线上），或者在建设过程中出现与业务脱节情况，把数据中台项目变成单纯的交付技术。由于各部门对数据中台的期望不同，在许多实际项目落地中，它变得太过庞大和复杂，“预算”和“资源”的限制导致企业不愿意投入更多资金去持续完善数据中台项目。

数据中台是需要紧密贴合每个企业自身业务的，因此注定需要深入分析才能提出合适的解决方法，很难有放之四海而皆准的实施细则。结合专业机构的行业调查情况，在此对企业建设数据中台给出以下 3 点建议。

- 数据中台是业务价值创造平台，业务场景的探索和识别是与企业的业务战略紧密相关的。企业需要以价值驱动的规划来勾勒出业务场景蓝图，然后逐步建设。如果找不到有价值的业务场景，则不适合全面建设数据中台，可使用数据中台的某个模块（如数据湖、数据资产管理等）先行解决当前问题。
- AI 的发展趋势不可逆，而这几年大模型技术的落地充分证明了高质量的数据对 AI 的重要性。因此，无论企业是否一定要建设端到端的数据中台，作为其基础的数据资产盘点和数据治理仍然是刚需。这些企业内高质量的数据可以赋能 AI 或通过数据资产化等方式来为企业创造价值。
- 组织的支撑对一个数据中台项目非常重要。首先需要能够得到包括业务部门和 IT 部门等相关管理人员的大力支持和负责，其次数据团队和数据文化的建设是保障数据中台能够持续运营并产生价值增益的关键。各个业务团队都需要建设自己的数据能力，可以专门组建团队，或者在中台内由指定的专职团队来负责赋能某个具体业务。

8.4 数据编织技术的原理与展望

数据编织（Data Fabric）在 2020 年后逐渐成为热门的技术话题。随着企业数字化的深入，企业内会出现多个数据平台并存的情况，不同的数据平台会采用不同的大数据技术，因此企业内会存在多个不同的存储和计算引擎。这样多样化的技术栈会导致数据分散等问题，如何解决这种多平台架构带来的数据管理问题，是否有一套系统性架构能够屏蔽底层技术细节来为业务层带来统一的数据管理体验？数据编织技术便是为了解决这类问题而生的。

数据编织是一种设计理念，是利用 AI、机器学习和数据科学的功能，访问数据或支持数据动态整合。从 2019 年开始，数据编织技术连续 3 年被 Gartner 公司列为年度数据和分析领域十大趋势之一。Gartner 认为数据编织是一种跨平台的数据整合方式，它不仅可以集合所有业务用户的信息，还具有灵活、弹性的特点，使得人们可以随时随地使用任何数据。

数据编织的目标是解决分散的数据平台，从技术和产品角度打造元数据驱动的、统一的虚拟层（Virtual Layer），屏蔽底层各种数据管理工具的差异，以及数据湖、数据仓库及支撑它们的大数据技术栈的差异。数据编织的逻辑架构如图 8-2 所示，数据的读写在底层的数据库或大数据计算存储引擎中执行，但是在统一的自服务平台中编排和计算。一个数据编织平台的虚拟层需要提供统一的语义学、联邦计算引擎、主动元数据、智能数据编目（Data Catalog）等能力，能适配底层的数据平台。虚拟层需要针对用户的计算任务提供必要的 ETL、计算下推、数据目录智能推荐、数据虚拟化、联邦计算等功能，对用户屏蔽底层差异。

数据编织更多的是一种架构设计理念，而不是某一个产品，需要组合多种技术达到类似的效果。企业想要落地数据编织架构，可以通过商业产品来完成各项技术能力的建设，包括实现统一的编目、存储、ETL 等能力。为了更好地定义虚拟层的能力，可将其需要支持的功能按照不同模块组织如下。

- 数据源层：相关的软件需要连接各种数据源，包括存在于企业内部系统（如企业的 ERP 系统、CRM 系统或人力资源系统）的数据、非结构化数据（如支持 PDF 和屏幕截图等），以及物联网传感器的数据。
- 数据目录层：与传统的人工编目不同，数据编织强调采用新技术（如语义知识、主动元数据管理和机器学习），自动识别元数据，持续分析关键指标和统计数据的可用元数据，再为元数据构建业务字典或者知识图谱，形成基于元数据的独特和业务相关关系，以易于理解的图谱方式描述元数据。

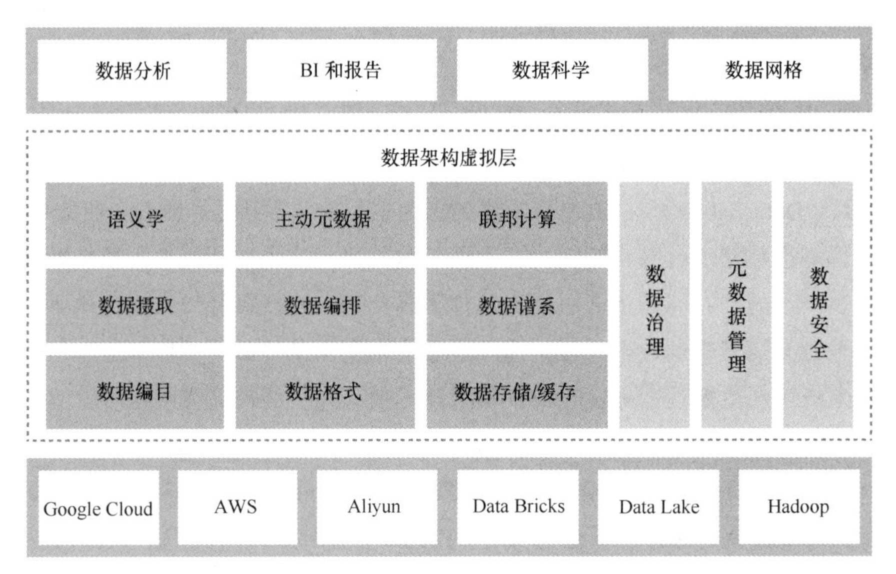

图 8-2　数据编织的逻辑架构

- 知识图谱层：数据编织必须构建和管理知识图谱，以管理元数据及其对应的业务语义。基于元数据的业务语义，能够让数据集成和治理更加简化，让业务团队快速理解数据和分析数据。基于知识图谱的数据应用，将合适的数据在合适的时机自动推送给数据集成专家和数据工程师，让他们能够轻松访问数据并进行数据共享和使用。
- 数据集成层：数据编织提供自动编织、动态集成的能力，兼容各种数据集成方式，包括但不限于 ETL、流式传输、复制、消息传递和数据虚拟化或数据微服务等，支持通过 API 与内、外部利益相关者共享数据。
- 数据消费层：数据编织面向所有类型的数据用户（包括数据科学家、数据分析师、数据工程师等）提供数据和服务，既能够满足专业的 IT 用户的复杂集成需求，也可以支持业务人员的自助式数据准备和分析。

数据编织架构非常适合需要跨部门和跨应用构建统一数据视图的组织，它提供数据集成、治理、安全合规和数据分析能力。AI 技术是数据编织架构的重要支撑技术，包括通过 AI 技术和元数据知识图谱自动识别和分类数据资产，建立数据目录；基于机器学习算法为元数据推荐数据标准、质量管理规则和集成数据流水线，确保数据能够按时、保质、保量地输送到目标系统；通过集中化的元数据目录，帮助企业对所有数据实施全局一致的数据管理规则，无论这些数据是在业务系统中还是在数据湖等系统中。